丛书序

在这个信息化飞速发展的时代，知识的更新迭代快得让人目不暇接。信息技术的融入已成为各行各业创新发展的核心动力。教育部发布的《职业教育专业简介（2022年修订）》精准捕捉了这一趋势，并在电子与信息大类中对通信类专业进行了全面的升级与优化。基于此，人民邮电出版社精心打造这一套"新一代信息技术丛书"，旨在为读者提供一个洞察信息科学的窗口，帮助读者探索数据的海洋，掌握知识的脉络。这套丛书是一扇通向未来数字世界的大门。

本丛书严格遵循《职业教育专业简介（2022年修订）》的指引，围绕高等职业教育专科专业核心课程的需求，精挑细选与产业发展密切相关的7门课程，涵盖移动通信技术、数字通信原理、宽带接入技术、光网络传输技术、数据网组建与维护、通信电源、移动网络建设与优化多个分支领域，旨在培养符合数字时代需求的高素质技术技能人才。本丛书结合当前最前沿的技术和理论，同时考虑未来技术的发展趋势，囊括从基础知识、技术原理到高级应用的全方位内容。教材内容注重理论与实践的结合，研究案例丰富，活动设计具有互动性和挑战性，能够帮助读者提升解决实际问题的能力。读者不仅能学习到最新的技术理论，还能掌握多种实际操作技能，同时也能感受到课程与思政的有机结合，有助于培育和践行社会主义核心价值观。

此外，本丛书致力于构建一种新的学习体验——配备了丰富的教学资源，具有灵活多样的呈现形式，以及结构化、模块化的教学模式，为读者提供了更有效、更具吸引力的学习途径。

本丛书由我作为主编，集合国内众多学科专家、教师和企业专家的力量，包括来自重庆电子科技职业大学、南京信息职业技术学院、四川邮电职业技术学院、安徽邮电职业技术学院、石家庄邮电职业技术学院等院校的一线教师，以及华为、中国移动等企业的工程师，他们拥有深厚的学术背景和丰富的实践经验，确保了教材内容的前瞻性和实用性。

我们衷心感谢每一位为教材的编写和审校付出努力的人。在编写过程中，我们努力保证内容的准确性和时效性，也尽可能采用容易让读者理解和接受的教学方法。当然，随着信息技术的不断进步，教材的内容也会定期进行更新和修订，以保证读者能够接收最新的知识。

希望您在每一页的阅读中，都能体验到知识的力量，获得前进的勇气。愿本丛书成为您追寻学术梦想和职业发展的坚实基石。

孙青华
全国工业和信息化职业教育教学指导委员会
通信职业教育教学指导分委员会副主任委员

前言

随着数字经济的发展，信息技术与各行各业不断创新融合，对从业人员的要求也越来越高，未来的劳动者必须具备更高的数字素养和技能。《数字通信原理》编写团队本着“理论够用、指导实践”的原则，打造一本面向通信类专业高职学生的基础性教材，预期在高职低年级阶段使用。考虑到学生先修课程的内容可能不够充分，本书先介绍通信方面的常用概念、基本原理，同时结合时下技术发展给出应用拓展，为即将到来的专业性教学和实践性教学提供实用、够用、好用的理论支撑。

本书在内容选取及编写方面，具有如下特点。

①.充分考虑了高职学生的文化基础和学习能力，文字上力求浅显通俗，并适当增加了一些示意性的插图和例题，以帮助学生更好地理解教材内容。

② 内容选取上更强调针对性和实用性，尽量避免泛泛而谈的情况；教学内容尽可能体现数字通信系统中采用的新知识、新技术和新趋势。

③ 教学内容和项目测试重在突出学生对基本概念和性质的掌握，以及系统培养学生科学的思维方法和学习能力。

④ 每章之后都附有大量形式多样的习题，对本章内容进行重点训练，加深学生的理解和掌握。

本书尽量淡化枯燥的理论分析，结合实际通信系统进行原理阐述，并配有大量的插图说明。本书主要作为高职院校通信类专业学生的教材，也可用作普通高校相关专业师生及通信工程技术人员的参考书。

本书由重庆电子科技职业大学陶亚雄教授统稿并审校，项目一由左琳立老师编写，项目二和项目三由赵艳梅老师编写，项目四和项目五由冉烽力老师编写，项目六和项目七由李章勇老师编写。本书在编写的过程中，还得到了孙青华教授等国内知名专家学者的大力支持和帮助，在此一并表示感谢。此外，我们还衷心感谢所有关心、支持本书编写工作的领导、同事和朋友。

本书融汇了编者多年在企业和教学工作中的实践经验和研究心得，但限于作者水平和时间仓促，疏漏之处在所难免，欢迎各位读者批评指正。

编者

2023 年 10 月

目 录

项目一

走进信息通信世界

01

项目概要

本项目从介绍通信的基本概念、通信技术的发展开始，使读者对什么是信息通信技术产生感性认识和基础认知。本书主要讨论数字通信系统，因此从任务 1.2 开始，为读者建立数字通信系统的基本概念、特点及性能指标三大核心要素框架，其中衡量系统性能的有效性指标和可靠性指标可以作为设计数字通信系统的重要标准。此外，数字信道作为信号传输的媒介，在客观物理存在形式与主观逻辑实现方法上也非常值得探究和分析，任务 1.3 在介绍信道模型后，还分析信道对信号的影响。这个课题随着数字通信技术的更新又会出现新的问题，例如，在天地协同的卫星通信系统中，超远距离无线信道传输的数字信号会遇到哪些干扰？通过什么方式能保证信号在衰减后还能满足接收端范围的要求？所以信道对信号的影响是一个随着时间会动态变化的过程，值得我们反复探究与深思。最后，任务 1.4 从时域与频域角度对信号进行分析，将信号的变化与信号传输功率和能量联系起来，建立信号的能量谱和功率谱，并对数字通信系统的常用理想信号——低通信号和带通信号进行详细介绍。本项目建议学时为 10 学时。

知识准备

在学习本项目前，希望您已经具备以下知识。

1. 掌握逻辑运算的原理与法则。
2. 掌握二进制运算的原理与法则。
3. 掌握对数运算的原理与法则。
4. 掌握定积分的原理，并能够运用其进行简单计算。
5. 理解和掌握极限思想的含义。

知识图谱

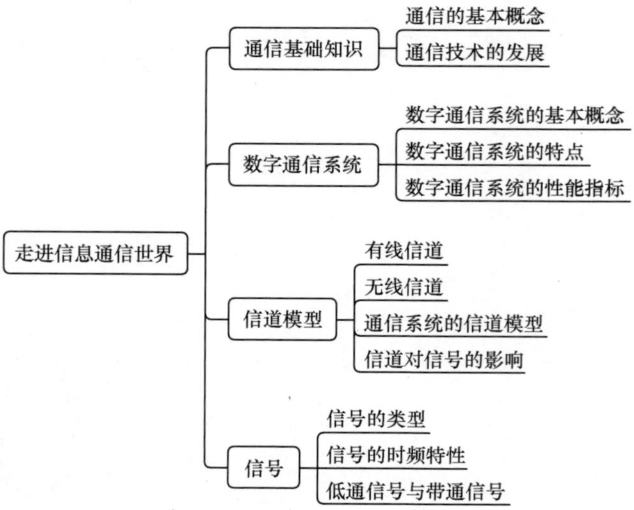

任务 1.1 通信基础知识

任务目标

掌握通信的基本概念，熟悉通信系统的架构，了解数字通信的发展。

任务分析

古代有烽火通信、飞鸽传书、驿卒传信等通信方式，那么，究竟何为通信呢？我们是否可以用一种抽象的理论和文字来全方位描述通信这个概念呢？本任务我们从通信的基本概念开始，主要学习通信的信号及其分类和通信系统的主要组成部分，并对近现代通信发展史进行扩展了解。任务 1.1 建议学时为 2 学时。

1.1.1 通信的基本概念

1. 消息、信息、信号及信号的分类

消息由发信者产生，它具有与发信者相应的特征及属性，常见的消息类型有语音、文字、数据和图像等。不同的发信者要求有不同的通信系统与之对应，从而形成了多种多样的通信系统，如电话通信系统、图像通信系统等。信息是抽象的消息，一般是用数据来表示的。表示信息的数据通常要经过适当的变换和处理，变成适合在信道上传输的信号（电信号或光信号）才可以传输。可以说，信号是信息的一种电磁表示方法，它利用某种可以被感知的物理参量——如电压、电流、光波强度或频率等来携带信息，即信号是信息的载体。

信号一般以时间为自变量，以表示信息的某个参量（如电信号的振幅、频率或相位等）为因变量。根据信号的因变量的取值是否连续，可以将其分为模拟信号和数字信号。模拟信号是指其因变量完全连续地随信息的变化而变化的信号，其自变量可以是连续的，也可以是离散的，但其因变量一定是连续的。电视图像信号、语音信号、温度/压力传感器的输出信号及许多遥感遥测信号等都是模拟信号，脉幅调制（PAM）信号、脉冲相位调制（PPM）信号及脉冲宽度调制（PWM）信号等也是模拟信号，这两类信号的差异在于它们的自变量的取值是否连续。

模拟信号的特点是信号的强度（如电压或电流）取值随时间而发生连续的变化，如图 1-1（a）所示。正是这个原因，模拟信号通常也被称为连续信号。这个连续的含义是指在某一取值范围内，信号的强度可以有无限个取值。

数字信号是指其因变量的取值和自变量的取值都是离散的信号。由于其因变量离散

取值，故通常又把数字信号称为离散信号，如图 1-1 中（b）(c）所示。其中，图 1-1（b）所示为二进制数字信号，即该信号只有 0、1 两种取值；图 1-1（c）所示为四进制数字信号，即该信号共有 0、1、2、3 这 4 种取值。计算机及数字电话等系统传输和处理的都是数字信号。

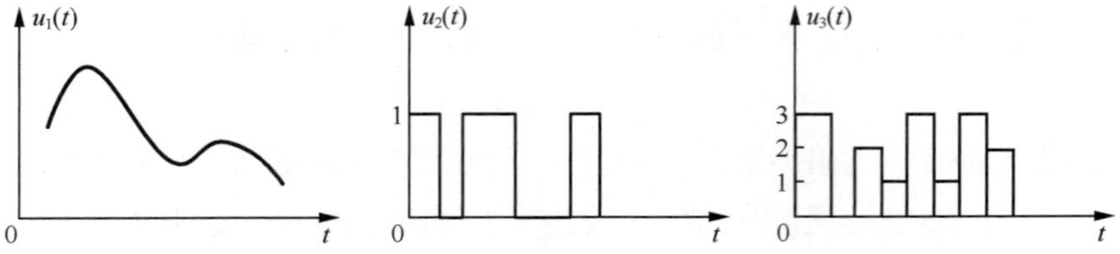

（a）模拟信号　（b）数字信号 1　（c）数字信号 2

图 1-1　模拟信号、数字信号示例

模拟信号与数字信号的物理特性不同，它们对信号传输通路的要求及其各自的信号传输处理过程也各不相同，但二者之间并非不可逾越，在一定条件下它们也可以相互转化。模拟信号可以通过抽样、编码等处理过程变成数字信号，而数字信号也可以通过解码、平滑等处理过程恢复为模拟信号。

2. 通信系统的信源、信宿、信道与其他组成部分

尽管通信系统种类繁多、形式各异，但其实质都是完成从一端到另一个端的信息传递或交换。因此，可以把通信系统概括为一个统一的模型，如图 1-2 所示。

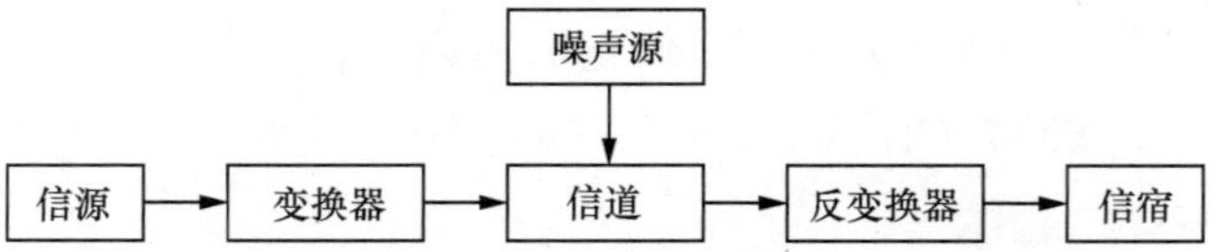

图 1-2　通信系统的基本模型

（1）信源与信宿

信源是信息的发出者；信宿是信息传送的终点，也就是信息的接收者。在两个人通信的情况下，信源是发出信息的人，信宿则是接收信息的人。在收听广播时，收音机是信源，听收音机的人是信宿；但是，在收音机接收信号的过程中，信源是电台，而收音机却变成了信宿。

在双工通信中，信源同时是信宿；而在半双工通信中，信源也是信宿，但通信中的同一方是不能同时充当信源和信宿的。

（2）信道

信道是所有信号传输媒介的总称，通常分有线信道和无线信道两种。双绞线、同轴电缆和光纤等就属于有线信道，而传输电磁信号的自由空间则是无线信道。

（3）其他组成部分

① 变换器：把信源发出的消息变换成适合在信道上传输的信号的设备就是变换器。在电话通信系统中，送话器就是最简单的变换器，它把语音信号变换成电信号传送出去。很多通信系统为了更有效、可靠地传递信息，其变换处理装置更复杂且功能更完善。

② 反变换器：具有与变换器相反的逆变换功能。变换器把不同形式的消息变换成适合在信道上传输的信号，但这些信号一般情况下是不能被信息接收者直接接收的，故接收端必须通过反变换器，把从信道上接收的信号还原成原来的消息。

③ 噪声源：它并不是一个人为实现的实体，但它在实际通信系统中是客观存在的。噪声可以由消息的初始产生环境、构成变换器的电子设备、传输信道及各种接收设备等信号传输环节中的一个或几个产生。为了便于分析，人们通常在模型中把噪声集中由一个噪声源表示，从信道中以叠加的方式引入。

1.1.2　通信技术的发展

1．数字通信的发展史

最早的电通信系统是由塞缪尔·莫尔斯研制的电报传输系统，它实际上是一个数字通信系统，在 1837 年进行了演示试验。塞缪尔·莫尔斯设计了一种可变长度的二进制码，将常用的字母用短的码字表示，不常用的字母则用较长的码字来表示。显然，这就是现代通信中信源编码压缩冗余量的基本思想起源，它对于世界上第一个数字通信系统的研制起到了重要作用。

但是，现在通常意义上的数字通信系统理论源于奈奎斯特的研究，他提出了给定带宽的电报信道上无码间干扰的最大传输速率,还用公式表达了一个电报系统的模型，并给出了发送信号的一般表达形式。奈奎斯特还提出了最佳带限脉冲信号的形状及其抽样时刻无码间干扰条件下的最大比特率，即奈奎斯特速率。

在奈奎斯特的研究基础上，哈特利研究了多幅度电平在带限信道上实现可靠数据传输的问题，给出了最大信号幅度、幅度分辨率和带限信道最大数据传输速率之间的关系。

科尔莫哥洛夫和维纳研究了加性噪声对信号接收的影响，提出了最佳线性滤波器的概念。

在哈特利和奈奎斯特的研究基础上，香农进行了开创性的研究，提出了著名的香农公式，开辟了信息研究的新领域。

此后，汉明在数据编码纠错能力方面的研究获得了重大成果，并启发了众多科研工作者，他们相继研发出多种功能强大的抗干扰编码技术，为现代数据通信的发展作出了突出贡献。

借助香农和汉明等人的研究成果，数字通信领域的研究不断深入，又有了许多新的发明和进展。一些著名研究成果如下。

① 穆勒（Muller）、里德（Reed）、所罗门（Solomon）、博斯（Bose）、雷・乔杜里（Ray-Chaudhuri）和格罗帕（Groppa）等人于 1954 年到 1971 年间陆续开发了新的分组码。

② 福尼（Forney）于 1966 年提出了级联码。

③ 沃曾克拉夫特（Wozencraft）、赖芬（Reiffen）、法诺（Fano）、齐岗吉诺夫（Zigangirov）、杰利内克（Jelinek）、福尼（Forney）和维特比（Viterbi）分别于 1961 年到 1974 年间对卷积码及其译码算法的研究发展作出了重要贡献。

④ 恩格伯克（Ungerboeck）、福尼（Forney）和魏（Wei）等人分别在 1982 年到 1987 年间发明了网格编码调制。

⑤ 齐夫（Ziv）、朗佩尔（Lempel）、林德（Linde）等人于 1977 年到 1980 年间设计了用于数据压缩的高效的信源编码算法。

⑥ 伯罗（Berrou）等人于 1993 年提出了 Turbo 码和迭代译码。

近几十年来，数据传输需求量的飞速增长及微电子技术的日新月异，促使数字通信系统向更可靠且更高效的方向发展，并取得卓越的成就。在此过程中，香农关于信道最大传输极限及其所能达到的性能界限的最初结论及相关推广结论，成为现代数字通信系统的设计基准，其理论极限成为不断设计和开发更有效的数字通信系统的最终目标。

2. 数字通信的发展趋势

随着社会信息化程度的深入，信息交流已经成为人们随时随地的需要，而实现信息传递和交流的通信系统已经由最初单一的模拟通信方式发展为以数字通信为主、以模拟通信为辅的通信方式。目前绝大部分通信技术和体制（如移动通信、卫星通信和微波中继通信等）都属于数字通信的范畴，为人们的日常生活和工作提供更高质量的通信服务。

（1）小型化和智能化

随着微电子技术的迅猛发展，大规模、超大规模集成电路层出不穷。按照摩尔定律，每个微芯片能够包含 100 亿个元器件，将其作为动态存储器，其存储量甚至可接近理论极限。这为数字通信设备的高度集成化、小型化和智能化创造了条件。

数字通信设备不断更新换代，体积缩小、功耗降低且性能增强。例如，全球移动通信系统/数字交叉连接系统（GSM/DCS）组合移动电话机所使用的积层开关共用器，将单个分频器、高频开关、低通滤波器采用低温共烧陶瓷技术集成一体，大大缩小了系统体积。再例如，高频声表面波（SAW）滤波器目前体积已达到 2.5mm×2.0mm×1.1mm，相较于以往的介质同轴型天线共用器，1W 以上功率的天线共用器的体积缩小到原来的 1/10。

在智能化方面，现代通信系统要求各种通信手段和网络能够实现互联、互通、互操作，这就需要电路交换、分组交换、异步传输模式（ATM）交换等技术结合设备进行大量运用和管理。数字通信技术使计算机能把各种通信手段和网络有效地融合起来，实现互联、互通、互操作的自动化，极大地提高了通信的效率和可靠性，使通信系统的业务范围大大扩展。

随着小型化、低功耗和自动故障诊断技术的发展，数字通信系统的性能大大提高，成本也大大降低。

（2）向高速、大容量方向发展

长途通信线路的资金投入远远大于终端设备的资金投入，为了提高长距离干线传输的经济性，开发高速、大容量的数字通信系统是一个有效的措施。目前，国内外的二次群、三次群、四次群数字复接设备已经换代完成，实现了进一步的小型化和能耗降低。美国、日本等国家（地区）利用光纤传输的五次群（565Mbit/s）系统，中继距离已超过 40km；英国正在研发 1.2Gbit/s 速率的系统，在 1.3μm 单模光纤上的中继距离可达 30 ~ 55km，在 1.55μm 单模光纤上的中继距离可达 114km；日本开发了 1.6Gbit/s 的六次群单模光纤系统，还建起了 120km 的试验电路。

2001 年，我国的光传输市场规模为 150 亿元，其中同步数字体系（SDH）设备占 75%。之后密集波分复用（DWDM）技术发展并在核心网中得到了广泛应用，互联网和数据业务也迅速发展，一方面，SDH 与 DWDM 技术结合向大容量、高速方向发展，如广泛应用于骨干网、城域网的 2.5Gbit/s 设备、10Gbit/s 设备；另一方面，在接入网中，容量为 622Mbit/s、155Mbit/s 的小型化 SDH 设备也在快速增加。目前，各个设备开发商都在想尽各种办法把 SDH 做小、做精，以满足更多业务的需求。

3. 移动数据通信的应用范围不断扩展

移动数据通信的业务范围和应用场合正在不断扩展。其业务范围由最初的移动通话，发展到目前已覆盖基本数据业务、电子信箱、传真、电子新闻、局域网接入、事务处理、信用卡业务、出租调度、寻呼、消息服务、天气预报、广告、计算机辅助调度、自动车辆定位、舰队管理、远程数据库接入等许多方面。

可以说，目前的移动数据通信业务已包括固定式应用、移动式应用和个人应用 3 个方面的大部分应用业务。固定式应用包括通过无线接入公用数据网的固定式应用系统及网络，如信用卡的认证入网系统、自动取款机的监测与控制入网系统、灾害的预测和告警系统等。移动式应用主要是野外勘探、施工设计部门及交通运输部门为发布指示或记录实时数据，通过移动数据通信网实现远程业务调度、数据库访问、报告输入等服务。个人应用主要是为公安机关人员、销售员等那些经常在室外工作的人员提供远程接入数据库的服务。

4. 数据通信测量技术向高精度、高速率、宽频率范围发展

随着数字通信和数据通信的发展，确保通信网及网内各种设备正常运行的通信测试问题日益重要，传统意义上的通信测试和计量概念也发生了变化，通信测试的新手段、新设备被大量应用，测试的参数越来越多、精度越来越高，测试速率越来越快、测试频率范围越来越宽，测试仪器的智能化程度也越来越高，而且出于对众多暂行通信协议或技术的支持，测试仪器的软件兼容性和升级要求也越来越高。

随着光纤通信、移动通信和数字通信技术的发展，近年来以测量通信系统参数为目的的各种分析仪表相继出现，测量主要表征通信系统指标的基本参数，并将这些参数进行运算处理、分析，给出系统分析报告和建议，使通信测量从基本测量向系统测量方向发展。

此外，在通信系统的国际化方面，为保证通信系统的无缝连接，大量的网络接口协议出现，均对通信测量的标准化提出了较高要求，其测试项目、指标参量、测试方法都必须严格按国际电信联盟电信标准化部门（ITU-T）、国际电信联盟无线电通信部门（ITU-R）建议标准进行。

5. 业务范围进一步扩大，各种信息网络逐渐融合

21 世纪数字通信技术得到空前的发展。目前，全球范围内蜂窝连接数约为 111 亿，其中移动用户连接数约为 55 亿，每天产生约 230 亿条短信。可以说，数字通信技术已融入人类政治、经济、文化等各个方面。

随着数字通信技术日新月异的发展，国际互联网、固定电话网、广播电视网、移动通信网等传统上相对独立的各种通信网的时空区间已被打破，并逐渐以宽带网络为骨干融合为一个全球性大网，人类社会也随之进入一个以信息通信技术和通信传媒为基础的崭新时代。在这种背景下，通信文化作为信息社会的一种重要衍生物逐渐显露端倪，并对人类社会产生越来越广泛而深刻的影响。

任务 1.2 数字通信系统

任务目标

了解数字通信系统的基本概念，熟悉数字通信系统的特点，掌握数字通信系统的性能指标。

任务分析

数字通信系统有其独有的特点与通信方式。我们首先从了解数字通信系统的基本概念开始，认识数字信号在经过数字通信系统时会被哪些系统逻辑单元处理、转换、传输，以及系统发生这些行为的目的与原因；然后分析数字通信系统的五大特点；最后提出数字通信系统的性能指标——有效性指标与可靠性指标，即衡量一个数字通信系统好坏的重要标准。任务 1.2 建议学时为 2 学时。

1.2.1　数字通信系统的基本概念

数字通信系统就是传输和处理数字信号的系统，可进一步细分为数字基带传输通信系统和数字频带传输通信系统。数字通信系统种类繁多、形式各异，但它们都是将数字信号从一端传送到另一端的信号交换/处理系统，由一整套相应的技术设备和传输媒介构成，可以用图 1-3 的统一模型来表示。

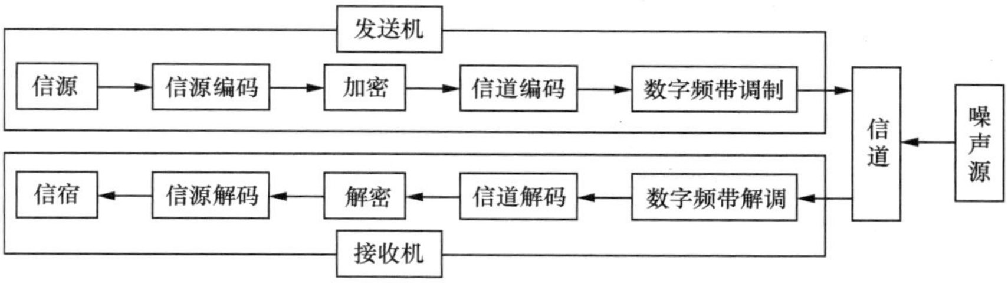

图 1-3　数字通信系统模型

从图 1-3 可以看出，数字通信系统包括信源/信宿、信源编码/解码、加密/解密、信道编码/解码、数字频带调制/解调、信道及噪声源 12 个模块。其中信道前半部分的 5 个模块构成系统的发送部分，常称为发送机或发信机；相应地，后半部分则是接收机。

如果系统是双工的，则信源同时也是信宿。信源把信息变换成原始电信号，如产生模拟信号的电话机、摄像机和输出数字信号的电子计算机、各种数字终端设备等。

由于原始数字信息中存在大量冗余，信源编码的主要任务就是压缩这些冗余，提高信道的传输效率。此外，如果信源是模拟信源，则要先把模拟信号变换成数字信号（一般以二进制信号为主），即通常所说的模/数（A/D）转换。

加密指的就是对数字信号进行加密，通常是对信号进行一些逻辑运算来实现加密功能。

信道编码主要包括纠错编码和码型变换两个过程。纠错编码是发送信号中增加一定的冗余码，这些冗余码和传送信息之间存在一定的逻辑控制关系，当信息传输过程出现错误，接收端可通过一定的校验方法发现并纠正部分差错。码型变换则是为了使信道编码后的数字信号适合在信道中传输。

为适应信道传输的频带要求，一般将编码后的数字基带信号调制到高频范围，这个过程就是数字频带调制，具体的数字调制有幅移键控、频移键控、相移键控、正交幅度调制、正交频分复用多载波调制等多种方式。在数字通信中，也有将未经频带调制的数字信号直接送入信道并进行传送的情况，这就是数字基带传输，其信号就是数字基带信号。

信道作为信号的传输媒介，只有有线方式可以直接使用数字基带传输，而其他各种信道都要求信号具有较高的频率，即需要使用数字频带传输，因此，在这些信道上传输的数字信号都必须经过一次频带调制，将基带信号搬迁到适合信道传输的频带上。

数字信号在传输过程中，不可避免地会受到系统外部和内部的各种干扰，如电阻热噪声等。虽然噪声一般由消息的产生环境、传输系统的电子设备、传输信道及各种接收设备等信号传输所经环节中的一个或几个产生，为了分析方便，通常把所有的干扰叠加到信道上，用一个等效噪声源来表示。

接收端包含与发送端完全对应的数字频带解调、信道解码、解密、信源解码模块，分别完成与发送端相应部分的逆向功能，这里不再赘述。

需要说明的是，实际的数字通信系统并非一定要包括上述模型里的所有模块，如果系统没有通信保密要求，就不需要加密和解密模块。

1.2.2 数字通信系统的特点

1. 抗干扰能力强，可通过中继再生消除噪声积累，适用于远距离传输

信号在传输过程中必然会受到各种噪声的干扰。在模拟通信系统中，为了实现远距离传输，需要及时地把已经衰减的信号进行放大，这个过程就会使干扰进来的噪声也被放大。由于模拟信号是用信号的幅度来携带信息的，而噪声直接对信号幅度形成干扰，因此，很难完全把信号与噪声分开。随着传输距离的增加，累加的噪声影响也越来越大，系统接收端接收到的信号功率和噪声功率之比（即信噪比）越来越小，还原成原始发送信号的差错率就越来越大，即模拟通信系统的通信质量随着距离的增加而降低。

在数字通信系统中，信息不是包含在脉冲的波形中，而是体现在脉冲的有无之上。为了实现远距离传输，可以通过再生的方法对已经失真的信号波形进行判决，从而消除噪声积累。由于噪声的影响无法累加，因此数字通信的抗干扰能力强，易于实现高质量的远距离传输。

此外，数字通信系统还采用差错控制编码技术，使接收端可以发现甚至纠正错误，这大大提高了通信系统的可靠性。

2. 便于实现加密处理，通信保密性强

数字通信系统对传输信号的加密处理比模拟通信系统容易得多，只需经过一些简单的逻辑运算即可，容易满足信息传输的安全性和保密性要求。数字通信系统加密过程如图 1-4 所示。

图 1-4　数字通信系统加密过程

在图 1-4 中，*X* 为原始输入数字信号，*Y* 为密码。在发送端将二者进行异或（同或、与或非等逻辑关系均可）运算，输出信号 *Z* 就是经过加密的信号，它和原始信号 *X* 显然不同。接收端接收到加密信号 *Z** 后，将它和 *Y* 再送入异或电路进行解密，即异或运算，其输出信号 *X** 还原为数字信号 *X*。该数据变换示例如表 1-1 所示。显然，只要双方约定实施加密的逻辑关系（本例中为异或）及加密的密码序列 *Y*，且 *Y* 的周期足够长，信息就很难被第三方破译。此外，为提高系统的抗破解能力，还可以按需随时或周期性地变换密码，增加破译难度。

表 1-1　数字通信系统中的数据变换示例

序列	发送端	序列	接收端
输入 X	1 1 0 1 0 1 1 0 0 1 0 1 0 0	接收 Z^*	1 0 0 0 0 1 0 1 0 0 0 0 1 1
密码 Y	0 1 0 1 0 0 1 1 0 1 0 1 1 1	密码 Y	0 1 0 1 0 0 1 1 0 1 0 1 1 1
加密后的 Z	1 0 0 0 0 1 0 1 0 0 0 0 1 1	解密后的 X^*	1 1 0 1 0 1 1 0 0 1 0 1 0 0

以上介绍的只是简单的加密原理，实际的加密方案要复杂得多。由此可知，数字通信系统加密十分容易，且保密效果不错。

3. 易于集成化，体积小、重量轻、可靠性高

数字通信系统一般采用时分多路复用技术，不需要昂贵且体积较大的滤波器。此外，数字通信设备中大部分电路已集成化，可以用大规模、超大规模集成电路来实现，所以设备体积小、功耗低。

4. 灵活性高，可适应多种业务要求

在数字通信系统中，各种消息（如电报、电话、图像和数据等）都被转换为统一的二进制数字信号进行传输，因此各种业务不同形式的数字信号可以集中起来，以时

分复用方式组成综合业务数字信号，再进行交换、传输、处理、存储和分离。这样节省频带，极大地提高频带利用率，降低传输成本。

5. 便于与计算机连接

数字通信系统中的信号以二进制数字信号为主，与数字电子计算机所采用的信号完全一致，因此数字通信系统可以很方便地与计算机连接，实现许多复杂的自动控制和数据处理功能。例如，由雷达、数字通信设备、计算机及导弹系统组成的自动化防空系统，通过计算机对整个数字通信网进行高度智能化的监测。

但是，数字通信系统也有不足之处，其中最突出的缺点就是数字信号占用的频带宽度。例如，一路模拟电话信号只占用 4kHz 带宽，而曾经的一路数字电话信号却大约需要 64kHz 的带宽。不过，随着编码技术的改进，数字电话的带宽也在不断下降，现在可达到 16kHz。目前，随着高频率、短波长通信技术的不断发展和完善，光纤等宽带传输信道的逐步采用，数字通信系统在带宽上的缺陷已基本得到解决。

1.2.3 数字通信系统的性能指标

通信系统的性能指标主要包括有效性、可靠性和安全性 3 个方面，以信息传输的有效性和可靠性为主。数字通信系统也不例外。

在数字通信系统中，信息传输的有效性和可靠性是一对矛盾体，用传输容量和传输差错率进行衡量。为此，我们先回忆码元和比特的概念，然后再介绍有效性指标和可靠性指标。

码元就是携带信息的数字单元，在通常意义下，就是信道中传送信息的一个二进制或其他进制的波形符号，一般以二进制符号为主。

比特（bit）是衡量码元符号携带信息量多少的度量单位。一般来说，某符号携带信息出现的概率越小，则它的信息量就越大。通常定义信息量为信源符号出现概率的倒数的对数。

那么 1 比特究竟是多少呢？举例来说，一个二进制信源，如果其符号 0、1 出现的概率相等，那么该信源每一位二进制数码符号 0 或者 1 所携带的信息量就是 1 比特。又如一个四进制信源，假如它的 4 个符号 0、1、2、3 出现的概率相等，则该信源每个符号所携带的信息量就是 2 比特。

1. 有效性指标

数字通信系统的有效性指信息传输的效率，即衡量一个系统传输信息的多少和快慢，通常用单位时间内通过信道的平均信息量——传输速率表示，一般有信息速率和码元速率两种具体表示方法。

（1）信息速率

信息速率又称比特率，指系统每秒传送的比特数，用符号 R_b 表示。常用单位是 bit/s、kbit/s、Mbit/s 等，其相互转换关系为

$$1\text{Mbit/s} = 10^3\text{kbit/s} = 10^6\text{bit/s} \tag{1-1}$$

（2）码元速率

码元速率又称传码率，指系统每秒传送的码元个数，用符号 R_B 表示。不管传输的码元是哪种进制，R_B 的单位均为“波特”（Baud）。由于码元速率仅表示系统每秒传送码元的个数，并没有限定这个码元是哪种进制的，故在给出码元速率指标时必须说明这个码元的进制。

设信息速率为 R_b，N 进制码的码元速率为 R_{BN}，则二者之间的关系为

$$R_b = R_{BN}\log_2 N \tag{1-2}$$

如果某四进制码的码元速率为 1200Baud，则它的信息速率为 2400bit/s。

如果比较两个通信系统的有效性，有时只看传输速率是不够的，因为两个传输速率相同的系统可能具有不同的频带宽度，这时，带宽窄的系统的有效性显然更高。所以，衡量有效性更全面的指标应是系统的频带利用率 η，即系统在单位时间、单位频带上传输的信息量，它的单位是 $\text{bit}/(\text{s}\cdot\text{Hz})$。在二进制基带系统中，最大的频带利用率 $\eta = 2\text{bit}/(\text{s}\cdot\text{Hz})$，多进制基带系统的最大频带利用率大于 $2\text{bit}/(\text{s}\cdot\text{Hz})$。

在频带调制系统中，不同调制方式的频带利用率可能不同。二进制调幅系统的频带利用率仅为 $0.5\text{bit}/(\text{s}\cdot\text{Hz})$，而多进制调幅或调相系统的频带利用率却可以达到 $6\text{bit}/(\text{s}\cdot\text{Hz})$。总而言之，频带利用率越高，则系统的有效性就越好。

2. 可靠性指标

可靠性是衡量消息传输质量的指标，它衡量收、发信息之间的相似程度，取决于系统的抗干扰能力。数字通信系统的可靠性用差错率来衡量，具体由误码率 P_e 和误比特率 P_b 表示。

（1）误码率 P_e

误码率又称码元差错率，指传输错误的码元个数在传输的码元总数中所占的比例，即

$$P_e = \frac{\text{传输错误的码元个数}}{\text{传输的码元总数}} \tag{1-3}$$

（2）误比特率 P_b

误比特率又称比特差错率，指传输错误信息的比特数在传输信息的总比特数中所占的比例，它表示传输每 1 比特信息被错误接收的概率，即

$$P_b = \frac{\text{传输错误信息的比特数}}{\text{传输信息的总比特数}} \tag{1-4}$$

如果系统采用二进制，误码率与误比特率数值相等，所以一般用误码率来统一表示系统的可靠性。

有效性和可靠性是相互矛盾的，提高有效性就会降低可靠性，反之亦然。因此，在设计、调试一个系统时，必须兼顾二者、合理解决，根据实际情况，在首先满足其中一项指标的前提下，尽量提高另一项指标。

任务 1.3　信道模型

任务目标

了解数字通信系统中的真实物理信道，掌握信道的分类与数学模型，分析多种信道对信号的影响。

任务分析

信道模型是形成数字通信系统的必要条件，本任务首先要学习数字通信系统有哪些真实的物理信道，然后通过数学建模与优化，将不同的信道建立有逻辑分类的数学模型，最后通过抽象出来的数学模型，读者可以探究信道对其传输信号的影响。任务 1.3 建议学时为 2 学时。

1.3.1　有线信道

1. 架空明线

架空明线是架设在电杆上的裸导线通信线路，用于传送电话、电报、传真和数据等。

2. 双绞线

双绞线由两根各自封装的铜线扭绞而成，线缆内线对之间的干扰随相邻线对之间扭矩的不同而不同，一般分为屏蔽双绞线（STP）和非屏蔽双绞线（UTP）两种。

美国电子工业协会（EIA）对 UTP 定义了五类质量级别，数字通信系统中最常用的是三类 UTP 和五类 UTP。

3. 同轴电缆

同轴电缆由共同轴心的内外两个导体构成，外导体是一个圆柱形的空管，内导体则是金属线，即芯线，内外导体之间填充着绝缘介质。

同轴电缆按其频率特性可分为基带同轴电缆和宽带同轴电缆两类。基带同轴电缆常用来直接传输数字基带信号，宽带同轴电缆则用于传输高频信号。同轴电缆的特性阻抗有 50Ω 和 75Ω 两种，50Ω 的同轴电缆只用于传输数字基带信号，其数据传输速率可达 10Mbit/s；75Ω 的同轴电缆主要用于传输射频调制信号。

4. 光缆

光缆是有线传输介质中性能非常好的一类传输介质，是传导光波的介质。光缆一般由玻璃或塑料构成。在折射率较高的单根光纤外面，再用折射率较低的包层包住，就可以构成一条光波通道，在这外面再加上一层保护套，就构成了一根单芯光缆。

光缆具有频带宽、损耗小、数据传输速率高、误码率低、安全保密性好等优点，是目前非常有发展前途的有线传输媒介。

1.3.2 无线信道

1. 无线电视距中继

无线电视距中继指工作频率在超短波和微波波段时，电磁波沿视线传播，通信距离依靠中继方式延伸的无线电线路。无线电视距中继主要用于长途干线、移动通信网，以及某些数据收集（如水文、气象数据的测报）系统。

2. 卫星中继信道

卫星中继信道是以人造卫星为中继站的通信信道，利用微波信号在自由空间的直线传播特性进行通信。卫星中继信道具有传输距离远、覆盖地域广、传播稳定可靠、传输容量大等优点，被广泛用来传输多路电话、电报、数据和电视信号。

3. 短波电离层反射信道

短波指波长为 10～100m、频率为 3～30MHz 的无线电波，它既可沿地球表面传播，也可由电离层反射传播。前者简称为地波传播，属于近距离传播，限于几十千米范围以内；后者即天波传播，它借助电离层的一次或多次反射，可传播几千乃至上万千米的距离。

1.3.3 通信系统的信道模型

广义信道按照它所具有的功能，可以分为调制信道与编码信道。

在模拟通信系统中，主要研究调制和解调的基本原理，其传输信道可以用调制信道来定义。所谓调制信道是指图 1-5 中调制器输出端到解调器输入端的部分。以调制与解调分析，调制器输出端到解调器输入端的所有变换装置及传输媒介，不管其中间过程如何，只是对已调信号进行某种变换，因此可以将其视为一个整体。在研究调制、解调问题时，定义一个调制信道是非常方便的。

在数字通信系统中，如果我们只关心编码和译码问题，可以定义编码信道来突出研究的重点。所谓编码信道是指图 1-5 中编码器输出端到译码器输入端的部分。以编码与译码分析，编码器把信源所产生的消息信号变换为数字信号，译码器则将数字信号恢复成原来的消息信号，而编码器输出端到译码器输入端之间的一切环节只起到传输数字信号的作用，所以可以将其归为一体来讨论。

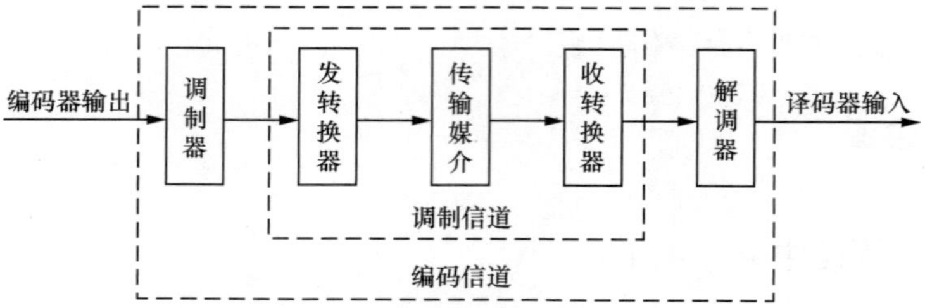

图 1-5　调制信道与编码信道

信道的数学模型用来表征实际物理信道的特性，它反映信道输出和输入之间的关系。下面我们简要描述调制信道数学模型和编码信道数学模型。

1. 调制信道数学模型

调制信道属于模拟信道，对其进行大量的分析研究，发现它具有以下特性。

① 有一对（或多对）输入端和一对（或多对）输出端。

② 绝大多数的信道是线性的，即满足线性叠加原理。

③ 信号通过信道具有一定的时延，而且它还会受到（固定的或时变的）损耗。

④ 即使没有信号输入，在信道的输出端仍可能有一定的输出（噪声）。

根据以上几条特性，调制信道可以用一个线性时变网络来表示，如图 1-6 所示。

图 1-6　调制信道数学模型

图 1-6 中输入与输出之间的关系可以表示为

$$e_o(t) = f[e_i(t)] + n(t) \tag{1-5}$$

式中，$e_i(t)$ 是输入的已调信号；$e_o(t)$ 是信道的输出；$n(t)$ 为加性噪声（或称加性干扰），它与 $e_i(t)$ 不发生依赖关系，或者说，$n(t)$ 独立于 $e_i(t)$。

$f[e_i(t)]$ 中“f”表示网络输入信号和输出信号之间的某种函数关系。为了便于数学分析，通常假设 $f[e_i(t)] = k(t)e_i(t)$，其中 $k(t)$依赖于网络特性，它对 $e_i(t)$ 来说是一种乘性干扰。因此，式（1-5）就可以改写为

$$e_o(t) = k(t)e_i(t) + n(t) \tag{1-6}$$

由以上分析可见，信道对信号的影响可归纳为两点：一是乘性干扰 $k(t)$，二是加性干扰 $n(t)$。

如果了解 $k(t)$和 $n(t)$的特性，就能确定信道对信号的具体影响。信道的不同特性反映在信道模型上有不同的 $k(t)$和 $n(t)$。

实际上乘性干扰 $k(t)$是一个很复杂的函数，它可能包括各种线性畸变、非线性畸变。同时由于信道的时延特性和损耗特性随时间随机变化，故 $k(t)$往往只能用随机过程来描述。不过经大量观察发现，有些信道的 $k(t)$基本不随时间变化，也就是说，信道对信号的影响是固定的或变化极为缓慢的；而有的信道却不然，其 $k(t)$随时间变化而快速随机变化。因此，在分析研究乘性干扰 $k(t)$时，可以把调制信道粗略地分为两大类：一类称为恒参信道（恒定参数信道），即它们的 $k(t)$可看成不随时间变化或变化极为缓慢；另一类则称为随参信道（随机参数信道，或称变参信道），其 $k(t)$随时间变化或快速变化。

2. 编码信道数学模型

编码信道是包括调制信道、调制器及解调器在内的信道。它与调制信道数学模型有明显的不同。调制信道对信号的影响是通过 $k(t)$和 $n(t)$使信号的模拟波形发生变化。而编码信道对信号的影响则是一种数字序列的变换，即把一种数字序列变成另一种数字序列。故有时把调制信道看成一种模拟信道，而把编码信道看成一种数字信道。

由于编码信道包含调制信道，因此它同样受到调制信道的影响。但是，从编码/译码的角度来看，这个影响已反映在解调器的输出数字序列中，即输出数字序列以某种概率发生差错，引起误码。所以，编码信道的模型可用数字信号的条件转移概率来描述。在常见的二进制数字传输系统中，编码信道的简单模型如图 1-7 所示。之所以称这个模型是“简单的”，是因为已经假定此编码信道是无记忆信道，即前后码元的差错发生是相互独立的。

在图 1-8 所示的模型中，$P(0)$和 $P(1)$分别表示发送“0”符号和“1”符号的先验概率，$P(0/0)$与 $P(1/1)$是正确转移的概率，而 $P(1/0)$与 $P(0/1)$是错误转移的概率。信道

噪声越大，导致输出数字序列发生错误越多，错误转移概率 $P(1/0)$与 $P(0/1)$也就越大；反之，错误转移概率 $P(1/0)$与 $P(0/1)$就越小。信道输出总的错误概率为

$$P_e = P(0)P(1/0) + P(1)P(0/1) \tag{1-7}$$

由概率论的性质可知

$$P(0/0) + P(1/0) = 1$$

$$P(1/1) + P(0/1) = 1$$

转移概率完全由编码信道的特性决定，一个特定的编码信道就会有其相应确定的转移概率关系。而编码信道的转移概率一般需要对实际信道进行大量的统计分析才能得到。

由二进制无记忆编码信道模型可以容易地推广到多进制无记忆编码信道模型。图 1-8 给出了一个二进制无记忆编码信道模型。

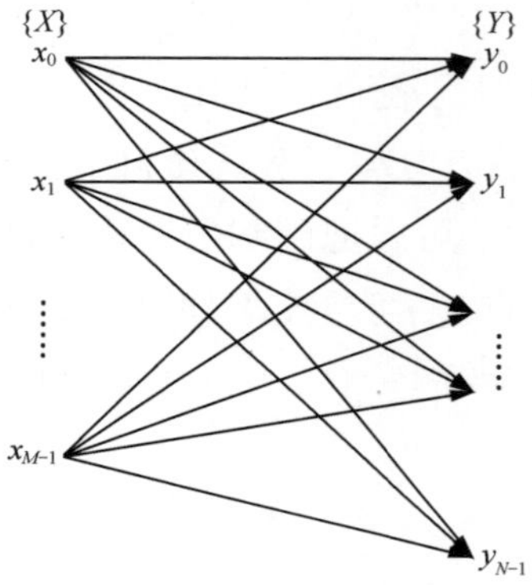

图 1-7　编码信道的简单模型

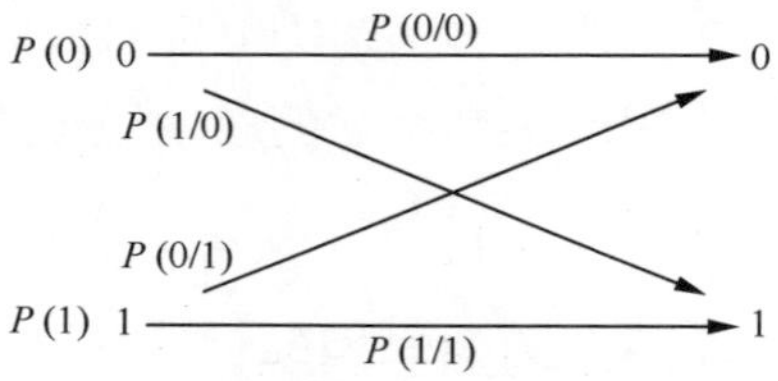

图 1-8　二进制无记忆编码信道模型

由于编码信道包含调制信道，且它的特性也紧密地依赖于调制信道，故在建立了编码信道和调制信道的一般概念后，有必要对调制信道进行进一步的讨论。如前所述，调制信道分为恒参信道和随参信道，我们在后文分别来加以讨论。

1.3.4　信道对信号的影响

1．恒参信道与随参信道简介

恒参信道的特性（参数）不随时间变化。如果实际信道的特性（参数）不随时间变化，或者基本不随时间变化，或者变化极为缓慢，则可以认为是恒参信道。一般的有线信道可以看作恒参信道，部分无线信道可看作恒参信道，如架空明线、电缆、光缆、无线电视距中继、卫星中继信道等。

随参信道又称变参信道，其特性（参数）随时间变化而随机变化，比恒参信道的特性要复杂得多，随参信道对信号的影响比恒参信道也要严重得多。从对信号传输影

响来看，传输媒介的影响是主要的，而转换器的特性的影响是次要的，甚至可以忽略不计。如短波电离层反射信道、对流层散射信道都是随参信道。

2. 信道对信号的影响

（1）恒参信道特性对信号的影响

信号经过恒参信道时，若信道的幅度特性在信号频带内不是常数，则信号的各频率分量通过信道后将产生不同的幅度衰减，从而引起信号波形的失真，我们称这种失真为幅-频失真。幅-频失真对模拟通信影响较大，可导致信噪比下降。

若信道的相频特性在信号频带内不是频率的线性函数，则信号的各频率分量通过信道后将产生不同的时延，从而引起波形的群时延失真，我们称这种失真为相-频失真。相-频失真对语音通信影响不大，但对数字通信影响较大，会引起严重的码间干扰，造成误码。

信道的幅-频失真是一种线性失真，可以用一个线性网络进行补偿。若此线性网络的频率特性与信道的幅-频特性之和，在信号频谱占用的频带内为一条水平直线，则此补偿网络就能够完全抵消信道产生的幅-频失真。信道的相-频失真也是一种线性失真，所以也可以用一个线性网络进行补偿。

除幅度-频率特性和相位-频率特性外，恒参信道还可能存在其他一些使信号产生失真的因素，如非线性失真、频率偏移和相位抖动等。非线性失真是指信道输入信号和输出信号的幅度关系不是直线关系。非线性特性将使信号产生新的谐波分量，造成所谓谐波失真，这种失真主要是信道中的元器件特性不理想造成的。频率偏移是指信道输入信号的频谱经过信道传输产生了平移。这主要是由发送端和接收端中用于调制解调或频率变换的振荡器的频率误差引起的。相位抖动也是由这些振荡器的频率不稳定产生的。相位抖动的结果是对信号产生附加调制。上述这些因素产生的信号失真只要出现，就很难消除。

（2）随参信道特性对信号的影响

随参信道的特性比恒参信道要复杂得多，对信号的影响也要严重得多，其根本原因在于它包含一个复杂的传输媒介。虽然，随参信道包含着媒介以外的其他转换器，并且也应该把它们的特性作为随参信道特性的组成部分。但是，从对信号传输的影响来看，传输媒介的影响是主要的，而转换器特性的影响是次要的，甚至可以忽略不计的。

由前面随参信道的实例分析可知，随参信道的传输媒介有以下 3 个特点。

① 对信号的衰耗随时间而变化。在随参信道中，传输媒介参数随气象条件和时间的变化而随机变化。例如，电离层对电波的吸收特性随年份、季节、昼夜变化而不断地变化，因而对传输信号的衰减也在不断地发生变化，这种变化通常称为衰落。但是，由于这种信道参数的变化相对而言是十分缓慢的，因此称这种衰落为“慢衰落”。慢衰落对传输信号的影响可以通过调节设备的增益来补偿。在实际应用中，还存在一种

"快衰落"，多径传播所引起的衰落就属于"快衰落"。

② 传输的时延随时间而变化。

③ 多径传播。由于多径传播对信号传输质量的影响最大，下面对其进行专门讨论。

- 产生瑞利衰落和频率弥散

在存在多径传播的无线信道中，接收信号是衰减和时延都随时间变化的各路径信号的合成。设发射波为 $A\cos\omega_0 t$，它经过 n 条路径传播到接收端，则接收信号 $R(t)$可表示为

$$R(t)=\sum_{i=1}^{n}r_i(t)\cos\omega_0\left[t-\tau_i(t)\right]=\sum_{i=1}^{n}r_i(t)\cos[\omega_0 t+\varphi_i(t)] \tag{1-8}$$

式（1-8）中，$r_i(t)$ 为第 i 条路径到达的接收信号幅度；$\tau_i(t)$ 为第 i 条路径到达的接收信号的时延；$\varphi_i(t)=-\omega_0\tau_i(t)$。$r_i(t)$、$\tau_i(t)$ 和 $\varphi_i(t)$ 都是随机变化的。

应用三角公式，式（1-8）可以改写为

$$R(t)=\sum_{i=1}^{n}r_i(t)\cos(\omega_0 t)\cos[\varphi_i(t)]-\sum_{i=1}^{n}r_i(t)\sin(\omega_0 t)\sin[\varphi_i(t)] \tag{1-9}$$

其中，设同相分量为

$$X_{\mathrm{c}}(t)=\sum_{i=1}^{n}r_i(t)\cos[\varphi_i(t)] \tag{1-10}$$

正交分量为

$$X_{\mathrm{s}}(t)=\sum_{i=1}^{n}r_i(t)\sin[\varphi_i(t)] \tag{1-11}$$

将式（1-10）和式（1-11）代入式（1-9），得出

$$R(t)=X_{\mathrm{c}}(t)\cos(\omega_0 t)-X_{\mathrm{s}}(t)\sin(\omega_0 t)=V(t)\cos[\omega_0 t+\omega(t)] \tag{1-12}$$

式（1-12）中，$V(t)$为接收信号 $R(t)$的包络，即

$$V(t)=\sqrt{X_{\mathrm{c}}^2(t)+X_{\mathrm{s}}^2(t)} \tag{1-13}$$

$\varphi(t)$为接收信号 $R(t)$的相位，可表示为

$$\varphi(t)=\arctan\frac{X_{\mathrm{s}}(t)}{X_{\mathrm{c}}(t)} \tag{1-14}$$

大量的实验观察表明，当传播路径充分宽时，$R(t)$可视为一个包络和相位均随机缓慢变化的窄带信号。

由式（1-12）可以看出，第一，从波形上看，多径传播的结果使发射信号 $A\cos\omega_0 t$ 变成了包络和相位随机缓慢变化的窄带信号，这样的信号称为衰落信号，如图 1-9（a）所示；第二，从频谱上看，多径传播引起了频率弥散，即单个频率变成了一个窄带频

谱，如图 1-9（b）所示。

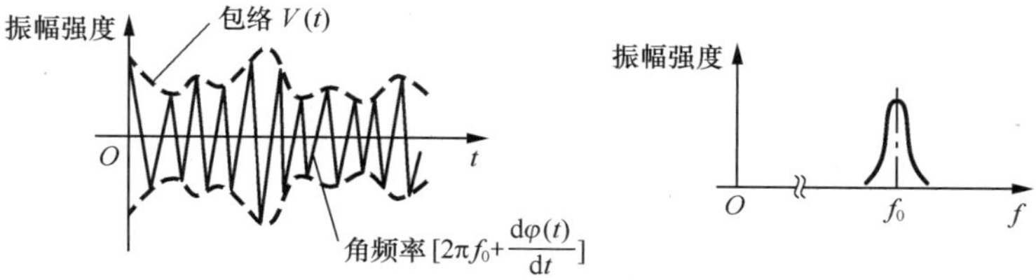

（a）波形　　（b）频谱

图 1-9　衰落信号的波形与频谱示意

多径传播使包络产生的起伏虽然比信号的周期缓慢，但是仍然是秒的数量级，因此多径传播引起的衰落通常称为“快衰落”。

- 造成频率选择性衰落

多径传播不仅会造成上述衰落和频率弥散，同时还可能发生频率选择性衰落。在多径传播时，各条路径的等效网络传输函数不同，因此各网络对不同频率的信号衰减也就不同，这就使得接收点合成信号的频谱中，某些分量衰减特别严重，这种现象称为频率选择性衰落。

任务 1.4　信号

任务目标

了解信号的类型及信号传输与功耗的关系，分析信号的时频特性，认识低通信号与带通信号。

任务分析

信号是数字通信系统的主角，系统设计的初衷就是满足信号在其中传输的有效性和可靠性要求，因此，本任务对信号进行细致且深入的研究。根据信号是否预知，将信号分为确定性信号与随机信号，在此基础上，建立信号传输与能量和功率的关系，同时，也根据信号在时域和频域的表现与特性建立数学模型，为后续学习打下坚实基础。另外，列举信号的理想假设模式——低通信号和带通信号，并对其展开数学分析。任务 1.4 建议学时为 4 学时。

1.4.1　信号的类型

1．确定性信号和随机信号

确定性信号是指能够以确定的时间函数表示的信号，它在定义域内任意时刻都有确定的函数值，即其变化可用数学解析式或确定性曲线准确地描述。因此，只要掌握了变化规律，就能准确地预测它的未来。例如，电路中的正弦信号、各种形状的周期信号等都是确定性信号。

在事件发生之前无法预知信号的取值，即没有明确的数学表达式，通常只知道它取某一数值的概率，这种具有随机性的信号称为随机信号。例如，马路上的噪声、电网电压的波动量、生物电信号、地震波等都是随机信号。所有的实际信号在一定程度上都是随机信号。

2. 功率信号和能量信号

如果一个信号在整个时间域（$-\infty, +\infty$）内都存在，则它具有无限大的能量，但其平均功率是有限的，我们称这种信号为功率信号。

设信号 $f(t)$为时间的实函数，通常把信号 $f(t)$看作随时间变化的电压或电流。当信号 $f(t)$通过 1Ω电阻时，其瞬时功率为$|f(t)|^2$，而平均功率定义为

$$P = \lim_{T\to\infty}\frac{1}{T}\int_{-\frac{T}{2}}^{\frac{T}{2}} f^2(t)\mathrm{d}t \tag{1-15}$$

一般来说，平均功率（在整个时间轴上平均）等于 0，但其能量有限的信号称为能量信号。

设能量信号 $f(t)$为时间的实函数，通常把能量信号 $f(t)$的归一化能量（简称能量）定义为由电压 $f(t)$加上单位电阻上所消耗的能量，即

$$E = \int_{-\infty}^{\infty} f^2(t)\mathrm{d}t \tag{1-16}$$

3. 能量谱密度和功率谱密度

（1）能量谱密度

前面已经介绍，能量信号 $f(t)$的能量从时域的角度定义为式（1-16）。
也可以从频域的角度来研究信号的能量。由于

$$f(t) = \frac{1}{2\pi}\int_{-\infty}^{\infty} F(\omega)\mathrm{e}^{\mathrm{j}\omega}\mathrm{d}\omega \tag{1-17}$$

因此信号的能量可写成

$$\begin{aligned} E &= \int_{-\infty}^{\infty} f^2(t)\mathrm{d}t = \int_{-\infty}^{\infty} f(t)\left[\frac{1}{2\pi}\int_{-\infty}^{\infty} F(\omega)\mathrm{e}^{\mathrm{j}\pi}\mathrm{d}\omega\right]\mathrm{d}t \\ &= \frac{1}{2\pi}\int_{-\infty}^{\infty} F(\omega)\left[\int_{-\infty}^{\infty} f(t)\mathrm{e}^{\mathrm{j}\pi}\mathrm{d}t\right]\mathrm{d}\omega - \frac{1}{2\pi}\int_{-\infty}^{\infty} F(\omega)F(-\omega)\mathrm{d}\omega \\ &= \frac{1}{2\pi}\int_{-\infty}^{\infty} |F(\omega)|^2\,\mathrm{d}\omega \end{aligned} \tag{1-18}$$

为了描述信号的能量在各个频率分量上的分布情况，定义单位频带内信号的能量

为能量谱密度（简称能量谱），单位为 J/Hz，用 $E_{\mathrm{f}}(\omega)$ 来表示，即

$$E_{\mathrm{f}}(\omega)=|F(\omega)|^2 \tag{1-19}$$

由式（1-18）可见，能量信号在整个频率范围内的全部能量与能量谱之间的关系可表示为

$$E=\frac{1}{2\pi}\int_{-\infty}^{\infty}E_{\mathrm{f}}(\omega)\mathrm{d}\omega \tag{1-20}$$

可以证明：能量信号 $f(t)$ 的自相关函数 $R_f(\tau)$ 和能量谱密度 $E_{\mathrm{f}}(\omega)$ 是一对傅里叶变换，即 $R_f(\tau)\Leftrightarrow E_{\mathrm{f}}(\omega)$。

（2）功率谱密度

式（1-15）从时域的角度定义了能量信号 $f(t)$ 的功率，也可以从频域的角度来研究信号的功率，即

$$P=\lim_{T\to\infty}\frac{1}{T}\int_{-\frac{T}{2}}^{\frac{T}{2}}f^2(t)\mathrm{d}t=\frac{1}{2\pi}\int_{-\infty}^{\infty}\lim_{T\to\infty}\frac{|F_T(\omega)|^2}{T}\mathrm{d}\omega \tag{1-21}$$

式中，$F_T(\omega)$ 是 $f(t)$ 的截断函数。

类似能量谱密度的定义，单位频带内信号的平均功率定义为功率谱密度（简称功率谱），单位为 W/Hz，用 $P_f(\omega)$ 来表示，即

$$P_f(\omega)=\lim_{T\to\infty}\frac{|F(\omega)|^2}{T} \tag{1-22}$$

则整个频率范围内信号的总功率与功率谱之间的关系可表示为

$$P=\frac{1}{2\pi}\int_{-\infty}^{\infty}P_f(\omega)\mathrm{d}\omega \tag{1-23}$$

可以证明：能量信号 $f(t)$ 的自相关函数 $R_f(\tau)$ 和功率谱密度 $P_f(\omega)$ 是一对傅里叶变换，即 $R_f(\tau)\Leftrightarrow P_f(\omega)$。

【例 1.1】 若确知信号 $x(t)=\cos(\omega_0 t)$，试求其自相关函数、功率谱密度和功率。

解： 由自相关函数的定义得

$$\begin{aligned}R(\tau)&=\lim_{t\to\infty}\frac{1}{T}\int_{-\frac{T}{2}}^{\frac{T}{2}}x(t)x(t+\tau)\mathrm{d}t\\&=\lim_{t\to\infty}\frac{1}{T}\int_{-\frac{T}{2}}^{\frac{T}{2}}\cos(\alpha_0 t)\cos[\omega_0(t+\tau)]\mathrm{d}t\\&=\lim_{t\to\infty}\frac{1}{T}\int_{-\frac{T}{2}}^{\frac{T}{2}}\frac{1}{2}[\cos(2\omega_0 t+\omega_0\tau)+\cos(\omega_0\tau)]\mathrm{d}t\\&=\frac{1}{2}\cos(\omega_0\tau)\end{aligned}$$

由于 $x(t)$ 的自相关函数和功率谱密度是一对傅里叶变换，即

$$
\begin{aligned}
P(\omega) &= \int_{-\infty}^{\infty} R(\tau)\mathrm{e}^{-\mathrm{j}\omega\tau}\mathrm{d}\tau = \int_{-\infty}^{\infty} \frac{1}{2}\cos\omega_0\tau\mathrm{e}^{-\mathrm{j}\omega\tau} \\
&= \frac{1}{4}\int_{-\infty}^{\infty}(\mathrm{e}^{\mathrm{j}\omega\tau}+\mathrm{e}^{-\mathrm{j}\omega\tau})\,\mathrm{e}^{-\mathrm{j}\omega\tau}\mathrm{d}\tau \\
&= \frac{\pi}{2}[\delta(\omega+\omega_0)+\delta(\omega-\omega_0)]
\end{aligned}
$$

$$
\begin{aligned}
S &= \frac{1}{2\pi}\int_{-\infty}^{\infty} P(\omega)\mathrm{d}\omega = \frac{1}{2\pi}\int_{-\infty}^{\infty}\frac{\pi}{2}[\delta(\omega+\omega_0)+\delta(\omega-\omega_0)\mathrm{d}\omega \\
&= \frac{1}{2}
\end{aligned}
$$

1.4.2 信号的时频特性

分析信号的基本方法有两大类，即时域分析法和变换域分析法。时域分析法是以时间 t 或 k 为变量，直接求解信号的动态方程式，这种方法的物理概念比较清楚，但计算较为烦琐；变换域分析法是应用数学的映射理论，将时间变量映射为某个变换域的变量，使信号的动态方程式转换为代数方程式，从而极大地简化了计算。

在信号处理领域中，信号的时域分析和变换域分析的理论和方法为信号处理奠定了必要的理论基础。在信号的时域分析中，信号的卷积与解卷积理论可以实现信号恢复和信号去噪。在信号的变换域分析中，信号的傅里叶变换可以实现信号的频谱分析。信号的变换域分析拓展了信号时域分析的范畴，为信号的分析和处理提供了一种新途径。

傅里叶变换揭示了连续非周期信号时域特性和频域特性之间的内在联系。傅里叶变换法是一种极其重要的信号分析方法，可以说，对于信号处理，人们发明了各种各样的信号分析方法，但还没有一种方法能够取代傅里叶变换法的地位，而且在大部分应用中，傅里叶变换法是最主要的分析手段。

定义

$$F(\mathrm{j}\omega) \overset{\text{def}}{=} \int_{-\infty}^{\infty} f(t)\mathrm{e}^{-\mathrm{j}\omega t}\mathrm{d}t \tag{1-24}$$

$$f(t) \overset{\text{def}}{=} \frac{1}{2\pi}\int_{-\infty}^{\infty} F(\mathrm{j}\omega)\mathrm{e}^{\mathrm{j}\omega t}\mathrm{d}\omega \tag{1-25}$$

式（1-24）和式（1-25）称为傅里叶变换对，其中式（1-24）称为傅里叶正变换，简称傅里叶变换；而式（1-25）称为傅里叶逆变换（IFT）。$F(\mathrm{j}\omega)$是 $f(t)$的频谱密度函数，即频谱函数，而 $f(t)$是 $F(\mathrm{j}\omega)$的原函数，用下列符号来表示。

$$F(\mathrm{j}\omega) = \mathcal{F}[f(t)] \leftrightarrow f(t) = \mathcal{F}^{-1}[F(\mathrm{j}\omega)] \tag{1-26}$$

$F(\mathrm{j}\omega)$一般为复函数，可写为 $F(\mathrm{j}\omega) = |F(\mathrm{j}\omega)|\,\mathrm{e}^{\mathrm{j}\varphi(\omega)}$。$F(\mathrm{j}\omega)$随 ω 变化的规律就是非周

期信号的频谱，把$|F(\mathrm{j}\omega)|-\omega$关系曲线与$\varphi(\omega)-\omega$关系曲线分别称为非周期信号的幅度频谱与相位频谱，它们都是频率ω的连续函数。为了方便起见，取频谱图的包络线，在形状上与相应的周期信号频谱包络线相似，但用连续线表示。实际上，非周期的单个脉冲信号$f(t)$的$F(\mathrm{j}\omega)$，与由此构成的以T为周期的周期信号$f_T(t)$的F_n，两者之间的关系为

$$F_n = \frac{1}{T}F(\mathrm{j}\omega)|_{\omega=n\omega_0} \tag{1-27}$$

$$F(\mathrm{j}\omega) = TF_n|_{n\omega_0=\omega} \tag{1-28}$$

1.4.3 低通信号与带通信号

1. 理想低通信号

理想低通信号或基带信号是其频谱位于零频率附近的信号，如语音、音乐和视频信号都是低通信号，尽管它们具有不同的频谱特性和带宽。通常低通信号是低频信号，即在时域它们是缓慢变化的信号，没有跳变或突变。

2. 带通信号

在实际中，消息信号的频谱特性与通信信道并不总是匹配的，这就要求从许多不同调制方式中取其中一种来调制信息信号，使其频谱特性和信道的频谱特性相匹配。在该过程中，低通信号的频谱变换为高频，已调信号变换为带通信号。

3. 带通信号的等效低通

对于一个带通信号$x(t)$，其傅里叶变换为$X(f)$。将$X(f)$正半轴部分定义为$X_+(f)$，由$X_+(f)$通过傅里叶逆变换得到的时域信号定义为$x_+(t)$（预包络），即

$$\begin{aligned} x_+(t) &= \mathcal{F}^{-1}[X_+(f)] \\ &= \mathcal{F}^{-1}[X(f)u(f)] \\ &= x(t)\times\left(\frac{1}{2}\delta(t)+\mathrm{j}\frac{1}{2\pi t}\right) \\ &= \frac{1}{2}x(t)+\frac{\mathrm{j}}{2}\hat{x}(t) \end{aligned} \tag{1-29}$$

式（1-29）中利用了频域相乘等效于时域卷积的概念。同时，频域阶跃函数$u(f)$的傅里叶逆变换为$\frac{1}{2}\delta(t)+\mathrm{j}\frac{1}{2\pi t}$。另外，$\hat{x}(t)=\frac{1}{\pi t}*x(t)$，表示$x(t)$的希尔伯特变换。

现在定义：$x(t)$的等效低通（复包络）$x_1(t)$为由频谱$2X_+(f+f_0)$确定的信号。那么可

以得到

$$X_1(f) = 2X_+(f + f_0)u(f + f_0) \tag{1-30}$$

结合带通信号的定义可以知道，$x_1(t)$的频谱位于零频率附近，所以一般为低通信号，该信号称为带通信号 $x(t)$的等效低通（复包络）。那么利用傅里叶变换的频移特性可以得到

$$\begin{aligned} x_1(t) &= \mathcal{F}^{-1}[X_1(f)] \\ &= 2x_+(t)\mathrm{e}^{-\mathrm{j}2\pi f_0 t} \\ &= (x(t) + \mathrm{j}\hat{x}(x))\mathrm{e}^{-\mathrm{j}2\pi f_0 t} \end{aligned} \tag{1-31}$$

于是可以得到

$$x(t) = Re[x_1(t)\mathrm{e}^{-\mathrm{j}2\pi f_0 t}] \tag{1-32}$$

这就是带通信号的等效低通表示。

项目测试

一、单项选择题

1. 和模拟信号相比，数字信号具有在时间和幅度上都（　　）的特点。

A. 连续　　B. 等距离间隔　　C. 离散　　D. 随时间而变

2. 有线传输介质中性能最好的一类传输介质是（　　）。

A. 双绞线　　B. 同轴电缆　　C. 明线　　D. 光缆

3. 比特是衡量码元符号携带信息量多少的度量单位。一个八进制信源，如果其符号 0、1、…、7 出现的概率相等，那么该信源的一位八进制数码所携带的信息量就是（　　）。

A. 1 比特　　B. 2 比特　　C. 3 比特　　D. 4 比特

二、填空题

1. 卫星中继信道通过轨道在赤道平面上空的同步通信卫星为中继，实现地球上 18000km 范围内多点之间的通信连接，具有（　　　）、（　　　）、传播稳定可靠、（　　　）等优点，被广泛用来传输多路电话、电报、数据和电视信号。

2. 奈奎斯特提出了给定带宽的电报信道上无码间干扰信道的最大传输速率，指出最佳带限脉冲信号的形状及其抽样时无码间干扰条件下的最大比特率，即（　　　）。

3. 光缆是有线传输介质中性能最好的一类传输介质，是传导（　　　）的介质。光缆一般由玻璃或塑料构成，在折射率（　　　）的单根光纤外面，再用折射率（　　　）的包层包住，就可以构成一条光波通道。

4. 通信系统的性能指标主要包括可靠性、( )性和( )性 3 个方面，以信息传输的有效性和可靠性为主。在数字通信系统中，对信息传输有效性和可靠性的衡量以( )和( )来进行。

三、多项选择题

1. 和模拟信号相比，数字通信系统具有( )特点。

A. 便于实现加密处理，通信保密性强

B. 抗干扰能力强，可通过中继再生消除噪声积累，适于远距离传输

C. 灵活性高，可适应多种业务要求

D. 易于集成化，体积小、重量轻、可靠性高

2. 若某一数字信号的码元速率为 9600Baud，则它分别采用二进制、四进制、八进制时的信息速率依次为( )。

A. 9600bit/s　　B. 19200bit/s　　C. 28800bit/s　　D. 38400bit/s

3. 两个信道在 100μs 内各自传输了 1000 个二进制、四进制的码元，则它们相应的信息速率分别为( )。若它们都在 1s 内产生 10 个错误码元，其误码率分别为( )。

A. 1Mbit/s　　B. 10Mbit/s　　C. 2Mbit/s　　D. 20Mbit/s

E. 10^{-5}　　F. 10^{-6}　　G. 5×10^{-6}　　H. 5×10^{-7}

4. 若上述第 3 题中两个信道的带宽分别为 1kHz 和 2kHz，则它们的信息传输效率分别为( )。

A. 10kbit/(s·Hz)　　B. 1kbit/(s·Hz)　　C. 2kbit/(s·Hz)　　D. 20kbit/(s·Hz)

四、判断题

1. 如果比较两个通信系统的有效性，有的情况下单看传输速率是不够的。( )

2. 同轴电缆的特性阻抗有 50Ω和 75Ω两种。一般都用 50Ω同轴电缆传输数字频带信号，而用 75Ω的同轴电缆来传输基带信号。( )

3. 双绞线由两根各自封装的铜线扭绞而成，可分为屏蔽双绞线和非屏蔽双绞线两类。美国电子工业协会对非屏蔽双绞线定义了五类质量级别，数字通信系统中最常使用的是二类和五类。( )

4. 如果数字通信系统采用二进制，则其误码率与误比特率相等，所以一般用误码率来统一表示系统的可靠性。( )

5. 设信息速率为 R_b，N 进制码的码元速率为 R_{BN}，则存在关系 $R_b = R_{BN}\log_2 N$。也就是说，若八进制码的码元速率为 1200Baud，则它的信息速率为 3600 bit/s。( )

6. 数字频带通信系统的频带利用率仅由它的传输数码进制决定，即不同二进制频带调制系统的频带利用率相同，都只有 0.5bit/(s·Hz)。( )

项目二

认识数字信号的基带调制技术

02

项目概要

本项目主要包括 4 个任务，通过对这 4 个任务的学习，学生能够掌握数字通信系统中模拟信号的抽样、抽样信号的量化、脉冲编码调制（PCM）和差分脉冲编码调制（DPCM）等内容。本项目预计需要 8 学时。

任务 2.1 主要介绍模拟信号的抽样，包括低通信号的抽样、带通信号的抽样及自然抽样和平顶抽样，预计 2 学时完成。

任务 2.2 主要介绍抽样信号的量化，包括量化的原理和噪声、均匀量化及非均匀量化，预计 2 学时完成。

任务 2.3 主要介绍 PCM，包括 PCM 的原理、二进制码组的选取、*A* 压缩律 13 折线 PCM 编码、实际 PCM 的编译码电路和 PCM 系统的噪声，预计 2 学时完成。

任务 2.4 主要介绍 DPCM，包括 DPCM 的原理、DPCM 的编译码过程、DPCM 的性能、增量调制原理和增量调制系统的量化噪声，预计 2 学时完成。

知识准备

在学习本项目前，希望您已经具备以下知识。

1. 了解通信系统的组成与基本概念。
2. 了解数字通信系统的基本概念和特点。
3. 了解通信的基本概念，如信源、信道和信号等。
4. 了解模拟信号和数字信号的概念和特点，并能够加以区分。

知识图谱

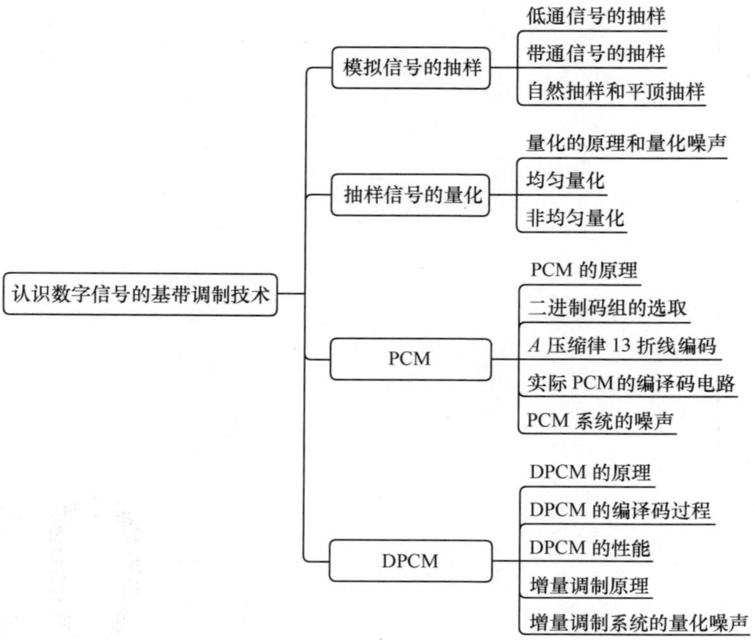

任务 2.1　模拟信号的抽样

任务目标

本任务主要介绍模拟信号的抽样。通过本任务的学习，学生需要知道低通信号、带通信号的抽样定理，以及自然抽样和平顶抽样的实现方法。

任务分析

由信源直接产生的信息（如语音、图像等）都是模拟信号。而数字系统传输的是数字信号，要想传输模拟信号，必须进行模数转换，而转换的第一步就是要使模拟信号在时间上实现离散化。将在时间上连续的模拟信号变为在时间上离散的抽样值的过程就是抽样。模拟信号的抽样又涉及理想抽样和实际抽样，其中理想抽样包括低通信号的抽样和带通信号的抽样；实际抽样包括自然抽样和平顶抽样两种。抽样定理主要讨论由离散的抽样值序列能否重新恢复为原始模拟信号，这是所有模拟信号数字化的理论基础。本任务是了解抽样定理和抽样的方法。

2.1.1　低通信号的抽样

低通信号的抽样定理是：一个连续的模拟信号 $x(t)$，其频率为 $0 \leqslant f_x \leqslant f_H$，如果以抽样频率 f_s 大于或等于 $2f_H$，即抽样周期为 $T_s \leqslant \frac{1}{2f_H}$ 的周期性冲激脉冲对它进行抽样，则 $x(t)$ 可以被所得到的抽样值完全确定。也就是说，可以由抽样值序列 $\{x(nT_s)\}$（其中 n 为整数，T_s 为抽样周期）无失真地重建原始模拟信号 $x(t)$。

由抽样定理可知，当被抽样信号的最高频率为 f_H 时，每秒内抽样的数目将等于或大于 $2f_H$，这意味着在一个周期内至少要对最高频率分量取两个样值。如果不能满足这个条件，则接收端在还原该信号时必然会出现信号的失真。由于该定理由奈奎斯特提出并证明，我们就把满足抽样定理的最低抽样频率称为奈奎斯特频率。一般语音信号的频率范围为 300～3400Hz，可以把它看作频带为 0～3400Hz 的低通信号，则该信号的抽样频率为 $2 \times 3400 = 6800$Hz（工程上一般取 8000Hz）。

设 $x(t)$ 为一个频带限制在 $(0, f_H)$ 内的低通信号，抽样脉冲序列是一个周期性冲激函数 $\delta_T(t)$，则抽样信号可看成 $x(t)$ 和 $\delta_T(t)$ 相乘的结果，如图 2-1 所示。

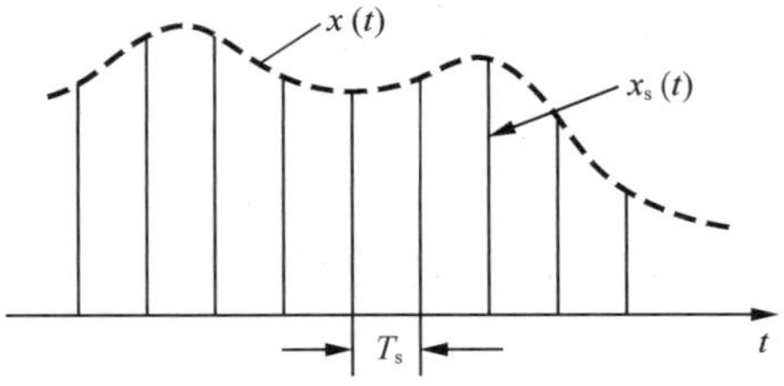

图 2-1　抽样信号的形成过程

抽样信号可表示为

$$x_s(t) = x(t)\delta_T(t) \tag{2-1}$$

其相应的频谱关系为

$$X_s(\omega)=X(\omega)*\delta_T(\omega)=\frac{1}{T}\sum_{n=-\infty}^{\infty}X(\omega-2n\omega_H) \tag{2-2}$$

数学运算和实验都已证明，此时接收端可通过截止频率为 f_H 的低通滤波器来恢复出原始信号，如图 2-2 所示。

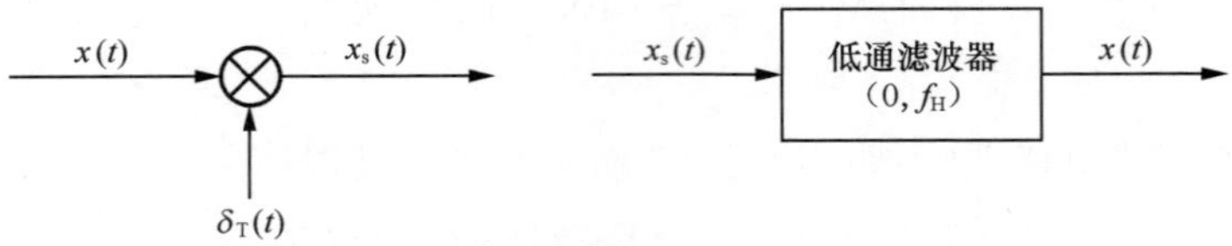

图 2-2 抽样与恢复

2.1.2 带通信号的抽样

实际上，在通信中我们遇到的信号更多的是带通信号，其带宽 B 远小于其中心频率。

若带通信号的上截止频率为 f_H，下截止频率为 f_L，此时并不一定需要抽样频率达到 $2f_H$ 或更高。只要此时的抽样频率 f_s 满足

$$f_s=2B\left(1+\frac{M}{N}\right) \tag{2-3}$$

则接收端就可以完全无失真地恢复出原始信号，这就是带通信号的抽样定理。

式（2-3）中，$B=f_H-f_L$；$M=\frac{f_H}{B}-N$；N 为不超过 $\frac{f_H}{B}$ 的最大正整数。由于 $0\leqslant M\leqslant 1$，因此带通信号的抽样频率在 $2B\sim 4B$ 内。由式（2-3）得出的带通信号的抽样定理曲线如图 2-3 所示。

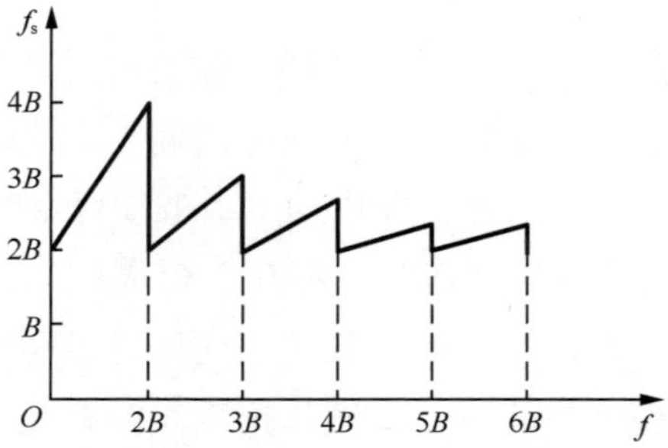

图 2-3 带通信号的抽样定理曲线

由图 2-3 可以看出，当 f_H、f_L 为带宽 B 的整数倍时，带通信号的抽样频率为

$$f_s=2B \tag{2-4}$$

2.1.3 自然抽样和平顶抽样

通常调制技术采用正弦信号作为载波，然而除正弦信号外，在时间上离散的脉冲序列同样可以作为载波。这时的调制是用基带信号改变脉冲序列的某些参数来完成的，这种调制方式被称为脉冲调制。通常，根据基带信号改变脉冲序列信号的参数（幅度、

宽度、时间位置）的不同，可把脉冲调制分为脉幅调制（PAM）、脉宽调制（PWM）和脉位调制（PPM）等，其中 PAM 是基础。

前面介绍的在抽样过程中使用的抽样脉冲序列是理想的冲击脉冲序列 $\delta_T(t)$，故这种抽样被称为理想抽样。由于不可能产生冲击脉冲序列，因此实际使用的抽样脉冲是具有一定持续时间的窄脉冲。由这样的抽样脉冲形成的抽样信号在脉冲持续期间内在其顶部呈现出某种形状。根据该顶部呈现的不同形状，可以把实际抽样分为自然抽样和平顶抽样两种。

1. 自然抽样

自然抽样是指抽样后的脉冲幅度（顶部）保持被抽样的模拟信号 $x(t)$ 的变化规律，也称为曲顶抽样，其实现方式很简单，直接用窄脉冲序列 $c(t)$ 与模拟信号 $x(t)$ 相乘即可，如图 2-4 所示。

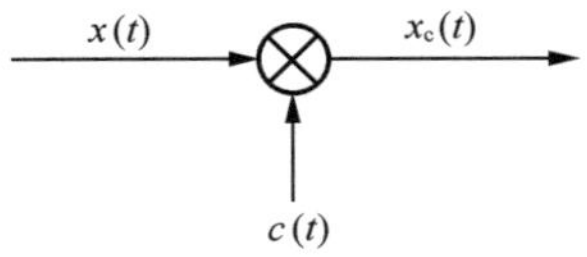

图 2-4　自然抽样

设抽样脉冲 $c(t)$ 是周期性的矩形脉冲序列，则输入模拟信号 $x(t)$ 与 $c(t)$ 相乘就输出自然抽样信号 $x_c(t)$。若 $x(t)$ 的频谱为 $X(\omega)$，$c(t)$ 的频谱为 $C(\omega)$，$x_c(t)$ 的频谱为 $X_c(\omega)$，则有

$$x_c(t) = x(t)c(t) \tag{2-5}$$

$$X_c(\omega) = X(\omega) * C(\omega) \tag{2-6}$$

自然抽样的波形及其对应的频谱如图 2-5 所示。由图可知，接收端只需使用相应的低通滤波器，便可从抽样信号中无失真地恢复出原始信号。

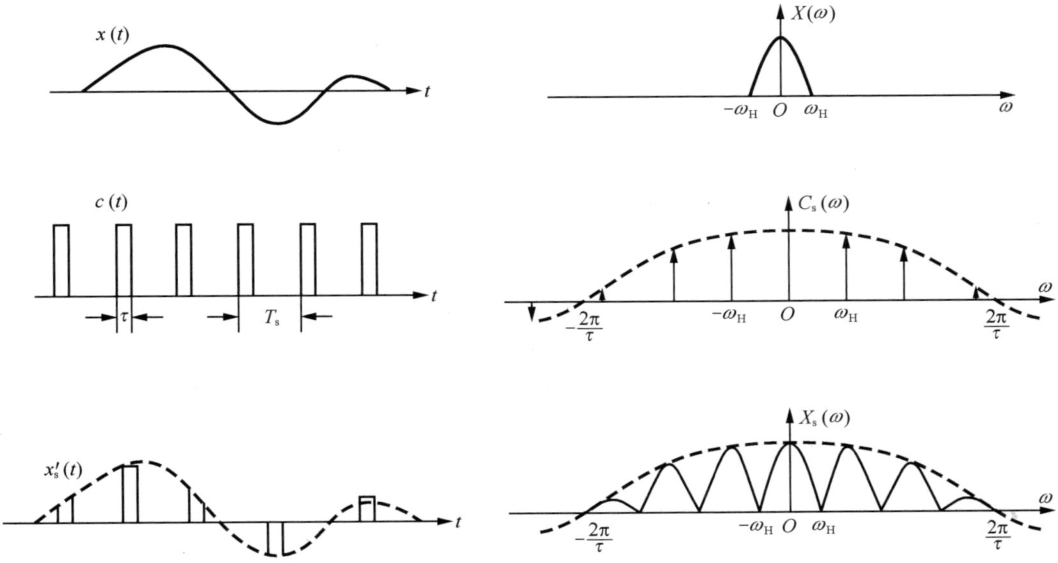

图 2-5　自然抽样的波形及其对应的频谱

2. 平顶抽样

自然抽样虽然很容易实现，但其抽样信号在抽样期间的输出幅度值随输入信号的变化而变化，这使得编码无法完成。因为每个编码都和一个固定的抽样值对应，所以在一次抽样期间内只能有一个抽样值用于编码，也就是说，用于编码的抽样值必须是恒定不变的。为此人们研制出另一种抽样电路，它可以在抽样期间内使输出的抽样信号幅度保持不变，这就是平顶抽样，也叫瞬时抽样。在实际抽样过程中，平顶抽样是先通过窄脉冲序列完成自然抽样后，再利用脉冲形成电路来实现的。

理论上，平顶抽样可分解为两步来进行：第一，理想抽样；第二，用一个冲激响应为矩形的函数对抽样值进行幅度值保持（即脉冲形成电路），其产生原理如图 2-6 所示。平顶抽样信号如图 2-7 所示。

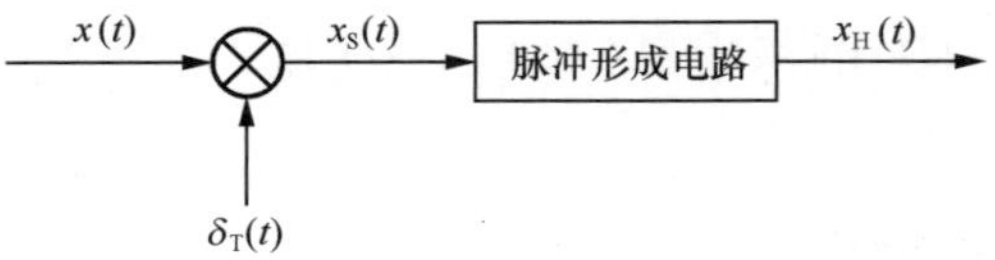

图 2-6　平顶抽样的产生原理

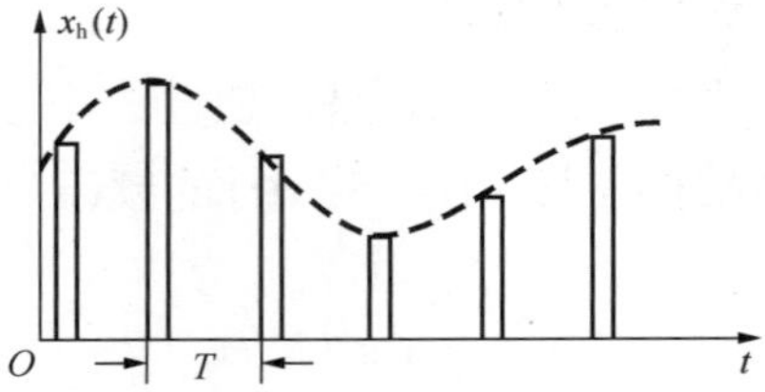

图 2-7　平顶抽样信号

设抽样脉冲为冲激序列 $\delta_T(t)$，模拟输入信号 $x(t)$ 与 $\delta_T(t)$ 相乘便得到理想抽样信号 $x_s(t)$，$x_s(t)$ 通过脉冲形成电路后得到平顶抽样信号 $x_H(t)$。设 $x(t)$ 的频谱为 $X(\omega)$，$\delta_T(t)$ 的频谱为 $\delta_T(\omega)$，$x_s(t)$ 的频谱为 $X_s(\omega)$，$x_H(t)$ 的频谱为 $X_H(\omega)$，脉冲形成电路的网络函数为 $H(\omega)$，则有

$$X_H(\omega) = X_s(\omega) * H(\omega) \tag{2-7}$$

利用式（2-2）的结果，上式可写为

$$X_H(\omega) = \frac{1}{T}H(\omega)\sum_{n=-\infty}^{\infty}X(\omega - 2n\omega_H) = \frac{1}{T}\sum_{n=-\infty}^{\infty}H(\omega)X(\omega - 2n\omega_H) \tag{2-8}$$

由式（2-8）可以看出，平顶抽样 PAM 信号的频谱 $X_H(\omega)$ 是由 $H(\omega)$ 加权后的周期性重复的频谱 $X(\omega)$ 所组成的。因此，不能直接用低通滤波器从 $X_H(\omega)$ 中滤出所需的基带信号，因为这时 $H(\omega)$ 不是常系数，而是角频率 ω 的函数。

为了从该平顶抽样信号中恢复出原始基带信号 $x(t)$，可采用图 2-8 所示的方法。

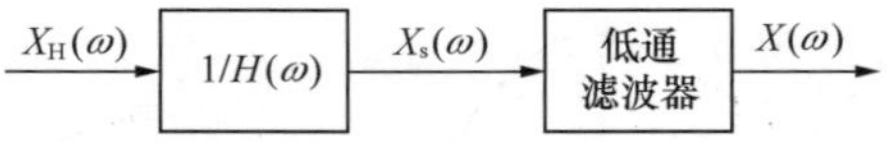

图 2-8　平顶抽样 PAM 信号的恢复方法

从式（2-8）可以看出，不能直接使用低通滤波器滤出所需信号是因为 $X(\omega)$ 受到了 $H(\omega)$ 的加权。如果我们在低通滤波器前用特性为 $\dfrac{1}{H(\omega)}$ 的网络对此加以修正，则低通滤波器的输入信号频谱变为

$$X_s(\omega)=\frac{1}{H(\omega)}X_H(\omega)=\frac{1}{T}\sum_{n=-\infty}^{\infty}X(\omega-2n\omega_H) \tag{2-9}$$

此时，通过低通滤波器便能无失真地恢复出原始信号。

任务 2.2 抽样信号的量化

任务目标

本任务主要介绍抽样信号的量化原理与实现方法。通过本任务的学习，学生需要了解量化的原理；掌握均匀量化的原理；理解非均匀量化的原理，包括 A 压缩律、μ 压缩律及 A 压缩律 13 折线、μ 压缩律 15 折线的实现方法。

任务描述

由任务 2.1 我们已经知道，模拟信号要转换成数字信号首先需要经过抽样，模拟信号在抽样后虽然在时间上变成了离散的信号，但其仍然是模拟信号。要想使其成为真正的数字信号，就必须经过量化。本任务我们先了解量化的原理；再详细了解均匀量化和非均匀量化的方式。

2.2.1 量化的原理和量化噪声

接下来我们就来讨论一下模拟抽样信号的量化。

设模拟信号 $x(t)$ 经抽样得到抽样值序列 $\{x(nT_s)\}$ ，其中 T_s 是抽样周期，n 是整数。这个抽样值序列在时间上虽然是离散的，但在幅度上的取值却是连续的，即 $\{x(nT_s)\}$ 可以有无限个取值。若采用 M 个二进制码元来表示此抽样值序列的大小，则 M 个二进制码元只能表示 $L=2^M$ 个不同的抽样值。编码前还必须对抽样值序列 $\{x(nT_s)\}$ 进行进一步处理，因此，我们将抽样值序列划分为 L 个区间，每个区间用 1 个电平表示，可以划分出 L 个电平，把这个电平称为量化电平。用这 L 个量化电平表示连续的抽样值的方式就叫作量化。量化使得抽样值序列成为在幅度上也只有有限个取值的离散样值。完成量化过程的器件就是量化器。

量化的过程如图 2-9 所示。输入 x 是连续取值的模拟量，经过量化器输出 y。y 是量化器对 x 进行量化的结果，有 L 个取值，可表示为

$$y=Q(x)$$

当输入信号的幅度在 x_K 和 x_{K+1} 之间时，量化器的输出为 y_K ，表示为

$$y=Q\{x_K\leqslant x\leqslant x_{K+1}\},K=1,2,3,\cdots,L \tag{2-10}$$

一般把 y_K 称为量化电平或重建电平，x_K 称为分层电平，分层电平之间的间隔就叫作量化间隔 ΔK ，显然有

$$\Delta K=x_{K+1}-x_K$$

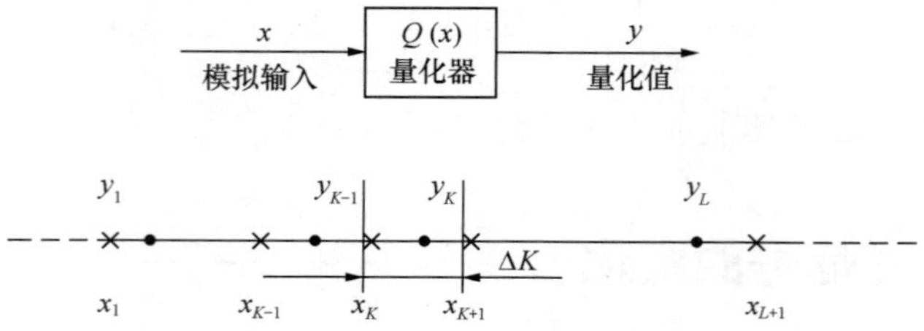

图 2-9　量化的过程

其中，ΔK 也称为量化阶距或阶距。量化间隔相等的量化就称为均匀量化，否则就是非均匀量化。

量化器输出和输入之间的关系称为量化特性，量化特性曲线可以形象地表示量化特性。一个理想的线性系统，其输出-输入特性是一条直线，而量化器的输出-输入特性则是阶梯形曲线，相邻两个阶梯面之间的距离为阶距。均匀量化器由于阶距相等，其特性曲线呈等间距跳跃的形式，如图 2-10 所示。而非均匀量化器的特性曲线则是不等间距跳跃的。根据各阶梯面的位置，特性曲线又可分为中升型和中平型。

量化器的输入是连续值，输出是量化值，显然输入和输出的值一般不同，即存在着误差，这是由量化过程本身所引起的，所以叫量化误差，如图 2-10 所示。定义量化误差 q 为量化器输入信号与输出信号的幅度值之差，即

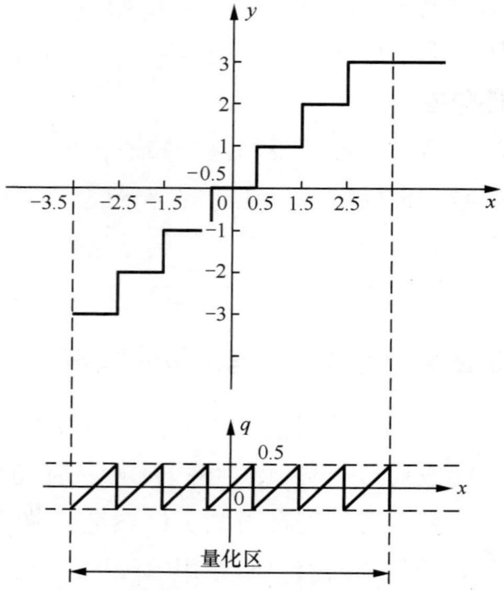

图 2-10　均匀量化特性曲线和量化误差

$$q = x - y = x - Q(x) \tag{2-11}$$

q 的规律由 x 的取值规律决定。对于确定的输入信号，q 是一个确定的 x 的函数。但如果输入信号 x 是随机信号，则 q 就是一个随机变量。量化误差的存在对信号的解调会产生负面影响，这相当于一种干扰，所以通常把量化误差称为量化噪声。量化噪声的平均功率就是它的均方误差。设输入信号 x 的幅度概率密度为 $P_{\mathrm{x}}(x)$，则量化噪声的平均功率为

$$\begin{aligned}\sigma_q^2 &= E[x - Q(x)]^2 = \int_{-\infty}^{\infty} [x - Q(x)]^2 P_{\mathrm{x}}(x)\mathrm{d}x \\ &= \sum_{K=1}^{L} \int_{x_K}^{x_{K+1}} (x - y_K)^2 P_{\mathrm{x}}(x)\mathrm{d}x\end{aligned} \tag{2-12}$$

其中，E 表示统计平均值，L 表示量化间隔数。

设 V 表示量化器的最大可输出量化电平，根据式（2-12）可以得出，当输入信号的幅度不超过量化器的允许输入值时，即量化器不过载量化噪声平均功率为

$$\sigma_q^2 = \frac{1}{12}\int_{-V}^{V} \Delta K^2(x) P_x(x)\mathrm{d}x \tag{2-13}$$

反之，量化器输入过载量化噪声平均功率为

$$\sigma_{q_o}^2 = 2\int_{V}^{\infty} (x-V)^2 P_x(x)\mathrm{d}x \tag{2-14}$$

量化形成的总量化噪声功率 N_q 应为不过载噪声和过载噪声功率之和，即

$$N_q = \sigma_q^2 + \sigma_{q_o}^2 \tag{2-15}$$

2.2.2 均匀量化

均匀量化器的量化特性是一条等阶距的阶梯曲线，如图 2-10 所示。设量化器的量化范围为（$-V, +V$），量化电平数为 L，则量化间隔 ΔK 为

$$\Delta K = \frac{V-(-V)}{L} = \frac{2V}{L} \tag{2-16}$$

代入式（2-13），则得到均匀量化条件下的不过载噪声平均功率为

$$\sigma_q^2 = \frac{(\Delta K)^2}{12} = \frac{V^2}{3L^2} \tag{2-17}$$

由式（2-17）可知，均匀量化器不过载量化噪声平均功率与信号的统计特性无关，只与量化间隔有关，其输出噪声功率随着量化级数 L 的增加而呈平方比下降，随着量化范围 V 的增加而呈平方比增大。因此，只要量化器不过载，增大量化级数 L 就一定可以降低输出噪声。

均匀量化的主要缺点是：在实际应用中，只要确定了量化器，无论抽样值大小如何，其量化间隔 ΔK 和量化电平数都是确定的。因此，根据式（2-17）可知，量化噪声 σ_q^2 也是确定的。但信号强度却可能随时间而发生变化，如语音信号，当信号 $x(t)$ 较小时，信噪比也很小，即弱信号的信噪比可能无法达到额定要求而对还原解调产生较大的影响，所以这种均匀量化器对小的输入信号非常不利。为了克服这一缺点，改善小信号的信噪比通常采用 2.2.3 小节中的非均匀量化的方式。

对均匀量化的量化电平用 n 位二进制数码来表示，就得到其相应的数字编码信号，通常称为 n 位线性 PCM 编码信号。由于 n 位数码最多可以有 2^n 种组合，因此 n 与量化间隔数 L 的关系为

$$n = \log_2 L \tag{2-18}$$

【**例 2.1**】对频率范围为 30～300Hz 的模拟信号进行线性 PCM 编码。

（1）求最低抽样频率 f_s；

（2）若量化电平数 $L=64$，求 PCM 信号的信息速率 R_b。

解：（1）由模拟信号的频率范围可知，该信号应作为低通信号处理，故其最低抽样频率为

$$f_s = 2 \times f_H = 2 \times 300 = 600(\text{Hz})$$

（2）由量化电平数 L 可求出其编码位数 n，即

$$n = \log_2 L = \log_2 64 = 6$$

说明每次抽样的值将被编成 6 位二进制数码，故该 PCM 信号的信息速率 R_b 为

$$R_b = nf_s = 6 \times 600 = 3600(\text{bit/s})$$

2.2.3 非均匀量化

量化间隔不相等的量化就是非均匀量化，它是根据信号抽样值的不同区间来确定量化间隔的。信号抽样值小时，其量化间隔 ΔK 相应也小；反之则量化间隔 ΔK 也大。在实际中，非均匀量化的实现方法通常可以认为是先对信号抽样值进行非线性变换，然后再进行均匀量化，如图 2-11 所示。对输入信号先进行一次非线性变换 $z=f(x)$，然后再对 z 进行均匀量化及编码。在接收端，解码后得到的量化电平则要进行一次逆变换 $f^{-1}(x)$，才能恢复出原始信号。

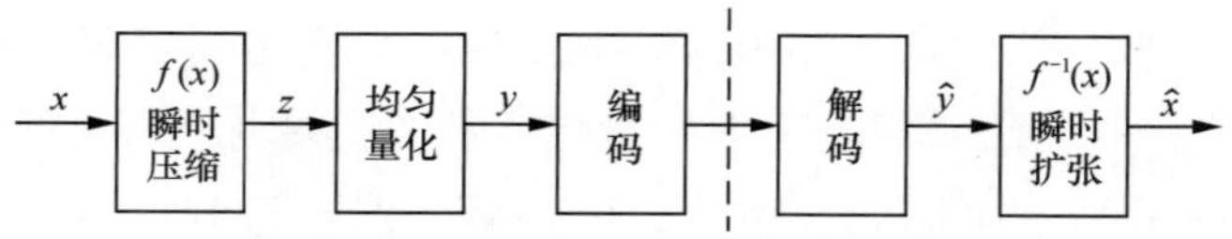

图 2-11 非均匀量化

$f(x)$ 和 $f^{-1}(x)$ 分别具有把信号幅度范围压缩与扩张的作用，所以常把 $z=f(x)$ 的变换过程称为压缩，其逆变换 $f^{-1}(x)$ 则叫作扩张。图 2-12 为非线性压缩特性的示意。该压缩特性是一条曲线，图中纵坐标压缩后的信号 z 采用的是均匀量化间隔 Δ，横坐标输入信号 x 采用的是非均匀量化间隔 $\Delta K(x)$，等效于对输入信号进行了非均匀量化。这使得输入信号越小，量化间隔就越小，即对于小信号而言，量化误差也越小，从而使小信号的信噪比能达到额定范围，进而实现解调。

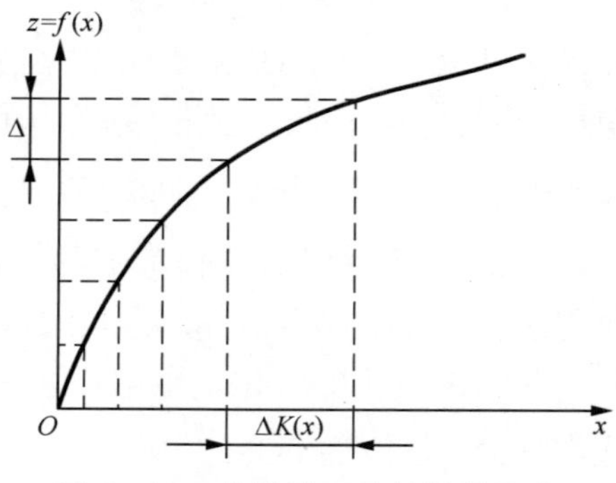

图 2-12 非线性压缩特性的示意

在通常使用的压缩器中，大多采用对数式压缩，即 $z=\ln x$。基于对语音信号的大量数据统计和研究，国际电报电话咨询委员会（CCITT，现为 ITU-T）建议采用两种压缩特性，它们都具有对数特性且通过原点呈中心对称的曲线，这就是 A 压缩律和 μ 压缩律。我国、欧洲各国（地区）和国际互联时采用 A 压缩律及相应的 13 折线法，美国、日本等国家和地区采用 μ 压缩律及相应的 15 折线法。对于这两种压缩律的曲线，为了简化图形，通常只画出第一象限的图形。

1. *A* 压缩律

令量化器的满载电压为归一化值 ±1，相当于将输入信号 x_i 对量化器最大量化电平 V 进行归一化处理，即信号的归一化值为

$$x=\frac{x_i}{V}$$

A 压缩律的对数压缩特性定义为

$$f(x)=\begin{cases}\dfrac{Ax}{1+\ln A},0\leqslant x\leqslant\dfrac{1}{A}\\[2ex]\dfrac{1+\ln(Ax)}{1+\ln A},\dfrac{1}{A}\leqslant x\leqslant 1\end{cases}\tag{2-19}$$

式中，A 为压缩系数，决定压缩程度，A=1 时无压缩，A 越大压缩效果越明显；x 为压缩器归一化输入电压；$f(x)$ 为压缩器归一化输出电压。

由式（2-19）可知，在 $0\leqslant x\leqslant\dfrac{1}{A}$ 的范围内，$f(x)$ 是线性函数，对应一段直线，相当于均匀量化特性；在 $\dfrac{1}{A}\leqslant x\leqslant 1$ 的范围内，$f(x)$ 是对数函数，对应一段对数曲线。A 压缩律对数压缩的特性曲线如图 2-13（a）所示，在国际标准中取 A=87.6。

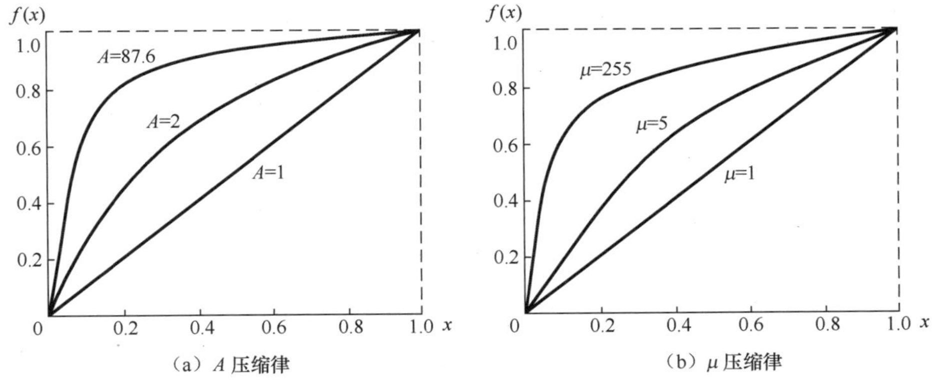

图 2-13 对数压缩特性曲线

2. μ压缩律

μ压缩律的对数压缩特性定义为

$$f(x)=\frac{\ln(1+\mu x)}{\ln(1+\mu)} \tag{2-20}$$

式中，μ为压缩系数，$\mu=0$时无压缩，μ越大压缩效果越明显，对改善小信号的性能越有利，其特性曲线如图 2-13（b）所示。一般当$\mu=100$时，压缩器的效果比较理想。在国际标准中取$\mu=255$。

下面以μ压缩律为例来说明压缩律特性对小信号量化信噪比的改善程度。从μ压缩律特性曲线可以看出，虽然它的纵坐标是均匀分级的，但由于对数函数的性能，反映到输入信号x就是非均匀量化了，即信号越小，量化间隔$\Delta K(x)$越小；信号越大，其相应的量化间隔也越大，这和均匀量化中量化间隔固定不变完全不同。虽然$f(x)$为对数曲线，但是当量化级数划分较多时，每个量化级所对应的压缩特性曲线很短，完全可以被看作直线，所以有

$$\frac{\Delta f(x)}{\Delta x}=\frac{\mathrm{d}f(x)}{\mathrm{d}x}=f'(x) \tag{2-21}$$

对前面μ压缩律对数压缩特性式（2-20）求导，可得

$$f'(x)=\frac{\mathrm{d}f(x)}{\mathrm{d}x}=\frac{\mu}{(1+\mu x)\ln(1+\mu)} \tag{2-22}$$

又由式（2-21），有

$$\Delta x=\frac{1}{f'(x)}\cdot\Delta f(x) \tag{2-23}$$

因此，采用μ压缩律对数压缩特性的量化误差为

$$\frac{\Delta x}{2}=\frac{1}{f'(x)}\cdot\frac{\Delta f(x)}{2}=\frac{\Delta f(x)}{2}\cdot\frac{(1+\mu x)\ln(1+\mu)}{\mu} \tag{2-24}$$

当$\mu>1$时，$\frac{\Delta f(x)}{2}$与$f'(x)$的比值就是压缩后量化级精度提高的倍数，也就是非均匀量化对均匀量化的信噪比的改善程度。若用Q表示信噪比的改善程度，其单位为dB，有

$$Q=20\lg\left(\frac{\Delta f(x)}{\Delta x}\right)=20\lg\left(\frac{\mathrm{d}f(x)}{\mathrm{d}x}\right) \tag{2-25}$$

取$\mu=100$时，

① 在小信号$x\to 0$的情况下，有

$$\left(\frac{\mathrm{d}f(x)}{\mathrm{d}x}\right)_{x\to 0}=\left.\frac{\mu}{(1+\mu x)\ln(1+\mu)}\right|_{x\to 0}=\frac{\mu}{\ln(1+\mu)}=\frac{100}{4.62} \tag{2-26}$$

这时，量化信噪比的改善程度为

$$Q=20\lg\left(\frac{\mathrm{d}f(x)}{\mathrm{d}x}\right)=26.7\mathrm{dB} \tag{2-27}$$

② 在大信号时，若 $x=1$，那么

$$\left(\frac{\mathrm{d}f(x)}{\mathrm{d}x}\right)_{x=1}=\left.\frac{\mu}{(1+\mu x)\ln(1+\mu)}\right|_{x=1}=\frac{100}{(1+100)\ln(1+100)}=\frac{1}{4.66} \tag{2-28}$$

则此时量化信噪比的改善程度为

$$Q=20\lg\left(\frac{\mathrm{d}f(x)}{\mathrm{d}x}\right)=-13.4\mathrm{dB} \tag{2-29}$$

即大信号时质量损失约 13dB。根据以上计算得到的量化信噪比的改善程度与输入电平的关系如图 2-14 所示。

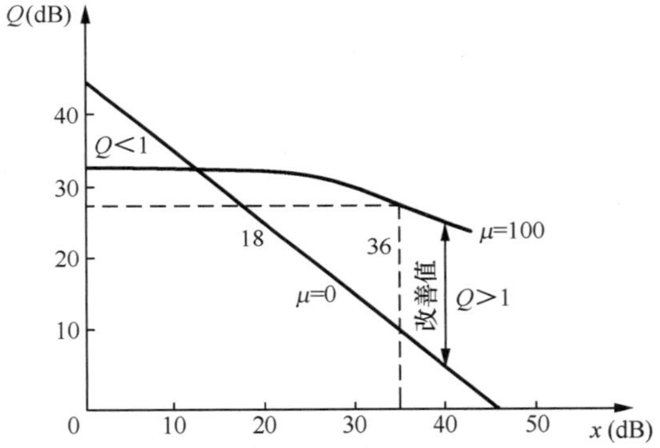

图 2-14　量化信噪比的改善程度与输入电平的关系

由图 2-14 可见，无压缩时，信噪比随输入信号的减小迅速呈直线下降；有压缩时，虽然大信号的信噪比低于无压缩时，但其随输入信号的下降明显缓慢。若要求量化器输出信噪比大于 26dB，那么，对于$\mu=0$即无压缩的情况，输入信号必须大于−18dB；而对于$\mu=100$，输入信号只要大于−36dB 即可。可见，采用压缩量化器提高了小信号的信噪比。虽然大信号的信噪比有所损失，但由于大信号的信号功率比较大，受到的影响不大，因此扩大了输入信号的动态范围。

3. *A* 压缩律 13 折线和μ压缩律 15 折线

早期的 *A* 压缩律和μ压缩律压缩特性是用非线性模拟电路来实现的，其精度和稳定性都受到很大的限制。后来采用折线段来代替曲线，使电路可用数字技术实现，尤其近年来又制成了大规模的数字集成电路，其质量和可靠性都得到了保证。

采用折线法逼近 *A* 压缩律和μ压缩律已成为国际通用标准。*A* 压缩律压缩特性采用 13 折线近似，如图 2-15 所示，该折线是一个奇对称的图形，图中只画出了输入信号为正时的情形。输入信号幅度的归一化范围为(0, 1)，将其不均匀地划分为 8 个区间，每个区间的长度按照$\frac{1}{2}$的关系递减。其划分方法是：取 1 的$\frac{1}{2}$为$\frac{1}{2}$，取$\frac{1}{2}$的$\frac{1}{2}$为$\frac{1}{4}$，以此类推，直到取 $\frac{1}{64}$ 的 $\frac{1}{2}$ 得到 $\frac{1}{128}$ 。输出信号幅度的归一化范围为（0, 1），将其均匀地分成 8 个区间，每个区间的长度为 $\frac{1}{8}$ 。图中输入信号和输出信号按照同一顺序构成的 8 个区间对应 8 个线段，加上负方向的 8 个线段共 16 个线段，将此 16 个线段相连便得到一条折线。正负方向的第 1、第 2 两段因斜率相同而合成为同一个线段，因此 16 个线段实际上是 13 段折线，这就是 *A* 压缩律 13 折线。

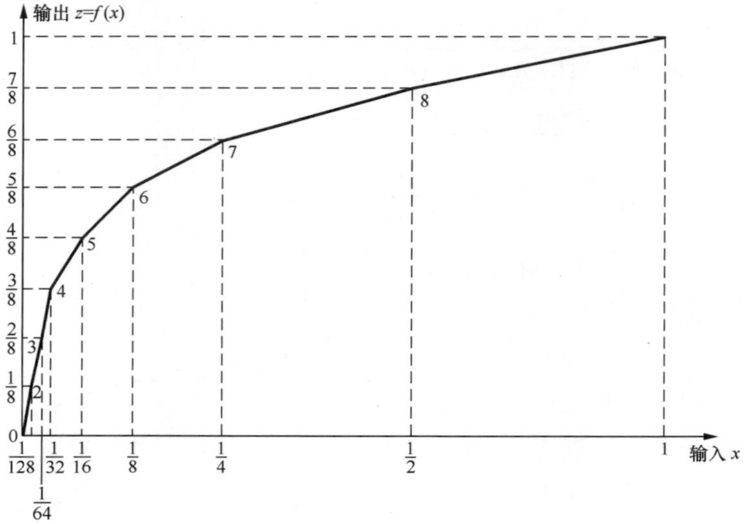

图 2-15　*A* 压缩律 13 折线

在定量计算时，一般仍以 16 段来考虑。当 13 折线输入信号为正时，其相应 8 段折线的斜率如表 2-1 所示。

表 2-1　*A* 压缩律 13 折线各段斜率

折线段	1	2	3	4	5	6	7	8
折线斜率	16	16	8	4	2	1	$\frac{1}{2}$	$\frac{1}{4}$

A 压缩律 13 折线起始段的斜率为 16。由式（2-18）可以算出，$A = 87.6$ 时的对数压缩特性起始点的斜率也是 16，说明 13 折线逼近的是 $A = 87.6$ 的对数压缩特性。

类似地，可用 15 折线来近似表示 $\mu = 255$ 时的 μ 压缩律对数压缩特性，如图 2-16 所示。

采用 15 折线逼近 μ 压缩律时，在正、负方向也各有 8 个线段，由于两个方向的第 1 段因斜率相同而合成为一段，16 折线实际上变为 15 折线，这就是常说的 μ 压缩律 15 折线。

在定量计算时，和 *A* 压缩律一样，也把输出信号幅度的归一化范围(0, 1)分成 8 等份，其相应 8 段折线的斜率如表 2-2 所示。

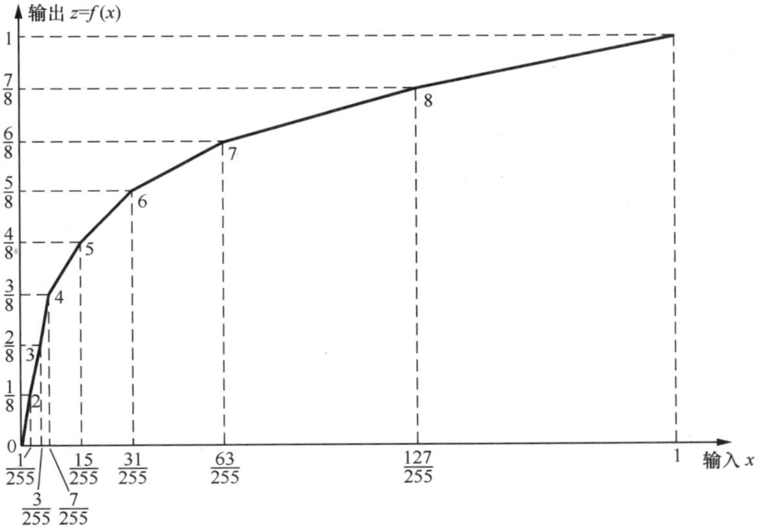

图 2-16　μ 压缩律 15 折线

表 2-2　μ压缩律 15 折线各段斜率

折线段	1	2	3	4	5	6	7	8
斜率	$\frac{255}{8}$	$\frac{255}{16}$	$\frac{255}{32}$	$\frac{255}{64}$	$\frac{255}{128}$	$\frac{255}{256}$	$\frac{255}{512}$	$\frac{255}{1024}$

通过比较 13 折线特性和 15 折线特性的第一段斜率可知，15 折线的第一段斜率（$\frac{255}{8}$）大约是 13 折线第一段斜率的 2 倍。但是对于大信号而言，15 折线特性的信噪比要比 13 折线特性的信噪比稍低。由式（2-18）可以算出，在 A 压缩律中，$A = 87.6$；但在μ 压缩律中，$A = 94.18$。A 值越大，大电压段曲线的斜率越小，即信噪比越低。

任务 2.3　PCM

任务目标

本任务主要学习 PCM 的原理、相关编译码电路和 PCM 系统的噪声。通过本任务的学习，学生需要了解 PCM 系统的原理，掌握 PCM 二进制码组的选取及 A 压缩律 13 折线编码的原理，理解 PCM 系统的噪声。

任务分析

通过前面的学习，学生已经了解到模拟信号转换成数字信号需要经过 3 个步骤，分别是抽样、量化和编码。本任务以模拟信号转换成数字信号的基本方法——PCM 来介绍其抽样、量化、编码的过程，并以 A 压缩律 13 折线 PCM 编码原理和实际 PCM 编译码电路对 PCM 进行详细讲解。

2.3.1 PCM 的原理

PCM 是由法国工程师亚历克·里弗斯（Alec Reeres）在 1937 年提出的，是一种将模拟信号变换成数字信号的编码方法。PCM 在光纤通信、数字微波通信及卫星通信中都得到了广泛的应用。

PCM 过程主要包括抽样、量化和编码 3 个步骤。抽样是把在时间上连续的模拟信号转换成在时间上离散而在幅度上连续的抽样信号；量化是把在幅度上连续的抽样信号转换成在幅度上离散的量化信号；编码则是把在时间和幅度上都已离散的量化信号用二进制码组表示。例如，电话信号的一个 PCM 码组是由 8 位二进制码组组成的，一个码组表示一个量化后的样值。

从调制的观点来看，PCM 就是以模拟信号为调制信号，对二进制脉冲序列进行载波调制，从而改变脉冲序列中各个码元的取值。所以，通常也把 PCM 称为脉冲编码调制，简称脉码调制。

把量化后的信号电平值转换成二进制码组的过程称为编码，其逆过程则称为译码。下面以 *A* 压缩律为例介绍 PCM 的编码原理。

2.3.2 二进制码组的选取

PCM 编码常用的二进制码组有自然二进制码组、折叠二进制码组和格雷二进制码组，表 2-3 列出了这 3 种编码的四位二进制码组。

自然二进制码就是十进制正整数的二进制表示。折叠二进制码的第一位则用来表示信号的正负，从第二位开始表示信号幅度绝对值的大小，一般第一位用 1、0 分别表示正、负。由于以第一位的 0、1 表示不同极性，其他表示信号绝对值大小的码以零电平为界呈现出一种折叠（镜像）关系，故称之为折叠二进制码。而格雷二进制码的特点则是对于任何相邻的十进制数值，其相应的格雷码码组之间只有一位码元发生变化。

表 2-3　3 种 PCM 编码的四位二进制码组

十进制数	自然二进制码				折叠二进制码				格雷二进制码			
	b_1	b_2	b_3	b_4	b_1	b_2	b_3	b_4	b_1	b_2	b_3	b_4
15	1	1	1	1	1	1	1	1	1	0	0	0
14	1	1	1	0	1	1	1	0	1	0	0	1
13	1	1	0	1	1	1	0	1	1	0	1	1
12	1	1	0	0	1	1	0	0	1	0	1	0
11	1	0	1	1	1	0	1	1	1	1	1	0
10	1	0	1	0	1	0	1	0	1	1	1	1
9	1	0	0	1	1	0	0	1	1	1	0	1
8	1	0	0	0	1	0	0	0	1	1	0	0

续表

十进制数	自然二进制码				折叠二进制码				格雷二进制码			
	b_1	b_2	b_3	b_4	b_1	b_2	b_3	b_4	b_1	b_2	b_3	b_4
7	0	1	1	1	0	0	0	0	0	1	0	0
6	0	1	1	0	0	0	0	1	0	1	0	1
5	0	1	0	1	0	0	1	0	0	1	1	1
4	0	1	0	0	0	0	1	1	0	1	1	0
3	0	0	1	1	0	1	0	0	0	0	1	0
2	0	0	1	0	0	1	0	1	0	0	1	1
1	0	0	0	1	0	1	1	0	0	0	0	1
0	0	0	0	0	0	1	1	1	0	0	0	0

如果信道传输中出现误码，上述 3 种不同码组在接收端译码时受到的误码影响是各不相同的。如果只有第一位码元 b_1 发生误码，自然二进制码译码后其幅度误差可达信号最大幅度的 $\frac{1}{2}$，这会使恢复出的模拟信号出现明显的误码噪声，在小信号情况下这种噪声尤为突出。折叠二进制码在小信号时，对上述情况译码后的误差则小得多，但它在大信号时的幅度误差又比自然二进制码大。一般在语音信号中，小信号出现的概率大，所以从统计的角度来看，折叠二进制码因误码产生误差的概率要比自然二进制码小。另外，折叠二进制码的极性码可由极性判决电路完成，在编码位数相同的情况下，编码位数少一位而使编码电路大大简化。因此，PCM 通常采用折叠二进制码。

2.3.3 *A* 压缩律 13 折线编码

在 *A* 压缩律 13 折线编码中，正负方向共有 16 个段落，每一个段落内又均匀地划分出 16 个量化级，这样，总的量化级数为 $16×16=256=2^8$，所以取编码位数 $n=8$。设该 8 位编码的排序为：

$$M_1 \quad M_2 \; M_3 \; M_4 \quad M_5 \; M_6 \; M_7 \; M_8$$

第 1 位 M_1 为极性码，1 代表正极性，0 代表负极性。这样，第 2～8 位（$M_2 \sim M_8$）就根据信号幅度抽样量化后的绝对值大小进行编码，其中，第 2～4 位（$M_2 \sim M_4$）为段落码，表示 8 个段落的起始电平值，即确定信号位于 8 段中的哪个段落；第 5～8 位码（$M_5 \sim M_8$）为段内码，表示信号绝对值在段内 16 个量化级中的哪一个量化级上。表 2-4 给出了段落码和 8 个段落之间的关系。表 2-5 给出了段内码与 16 个量化级之间的关系。*A* 压缩律 13 折线编码是一种将压缩、量化和编码合为一体的编码方法。

在上述编码方法中，虽然每个段落内的 16 个量化级是均匀的，但因每一段落长度不等，故不同段落间的量化间隔是非均匀的。第 1、2 段长度最短，只有归一化值的 $\frac{1}{128}$，再将它等分 16 小段后，段内每一小段的长度为 $\frac{1}{128}×\frac{1}{16}=\frac{1}{2048}$，这就是最小的量化间隔。将此最小量化间隔称为量化单位，用Δ表示，这样，第 8 段的长度为归一化值的$\frac{1}{2}$，将它等分 16 小段后，每一小段的长度为$\frac{1}{32}$，即第 8 段中的每一小段为$\left(\frac{1}{32}\right)\div\left(\frac{1}{2048}\right)=64$个量化单位Δ。

表 2-4 段落码

段落序号	段落码 M_2 M_3 M_4
8	1 1 1
7	1 1 0
6	1 0 1
5	1 0 0
4	0 1 1
3	0 1 0
2	0 0 1
1	0 0 0

表 2-5 段内码

量化级	段内码 M_5 M_6 M_7 M_8
15	1 1 1 1
14	1 1 1 0
13	1 1 0 1
12	1 1 0 0
11	1 0 1 1
10	1 0 1 0
9	1 0 0 1
8	1 0 0 0
7	0 1 1 1
6	0 1 1 0
5	0 1 0 1
4	0 1 0 0
3	0 0 1 1
2	0 0 1 0
1	0 0 0 1
0	0 0 0 0

与此类似，在 13 折线中，正方向的 8 个段落以归一化值$\frac{1}{2048}$（即Δ）为单位，求得的各段落的起始电平值及各段落中每一个量化级间隔电平值如表 2-6 所示。

表 2-6 各段落起始电平值及量化级间隔电平值

段落	1	2	3	4	5	6	7	8
起始电平	0	16	32	64	128	256	512	1024
量化级间隔电平Δ	1	1	2	4	8	16	32	64

在 13 折线的 8 个段落中，一共有 2048 个量化单位Δ，相当于有 $2048=2^{11}$ 个均匀量化级。若对此进行均匀量化编码（线性编码），则需要 11 位数码。而非均匀量化却只有 128 个，量化级非线性编码只需 7 位数码（不考虑极性码）。可见，在保证小信号区间量化间隔相同的条件下，7 位非线性编码与 11 位线性编码等效。由于非线性编码的码位数减少，因此其编码设备简化，所需传输系统的带宽也相应减小。

13 折线的非线性 PCM 编码可由逐次比较型编码器实现，如图 2-17 所示。

编码器的任务就是根据输入的样值脉冲的大小编出相应的 8 位二进制代码，除第一位极性码外，其他 7 位二进制代码都通过逐次比较方式确定。预先规定的作为标准的电流称为权值电流，用符号 I_w 表示，I_w 的个数与编码位数有关。当样值脉冲到达后，用逐步逼近的方法有规律地将各级标准电流 I_w 和样值脉冲进行比较，每比较一次输出一位数码，直到 I_w 和样值电流 I_s 逼近允许的误差范围内为止。逐次比较型编码器由整流器、保持电路、比较器和本地译码电路等组成。

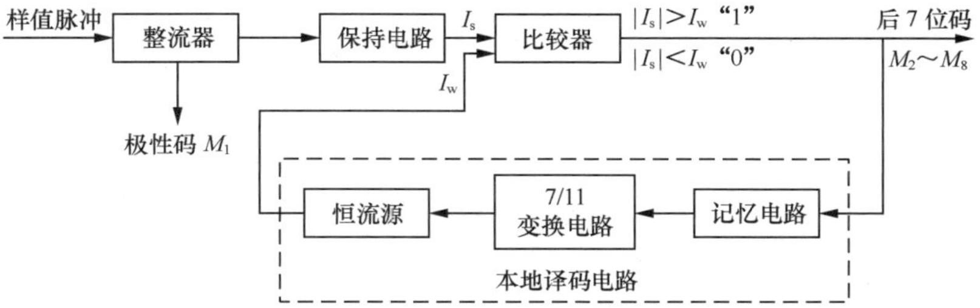

图 2-17　逐次比较型编码器

整流器用来判别输入样值脉冲的正负，编出第一位极性码 M_1。样值为正时，M_1 输出"1"，反之，M_1 输出"0"。与此同时，整流器还将双极性脉冲变换成单极性脉冲。

比较器通过将样值电流 I_s 和标准电流 I_w 进行比较，完成对输入信号抽样值的非线性量化和编码。每比较一次输出一位二进制代码，且当 $I_s>I_w$ 时，输出"1"码；反之则输出"0"码。由于 13 折线编码用 7 位二进制代码分别来代表段落码和段内码，因此对一个输入信号的抽样值需要进行 7 次比较。按照 $M_2 \sim M_8$ 的顺序，通过前 3 次比较确定该抽样值的所属段落，从而得出 $M_2 \sim M_4$；然后再通过后 4 次比较确定它在这一段落里的具体位置，输出相应的 $M_5 \sim M_8$。每次比较所用的标准电流 I_w 都不一样，但全是由本地译码电路提供的。

本地译码电路包括记忆电路、7/11 变换电路和恒流源。在 7 次比较中，除第一次比较外，其余 6 次都要依据前几次比较的结果来确定本次比较所用的标准电流 I_w 的值。因此，必须由记忆电路来寄存前几次比较的结果，即 $M_2 \sim M_7$ 这 6 位码相应的前若干位二进制代码。

7/11 变换电路其实就是前面非均匀量化中的压缩器，因为采用非均匀量化的 7 位非线性编码等效于 11 位线性编码，而该比较器只能用 7 位码，故输出端反馈到本地译码电路的也只有 7 位代码。而恒流源有 11 个基本权值电流支路，需要由 11 个控制脉冲来控制，所以必须经过相应变换，把 7 位码变成 11 位码才能实现。

实质上，7/11 变换电路就是把 7 位非线性 PCM 编码转换成 11 位线性 PCM 编码。恒流源用来产生各种标准电流值，第一次比较提供的电流大小是 128 个量化单位 Δ，以后提供的电流值大小则由反馈到本地译码电路的数码决定。下面以例 2.2 说明该过程。

【例 2.2】设输入信号的抽样值为+1256Δ，试根据逐次比较型编码器的原理，将它按照 A 压缩律 13 折线特性编成 8 位码。

解：（1）极性码 M_1：因为输入信号抽样值为正，所以极性码 M_1=1。

（2）段落码 $M_2M_3M_4$：由于 M_2 用来表示输入信号抽样值是处于 8 个段落中的前 4 段还是后 4 段，故输入比较器的标准电流为 $I_w=128\Delta$。在第一次比较中，因 $I_s=1256\Delta>I_w$，所以取 $M_2=1$，表示输入信号抽样值处于后 4 段即 5～8 段。

同理，M_3 用来进一步确定样值是在后 4 段（5、6、7、8）中的前 2 段（5、6）还是后 2 段（7、8）。此时 I_w 应选择后 2 段的起始电平，即第 7 段的起始值 512Δ。在第二次比较中因 $I_s=1256\Delta>I_w$，故 $M_3=1$。它表示输入信号处于后 2 段即 7～8 段。

M_4 进一步确定是在最后 2 段中的前 1 段还是后 1 段。此时 I_w 应选择第 8 段的起始电平 1024Δ。因 $I_s=1256\Delta>I_w$，故 $M_4=1$，说明该输入信号处于后 1 段即第 8 段。

（3）段内码 $M_5M_6M_7M_8$：由于已经知道输入信号处于第 8 段，且该段中的 16 个量化级之间的间隔为(2048−1024) ÷ 16=64Δ，故在确定 M_5 时，I_w 应选为

I_w=起点电平+8 × 量化级间隔=1024Δ+8 × 64Δ=1536Δ

显然，$I_s=1256\Delta<I_w$，故 $M_5=0$，这说明输入信号处于第 8 段中的 0～7 量化级。

同理，在确定 M_6 时，I_w 应选为

I_w=起点电平+4 × 量化级间隔=1024Δ+4 × 64Δ=1280Δ

而此时 $I_s=125\Delta<I_w$，故 $M_6=0$，即进一步确定输入信号处于第 8 段中的 0～3 量化级。

在确定 M_7 时，I_w 应选为

I_w=起点电平+2 × 量化级间隔=1024Δ+2 × 64Δ=1152Δ

结果 $I_s=1256\Delta>I_w$，故 $M_7=1$，说明输入信号处于第 8 段中的 2～3 量化级。

最后确定 M_8，此时 I_w 应选为

I_w=起点电平+3 × 量化级间隔=1024Δ+3 × 64Δ=1216Δ

因 $I_s=1256\Delta>I_w$，故 $M_8=1$，即输入信号处于第 8 段中的第 3 量化级。

经过 7 次比较，编出相应的 8 位码为 11110011。这一代码的对应电平值为 1248Δ，但它表示的却是 1256Δ，故其误差为 1256Δ−1248Δ=8Δ（也就是 1248Δ 为抽样值 1256Δ 所处量化区间的中间值），这就是量化误差。该抽样值在第 8 段内，其相应量化误差小于一个量化级间隔 64Δ。显然，输入信号的样值越小，即信号所在的段落越靠前，它可能产生的最大量化误差也越小。如第 1、2、3 段的最大误差分别是 Δ、Δ、2Δ。

在上述编码过程中，除极性码外，所编的后 7 位码 1110011 为非线性编码，与此对应的 11 位线性码组就是把 1216Δ 转换为二进制所得的码组，即 10011000000。

2.3.4 实际 PCM 的编译码电路

TP3067 是一个常见的集成逐次比较型单路编译码器，可以实现模拟语音信号的 PCM 编译码，其引脚功能说明和内部结构示意分别如表 2-7 和图 2-18 所示。

表 2-7　TP3067 引脚功能说明

引脚	符号	功能
1/3	VPO+/VPO-	接收功率放大器非倒相/倒相输出
2	GNDA	模拟地
4	VPI	接收功率放大器倒相输入
5	VFRO	接收滤波器的模拟输出
6/20	V_{CC}/V_{BB}	正电源引脚，V_{CC}=+5V ± 5%/负电源引脚，V_{BB}=–5V ± 5%
7	FSR	接收帧同步脉冲，启动 BCLKR，PCM 数据移入 Dr，FSR 为 8kHz 脉冲序列
8	Dr	接收帧数据输入，PCM 数据随着 FSR 前沿移入 Dr
9	BCLKR/ CLKSEL	在 FSR 的前沿后把数据移入 Dr 的位时钟，其频率为 64kHz ~ 2.048MHz，也是一个逻辑输入，用于同步模式主时钟选择频率 1.536/1.544MHz 或 2.048MHz；BCLKR 用在发送和接收两个方向
10	MCLKR/PDN	接收主时钟，其频率为 1.536/1.544/2.048MHz，可与 MCLKx 异步，但同步为佳
11	MCLKx	发送主时钟，其频率为 1.536/1.544/2.048MHz，可与 MCLKR 异步，但同步为佳
12	BCLKx	从 Dx 上移出 PCM 数据的位时钟，其频率可从 64kHz 变至 2.048MHz，但必须与 MCLKx 同步
13	Dx	由 FSx 启动的三态 PCM 数据输出
14	FSx	发送帧同步脉冲输入，它启动 BCLKx，并使 Dx 上 PCM 数据移出
15	TSx	开漏输出，在编码器时隙内为低电平脉冲
16	ANLB	模拟环回路控制输入，正常工作时为“0”，为“1”则发送滤波器和发送前置放大器输出连接断开，改接接收功率放大器的 VPO+输出
17	GSx	发送输入放大器的模拟输出，用来在外部调节增益
18/19	VFxI-/ VFxI+	发送输入放大器倒相/非倒相输入

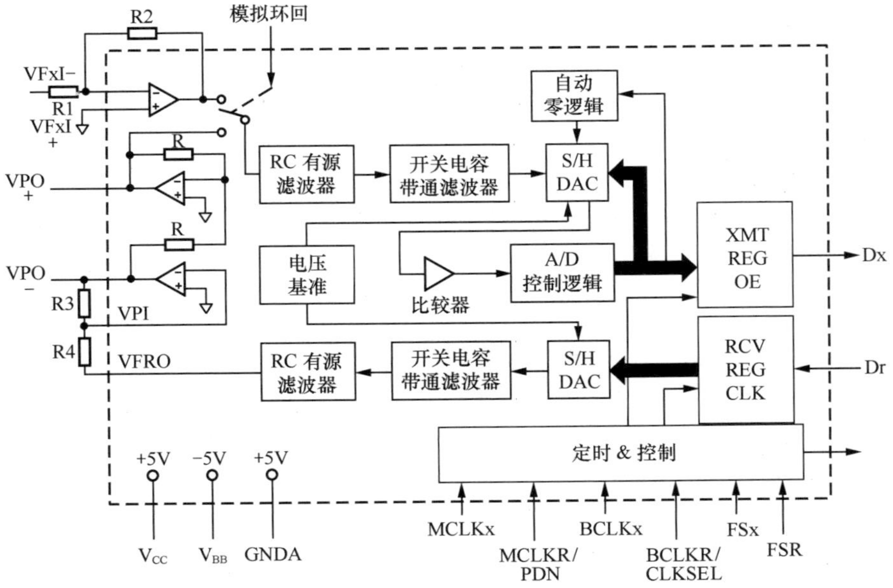

图 2-18　TP3067 内部结构示意

TP3067 既可以进行 A 压缩律变换，又可以进行 μ 压缩律变换；其数据传输既可以固定速率进行，又可以变速传输；既可以选择传输信令帧，又可以传输无信令帧。此外，TP3067 还有一个 PDN 功耗控制端，当 PDN=1 时，器件正常工作；PDN=0 时，器件处于低耗状态，其他功能都不起作用。

图 2-19 所示为基于 TP3067 的 A 压缩律 PCM 编译码电路，以 2.048Mbit/s 的速率进行传输，其信息帧为无信令帧，它的发送时序与接收时序直接受 FSx 和 FSR 控制。每帧 8 位数据，采用 8kHz 帧同步信号。PCM 系统发送通道电路和接收通道电路分别如图 2-20 和图 2-21 所示。

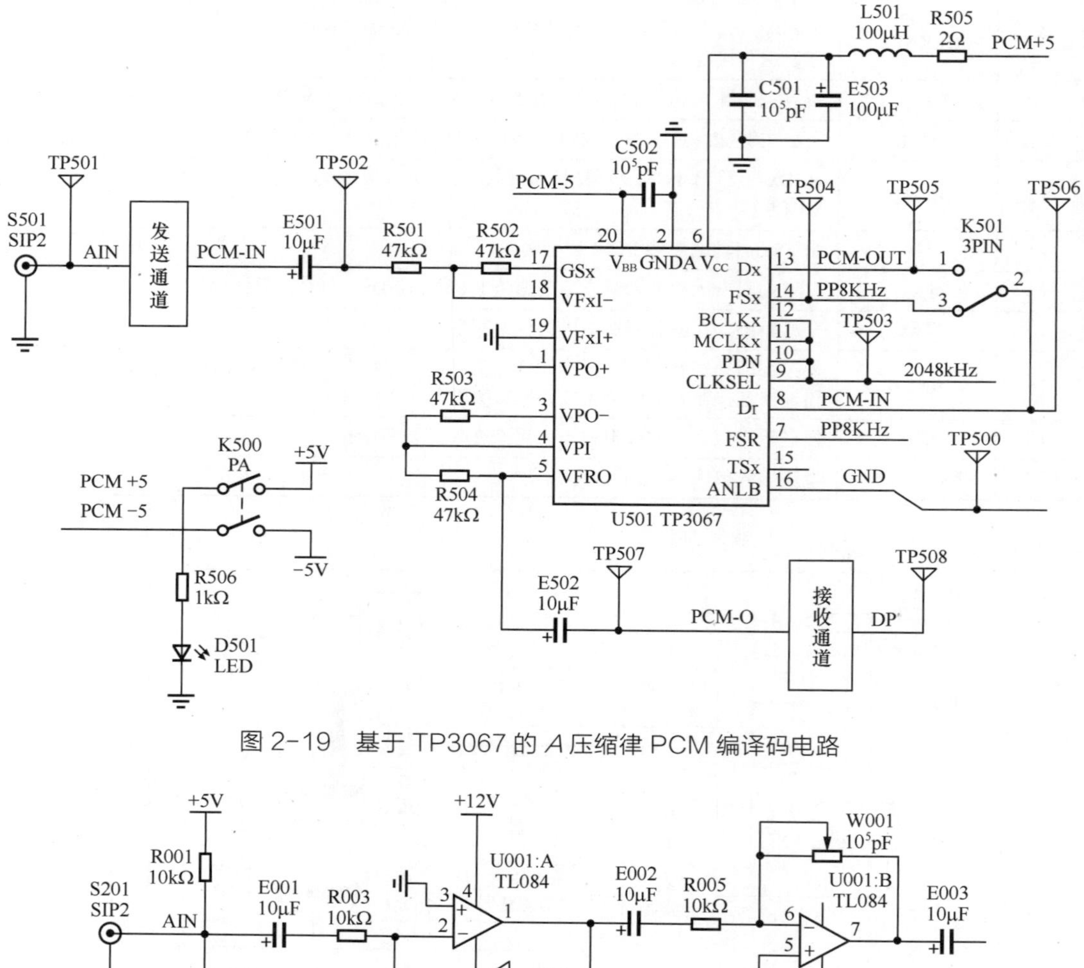

图 2-19　基于 TP3067 的 A 压缩律 PCM 编译码电路

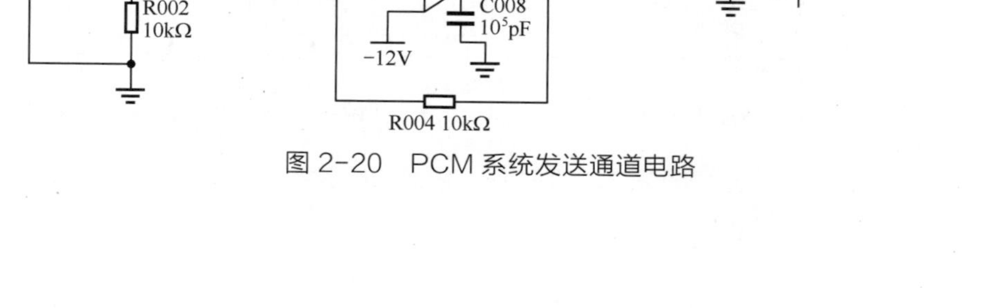

图 2-20　PCM 系统发送通道电路

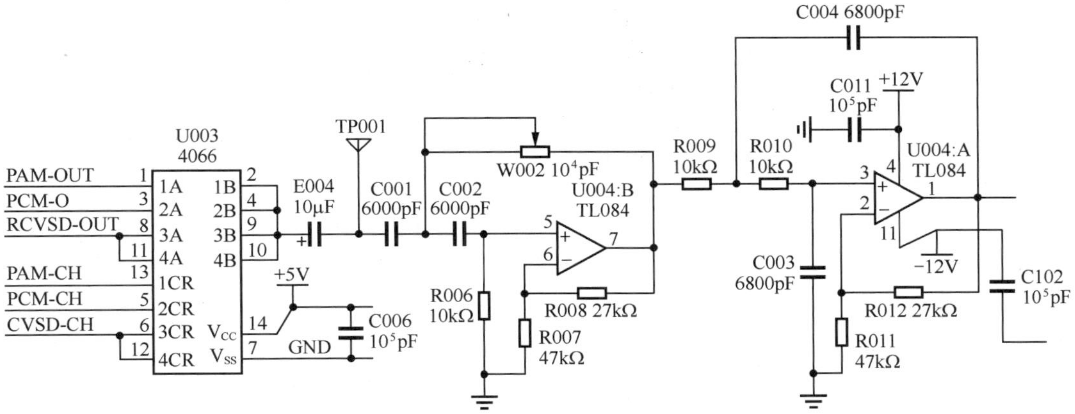

图 2-21　PCM 系统接收通道电路

编译码器的工作节奏由时序电路控制，编码电路进行取样、量化、编码，译码电路经过译码低通、放大输出模拟信号，把这两部分集成在一个芯片上就是一个单路编译码器，它只能为一个用户服务，即同一时刻只能为一个用户进行 A/D（模/数）转换及 D/A（数/模）转换。如果同时有多路用户需要服务，则需要多个单路编译码器协同工作。

单路编译码器编好的 8 位 PCM 码字是在一个时隙中被发送出去的，这个时隙由 A/D 控制电路决定，在其他时隙中编码器没有输出。同样地，译码电路也只工作在一个固定的时隙。只要向 A/D 或 D/A 控制电路发送相关的命令，即可控制单路编译码器的发送和接收时隙，从而达到总线控制与交换的目的。

不同的单路编译码器对其发送/接收时隙的控制方式有所不同，基本上可分为两种方式，一种是编程法，即给编译码器的内部控制电路输入控制字来控制其时隙分配；另一种是直接控制，利用 FSx、FSR 两个控制端，使其周期和多路 PCM 帧周期相同（即 125μs），这样，每来一个 FSx 就输出一个 PCM 码字，而每来一个 FSR 就从外部接收一个 PCM 码字。

2.3.5　PCM 系统的噪声

在实际 PCM 系统中，影响信号恢复质量的因素有很多，如抽样频率不够高，使抽样信号的频谱出现重叠而产生失真；接收端低通滤波器的特性不理想，其他额外频谱分量串入而导致失真。此外，收发两端抽样脉冲不同步、接收端的抽样脉冲出现抖动等也会引起失真。但这些失真都可以通过合理设计和设备来进行改善，使其影响可以减弱到足以忽略的程度。

从理论上讲，在 PCM 系统中，重建信号不可避免的主要误差来自 A/D 和 D/A 转换过程，即量化过程，信号的失真主要是量化失真。

所有信道都存在干扰，信道干扰主要有乘性干扰和加性干扰。乘性干扰与信道特性有关，在信道理想的前提下可以被忽略；但加性干扰却是始终存在的，它来自干扰源的激励或辐射影响。干扰会影响接收端对信号码元的准确判决，从而造成误码；还会影响接收端位同步和帧同步脉冲的准确性，从而进一步引起误码。所以干扰的影响最终也表现为输出信号产生失真。

设 $D(t)$表示系统本身在信号变换过程中所引入的失真分量，$n(t)$表示干扰引起的输出失真分量，$g(t)$表示输出的有用信号分量，则接收端的输出电压 $x(t)$可表示为

$$x(t) = g(t) + D(t) + n(t) \tag{2-30}$$

假设 $D(t)$仅为量化引起的噪声，即量化噪声；$n(t)$为加性干扰引起的加性噪声。量化噪声与加性噪声来源不同，且相互独立，可以分别进行讨论。一般来说，系统的抗噪声性能与信噪比有关，系统总的信噪比可定义为

$$\frac{S}{N} = \frac{E[g^2(t)]}{E[D^2(t)] + E(n^2(t))} \tag{2-31}$$

显然，信噪比越大，系统的抗噪声性能越好。

PCM 信号由于在传输过程中受到加性干扰，影响接收端的正确判决，使得二进制“1”码可能被判为“0”，而“0”码也可能被误判为“1”。错误的概率取决于信号的类型和接收机输入端信号噪声功率比。因为 PCM 信号的每一码组代表一定的量化抽样值，所以其中只要有一位发生错误，则恢复的抽样值就会与发送值不同。若误码率 $P_e = 10^{-4}$，每个码组由 8 位码元组成，则一个码组中只有一个错码的概率为

$$P_e' = 8P_e = \frac{1}{1250} \tag{2-32}$$

即平均每发送 1250 个码组，就会有一个码组发生错误。而一个码组中有两个码元错误的概率为

$$P_e'' = C_8^2 P_e^2 = 2.8 \times 10^{-7} \tag{2-33}$$

可见，P_e'' 远小于 P_e'。同理，错 3 个或者更多个码元的概率就更低了。因此，我们一般只考虑仅有一位码元错误的情况。

在加性噪声为高斯白噪声的情况下，每一个码组中出现的误码可认为是彼此独立的。设每个码元的误码率为 P_e，下面来分析图 2-22 所示的一个自然码组，计算误码造成的噪声功率。

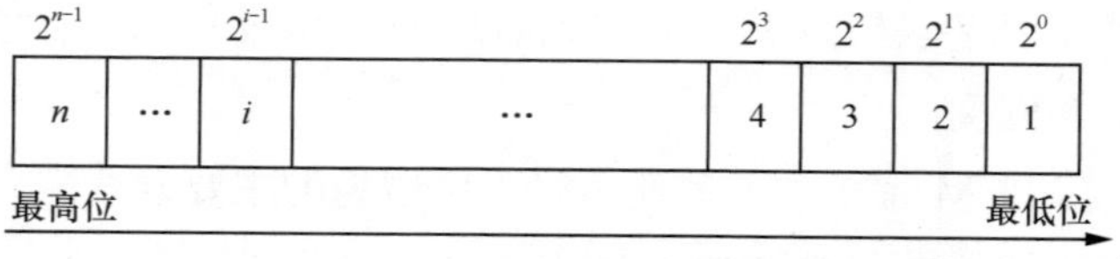

图 2-22　一个自然码组

在一个长为 n 的自然码组中，假设自最低位到最高位的加权数值分别为 2^0，2^1，$2^2, \cdots, 2^{i-1}, \cdots, 2^{n-1}$，量化间隔为 d，则第 i 位对应的抽样值为 $2^{i-1}d$。如果第 i 位码发生误码，则其产生的误差为$\Delta 2^{i-1}d$。显然，最高位误码所造成的误差最大为$\Delta 2^{n-1}d$。最低位误差最小，只有Δd。因为假定每个码元出现差错的可能性相同，所以在一个码组中，如果只有一个码元发生差错，它所造成的均方误差为

$$\sigma_n^2 = \frac{1}{n}\sum_{i=1}^{n}(2^{i-1}d)^2 = \frac{d^2}{n}\left(\frac{2^{2n}-1}{3}\right) \approx \frac{d^2}{3n}2^{2n} \tag{2-34}$$

我们注意到，当一个码组发生错误，则译码器输出一个相应错误的抽样值，其误差的均方值为 σ_n^2；如果一个码组不发生错误，则译码器输出的抽样值无误。因此，误码引起的接收端输出噪声功率由抽样值误差的均方值确定。设每个码元发生错误的概率为 P_e，则一个码组出现误码的概率为 nP_e，当误码率 P_e 较小时，误码造成的平均输出噪声功率 N_n 可近似为

$$N_n = \sigma_n^2 nP_e = \frac{2^{2n}}{3}d^2 P_e \tag{2-35}$$

因此，只考虑由加性噪声引起误码时，系统的输出信噪比为

$$\frac{S}{N_n} = \frac{\frac{d^2}{12}(2^{2n}-1)}{\frac{2^{2n}}{3}P_e d^2} \approx \frac{\frac{d^2}{12}2^{2n}}{\frac{2^{2n}}{3}P_e d^2} = \frac{1}{4P_e} \tag{2-36}$$

可见误码引起的信噪比与误码率成反比。误码率越小，造成的噪声功率就越小，信噪比就越大。在 PCM 基带传输系统中，通常可以使误码率降到 10^{-6} 以下，因此误码的影响不大，这时系统中量化噪声是主要的。为改善系统输出信噪比，应设法减小量化误差，使用量化级数较大的量化器。但如果输入信噪比较低，则加性噪声的影响将成为产生误码的主要因素，此时为降低误码率可适当减小量化级数 N，以提高系统总信噪比。

任务 2.4　DPCM

任务目标

本任务主要介绍 DPCM 的原理、增量调制的原理和增量调制系统的量化噪声。通过本任务的学习，学生需要了解 DPCM 的原理和性能，掌握 DPCM 的编译码过程，理解增量调制的原理和增量调制系统的量化噪声。

任务分析

由于 PCM 方式传输信号占用频带较宽，因此传输的信码中冗余信息较多。而 DPCM

则对编码方法进行了改进，降低了模拟信号编码的位置，减小了信号的比特速率，从而在不影响通信质量的情况下，克服了 PCM 的缺点。本任务重点讲解 DPCM 的原理和编译码过程，同时介绍了增量调制的原理和量化噪声。

2.4.1 DPCM 的原理

PCM 方式的每个抽样值的编码位数较高，信号的比特速率相应也较大，因此信号中的高频成分较大，增加了传输信号的频带宽度，这对语音信号的传输十分不利。因为只要传输信号的信道频带不够宽，就会使所传输的信号由于高频损失而失真，且各个话路之间还会因发生串音而影响通话质量。若要保证频带宽度使信号不失真，则只能将信道中所传输的话路减少。

PCM 方式的这个缺点是因为它直接对输入信号的每个抽样值进行编码，而没有利用信号前后幅度样值之间所具有的相关性，其传输的信码中冗余信息较多。

DPCM 则考虑了模拟信号抽样后的幅度样值仍然保留的相关性，即前面的幅度样值包含后面样值的大部分信息，利用前面的幅度样值来对后面的幅度样值进行编码，这大大降低了模拟信号编码的位数，使信息传输的比特率也随之减小，从而在不影响通信质量的前提下，克服了 PCM 系统的缺点。

图 2-23 展示 DPCM 的原理，图中 $s(t)$为模拟信号波形，x_1、x_2、x_3、…、x_i 为 $s(t)$ 的抽样幅度样值序列。因为 $x_2 = x_1+\Delta x_2$, $x_3 = x_2+\Delta x_3$, …, $x_i = x_{i-1}+\Delta x_i$，所以对 x_1 量化编码后，就不必要对 $x_2, x_3, \cdots, x_i$ 再直接量化编码，只要对$\Delta x_2, \Delta x_3, \cdots, \Delta x_i$ 的值进行量化编码，接收端就能根据接收到的 x_1 编码，首先恢复 x_1 的样值，再根据关系 $x_2 = x_1+\Delta x_2$ 和接收到的Δx_2 还原出 x_2，再还原 x_3……逐渐恢复 $s(t)$的波形。

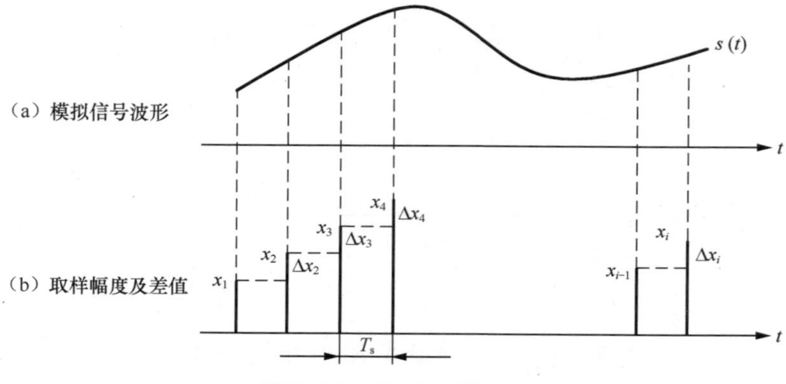

图 2-23　DPCM 的原理

2.4.2 DPCM 的编译码过程

图 2-24 为 DPCM 编码器、译码器。开始时，积分保持电路输出为零，所以第一

个抽样的幅度样值 x_1 产生后直接通过第一个相加器送到量化级。量化级的输出为 x_1 的量化值 $\tilde{x}_1$，把 $\tilde{x}_1$ 分成两路：一路送到编码器编成信码输出；另一路送到第二个相加器。由于这时积分保持电路的输出为零，因此这路信号直接通过第二个相加器而进入积分保持电路，在抽样周期 T_s 内保持 $\tilde{x}_1$ 的值。当第二个抽样幅度样值 x_2 到达第一个相加器后，与积分保持电路输出的保持值 $\tilde{x}_1$ 相减得到Δx_2，接着对Δx_2 进行量化，量化后的输出仍分成两路，一路经编码输出，另一路到达第二个相加器，与保持值 $\tilde{x}_1$ 相加后得到 $\tilde{x}_2$，积分保持电路则重新保持 $\tilde{x}_2$ 的值。接着第三个幅度样值 x_3 又到达第一个相加器，重复进行上述处理过程，输出端则不断输出Δx_2, Δx_3……差值信号的 PCM 编码。由于输入信号的不断变化，量化器的输入、输出必然时正时负。

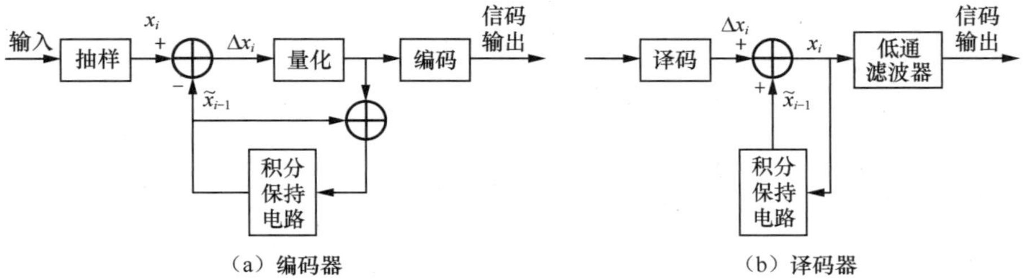

图 2-24　DPCM 编码器、译码器

DPCM 译码器则完成与上述编码器相反的过程。译码电路首先从接收信号中恢复出差值Δx_i，再把它与积分保持电路保持的 $\tilde{x}_{i-1}$ 的值相加，得到 x_i，然后通过低通滤波器输出 x_i，最后恢复出原始模拟信号 $s(t)$。

2.4.3　DPCM 的性能

DPCM 的量化阶距可以是均匀的，也可以是非均匀的。非均匀阶距是使用 A 压缩律或μ压缩律压扩技术获得的。由于原始输入是模拟信号，x_i 与 x_{i-1} 通常相当接近，所以Δx_i 的幅度总是比样值 x_i 小。这样，在每个样值编码位数相同（即等比特速率）的条件下，DPCM 的量化阶距比 PCM 的小，因而 DPCM 的量化噪声比 PCM 的小，其相应的量化输出信噪比比 PCM 系统大。因此，对于话音信号的传输处理来说，在保持相同话音质量的条件下，DPCM 的编码比特速率要比 PCM 的低。当编码位数 $n \geqslant 4$ 时，DPCM 系统传送话音的量化信噪比要比 PCM 的高 6dB。对于带宽为 1MHz 的黑白可视电话图像信号，按抽样定理计算，它的抽样频率应不小于 2MHz，而采用 DPCM 方式时，每个样值只需编成 3 位码，即只需比特速率 6Mbit/s 就可以达到 16Mbit/s 的 PCM 所能达到的图像质量，也就是说，此时采用 DPCM 方式所占带宽仅为 PCM 方式的 $\dfrac{3}{8}$。

2.4.4 增量调制原理

增量调制是在 PCM 方式的基础上发展的另一种模拟信号数字化传输的方法。它可以看成 PCM 的一个特例，因为它们都是用二进制代码来表示模拟信号的。在 PCM 系统中，信号代码表示模拟信号的抽样值，且为了减小量化噪声而使得代码较长，故其相应的编译码设备也比较复杂。增量调制将模拟信号变换成每个抽样值仅与一位二进制编码对应的数字信号序列，在接收端只需要一个线性网络便可恢复出原始模拟信号。因而，增量调制有自己的特点，而且编译码设备通常比 PCM 的简单。

一位二进制码只能代表两种状态，当然就不可能用它去表示抽样值的大小。但一位二元码却可以表示相邻两个抽样值的相对大小，而这个大小同样可以反映模拟信号的变化规律。因此，完全存在用一位二进制码来表示模拟信号的可能性。

设一个频带有限的模拟信号如图 2-25 中的 $m(t)$ 所示。把横轴 t 分成许多相等的时间段 Δt 。可以看出，如果 Δt 很小，则 $m(t)$ 在间隔为 Δt 的各个相邻时刻的值差别（差值）也很小。因此，如果把代表 $m(t)$ 幅度的纵轴也分成许多相等的小区间 σ ，那么，一个模拟信号 $m(t)$ 就可以用图 2-25 所示的阶梯波形 $m'(t)$ 来逼近。显然，只要时间间隔 Δt 和台阶 σ 都很小，$m(t)$ 和 $m'(t)$ 就会相当地接近。由于阶梯波形 $m'(t)$ 相邻间隔之间的幅度差不是 $+\sigma$ 就是 $-\sigma$ ，假如用二进制码“1”代表 $m'(t)$ 在给定时刻上升一个台阶 σ ，用“0”表示下降一个台阶 σ ，则 $m'(t)$ 就被一个二元码序列所表征，相当于该序列同样也表征了 $m(t)$ 。

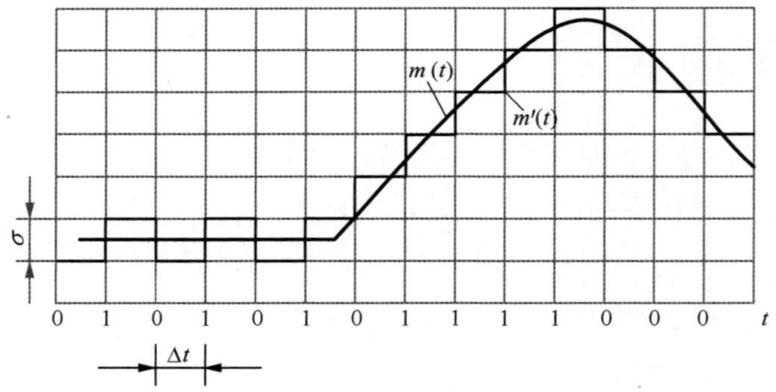

图 2-25 增量调制波形示意

在讨论怎样得到发送的模拟信号的阶梯波形和如何由此波形确定二元码序列前，我们先讨论一下在接收端怎样由二元码序列恢复出阶梯波形，即增量调制信号的译码问题。不难看出，接收端每接收到一个“1”码，就使译码输出上升一个 σ ；每接收到“0”码，则使输出下降一个 σ ，连续接收到“1”码（或“0”码）就使输出一直上升（或下降），这样就可以近似地复制出阶梯波形 $m'(t)$ 。这个功能可由一个积分器来完成，如图 2-26（a）、（c）所示。

积分器遇到“1”码（即$+E$脉冲电压），就以固定斜率上升一个ΔE，并让ΔE等于σ；遇到“0”码所表示的$-E$，就以同样的斜率下降一个ΔE。图 2-26（b）展示了该积分器的输入、输出波形。因$\Delta E = \sigma$，故在所有抽样时刻t_i上，该输出斜变波形与原阶梯波形$m'(t)$取值完全相同，那么斜变波形同样与原始模拟信号相似。

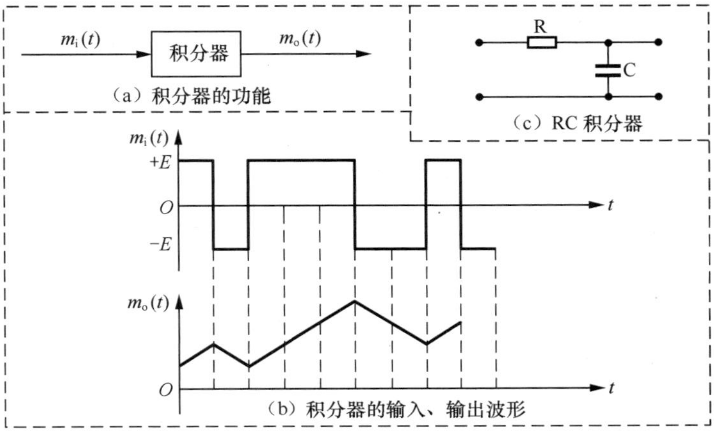

图 2-26 积分器译码器示意

最简单的积分器就是图 2-26（c）所示的 RC 积分器，其时间常数$\tau = RC$，且τ远大于输入二元码的脉冲宽度。虽然积分器的输出已接近原始模拟信号，但其中还含有多余的高次谐波分量。在实际电路使用中，一般再用低通滤波器对输出信号进行平滑，使其十分接近原始模拟信号。

现在再来讨论增量调制的编码。一个简单的增量调制编码器组成如图 2-27 所示，它由相减器、判决器、本地译码器及抽样脉冲产生器（脉冲源）组成。本地译码器与接收端的译码器完全相同。判决器在每个抽样脉冲到来时对输入信号的变化作出判决，并输出相应脉冲。其工作过程如下。

模拟信号$m(t)$与本地译码器输出的斜变波形$m'(t)$进行比较，为了获得比较结果，先利用相减器对输入的$m(t)$和$m'(t)$进行相减，然后在抽样脉冲产生器的作用下将相减结果进行极性判决。对于给定抽样时刻t_i，有以下判决规则：

若$m(t)\big|_{t=t_{i-}} - m'(t)\big|_{t=t_{i-}} < 0$，则判决输出“0”码；

若$m(t)\big|_{t=t_{i-}} - m'(t)\big|_{t=t_{i-}} > 0$，则判决输出“1”码。

这里t_{i-}是t_i时刻的前一瞬间，即在阶梯波形跃变点之前的那一刻。于是，编码器将输出一个图 2-25 横轴所示的二进制码序列。

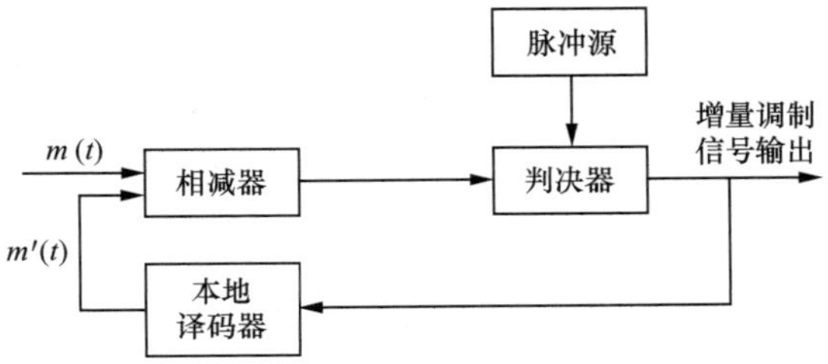

图 2-27 增量调制编码器组成

2.4.5 增量调制系统的量化噪声

从前文可以看出，增量调制信号是按台阶 σ 来量化的，因而同样存在量化噪声的问题。增量调制系统中的量化噪声有两种形式：一种是一般量化噪声，另一种是过载量化噪声，如图 2-28 所示。

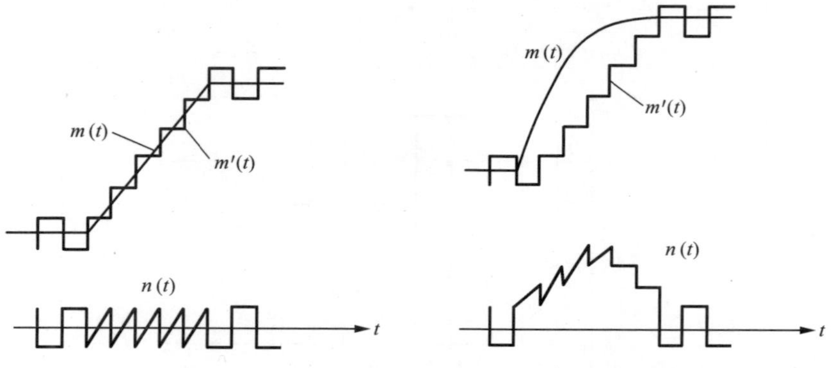

图 2-28 两种形式的量化噪声

1. 过载量化噪声

过载量化噪声（有时简称过载噪声）发生在模拟信号斜率陡变时，由于台阶σ是固定的，而且单位时间内台阶数也是确定的，因此，阶梯电压波形跟不上信号的变化，形成了失真很严重的阶梯电压波形，这样的失真称为过载现象，也称为过载噪声，如图 2-28（b）所示。

如果抽样时间间隔为Δt，抽样频率 $f_s = \dfrac{1}{\Delta t}$，则一个台阶可能达到的最大斜率为 $K = \dfrac{\sigma}{\Delta t} = \sigma f_s$，这就是译码器能够提供的最大跟踪斜率。当信号的变化速度即将超过译码器的跟踪能力后，即实际信号的斜率超过最大跟踪斜率 K 时，将造成过载噪声。因此，为了不发生过载现象，必须使 f_s 和σ的乘积达到一定的数值，以使信号的实际斜率不超过这个数值，通常可用增大 f_s 或σ来达到。

2. 一般量化噪声

如果没有发生上述过载的情况，则模拟信号与阶梯波形之间的误差引起的就是一般量化噪声，如图 2-28（a）所示。不难看出，f_s 小或σ大，则一般量化噪声就大；反之，f_s 大或σ小，则一般量化噪声也小。

在图 2-28 中，$n(t) = m(t) - m'(t)$ 统称为量化噪声。使用大的σ虽然能减小过载量化噪声，却增大了一般量化噪声，因此必须综合考虑来选取适当的σ值。实际增量调制系统往往使用较高的抽样频率 f_s，因为这样既能减小过载量化噪声，又能减少一般量化噪声，从而使增量调制系统的量化噪声减小到给定的允许数值。通常增量调制系统中的抽样频率要比 PCM 系统的抽样频率高两倍以上。

项目测试

一、填空题

1. PCM 是由（　　　　）国工程师 Alec Reeres 在 1937 年提出的，是一种将（　　　　）信号变换成（　　　　）信号的编码方法，在光纤通信、数字微波通信及卫星通信中都得到了广泛的应用。PCM 过程主要包括（　　　　）、（　　　　）和编码 3 个步骤。从调制的观点来看，PCM 就是以（　　　　）信号为调制信号，对二进制脉冲序列进行（　　　　）调制，从而改变脉冲序列中各个码元的取值。所以，通常也把 PCM 叫作（　　　　）调制，简称（　　　　）调制。

2. 将在时间上连续的模拟信号变为在时间上（　　　　）的抽样值的过程就是抽样。一个频带限制在$(0, f_H)$内的连续信号 $x(t)$，如果抽样频率 f_s(　　　　)或(　　　　) $2f_H$，则可以由抽样值序列$\{x(nT_s)\}$（　　　　）重建原始信号 $x(t)$。这意味着对于信号中的最高频率分量，至少在一个周期内要对它取（　　　　）个样值。该定理由奈奎斯特提出并证明，故我们把满足抽样定理的（　　　　）称为奈奎斯特频率。

3. 量化器的输出-输入特性是（　　　　）曲线，相邻两个（　　　　）之间的距离为阶距。均匀量化器由于阶距（　　　　），其特性曲线呈（　　　　）的形式。非均匀量化器的特性曲线则是（　　　　）。量化器的输入是（　　　　），输出是（　　　　），故输入和输出之间必然存在着（　　　　），这是由量化过程本身所引起的，所以叫（　　　　）。

4. 13 折线的非线性 PCM 编码通常由逐次比较型编码器实现，根据输入的样值脉冲大小编出相应的 8 位二进制代码，除第一位（　　　　）外，其他 7 位二进制代码都是通过（　　　　）方式确定的。预先规定（　　　　）电流 I_W，当样值脉冲到达后，用（　　　　）的方法有规律地将各级 I_W 和样值脉冲进行比较，每比较一次输出（　　　　）位数码，直到 I_W 和样值电流 I_S（　　　　）为止。

5. PCM 方式的每个抽样值的编码位数较高而使信号中的（　　　　）成分加大，（　　　　）了传输信号的占用频带，这对语音信号的传输十分不利。DPCM 考虑了模拟信号抽样后的幅度样值中仍然保留的（　　　　），即（　　　　）的幅度样值中包含（　　　　）样值的大部分信息，利用（　　　　）的幅度样值来对（　　　　）的幅度样值进行编码，这（　　　　）了模拟信号编码的位数，使信息传输的比特率也随之（　　　　），在不影响通信质量的前提下，克服了 PCM 系统的缺点。

6. 增量调制是在 PCM 方式的基础上发展的另一种模拟信号数字化传输的方法。增量调制将模拟信号变换成每个抽样值仅与（　　　　）位二进制编码对应的数字信号序列，接收端只需要一个（　　　　）便可恢复出原始模拟信号。因而增量调制编译码设备要比 PCM 的（　　　　）。

二、不定项选择题

1. 对于带宽 B 远小于中心频率的带通信号，设其上、下截止频率分别为 f_H、f_L，此时只要抽样频率 f_s 满足（　　），则接收端就可以完全无失真地恢复出原始信号。其中，$B=f_H-f_L$；$M=\frac{f_H}{B}-N$；N 为不超过 $\frac{f_H}{B}$ 的最大正整数。

A. $2B\left(2+\frac{M}{N}\right)$　　B. $2B\left(2+\frac{N}{M}\right)$　　C. $2B\left(1+\frac{M}{N}\right)$　　D. $2B\left(1+\frac{N}{M}\right)$

2. 把量化后的信号电平值转换成二进制码组的过程称为（　　），其逆过程则称为（　　）。

A. 滤波　　B. 编码　　C. 译码　　D. 抽样

3. 一般语音信号的频率范围为 300～3400Hz，把它看作频带为 0～3400Hz 的低通信号，则该信号的抽样频率为（　　），此时接收端可以无失真地恢复出原始信号。

A. 3400Hz　　B. 6800Hz　　C. 8000Hz　　D. 9800Hz

4. 下列关于均匀量化的说法正确的是（　　）。

A. 只要确定了量化器，则其量化噪声的平均功率是固定不变的

B. 量化噪声的平均功率不完全由量化器决定

C. 当信号 $x(t)$ 较小时，输出信噪比很低

D. 弱信号的量化信噪比可能无法达到额定要求而对还原解调产生较大的影响

5. PCM 编码常用的二进制码组是（　　）。从统计的角度来看，其中误码产生最少的是（　　）。

A. 汉明码　　B. 自然码　　C. 折叠码　　D. 格雷码

三、判断题

1. 自然抽样指抽样期间抽样信号的顶部保持原来被抽样的模拟信号的变化规律，其抽样信号在抽样期间的输出幅度值随输入信号的变换而变化，这对编码而言十分方便。（　　）

2. 带通信号的抽样频率并不一定需要达到其最高频率或更高。（　　）

3. 量化形成的总量化噪声功率 N_q 应为不过载噪声和过载噪声功率之和。（　　）

4. 早期 A 压缩律和 μ 压缩律压缩特性是用非线性模拟电路来实现的，其精度和稳定性都受到很大限制。采用折线段来代替匀滑曲线后，电路可用数字技术实现，其质

量和可靠性都得到了保证。(　　)

5. PCM 基带传输系统通常可使误码率较低，因此误码的影响不大，这时为改善系统的输出信噪比，应设法减小量化误差，使用量化级数 N 较小的量化器。(　　)

6. 均匀量化的不过载量化噪声功率与量化间隔有关，量化级数 L 越多，则噪声功率越大。(　　)

7. 非均匀量化的实质就是将信号非线性变换后再均匀量化。为了减小量化噪声，非均匀量化一般在信号取值小的区间选取较小的量化间隔，反之则取较大的量化间隔。(　　)

四、分析与计算题

1. 已知低通信号 $f(t)$ 的频谱 $F(t)$ 为

$$F(f)=\begin{cases}1-\dfrac{|f|}{200}, & |f|\leqslant 200\text{Hz}\\ 0, & \text{其他}\end{cases}$$

(1) 若以 f_s=300Hz 的速率对 $f(t)$ 进行理想抽样，试画出已抽样信号 $f_s(t)$ 的频谱图；

(2) 若以 f_s=400Hz 的速率对 $f(t)$ 进行理想抽样，试画出已抽样信号 $f_s(t)$ 的频谱图。

2. 已知基带信号 $f(t)=\cos 2\pi t+2\cos 4\pi t$，对其进行理想抽样，为了在接收端能不失真地从 $f_s(t)$ 已抽样信号中恢复出 $f(t)$，试问抽样间隔应如何选择？

3. 设信号 $f(t)=9+A\cos \pi t$，其中，$A\leqslant 10\text{V}$。若 $f(t)$ 被均匀量化为 41 个电平，试确定所需的二进制码的位数 n 和量化级间隔 ΔK。

4. 采用 A 压缩律 13 折线编码，设最小量化级为 1 单位，已知抽样值为+635 单位。

(1) 试求所得编码输出的 8 位码组（段内码采用自然二进制码），并计算量化误差。

(2) 写出对应该码组中 7 位码（不包括极性码）的均匀量化 11 位码。

5. 已知某信号经抽样采用 A 压缩律 13 折线编码得到的 8 位代码为 01110101，求该代码的量化电平，并说明译码后最大可能的量化误差是多少？

项目三

认识数字信号的基带传输技术

03

项目概要

本项目主要包括 3 个任务，通过对这 3 个任务的学习，学生能够掌握数字通信系统中常用的码型、传输系统、信道均衡等内容。本项目预计需要 6 学时。

任务 3.1 主要介绍数字基带信号的码型及其功率谱，预计 2 学时完成。

任务 3.2 主要介绍数字基带传输系统结构、升余弦滚降滤波器、高斯白噪声、最佳接收机、码率和误码率，预计 2 学时完成。

任务 3.3 主要介绍信道均衡、部分响应系统及眼图，预计 2 学时完成。

知识准备

在学习本项目前，希望您已经具备以下知识。

1. 了解信道的概念及信道对信号的影响。
2. 了解信号的时频特性。
3. 了解通信系统的各项性能指标。

知识图谱

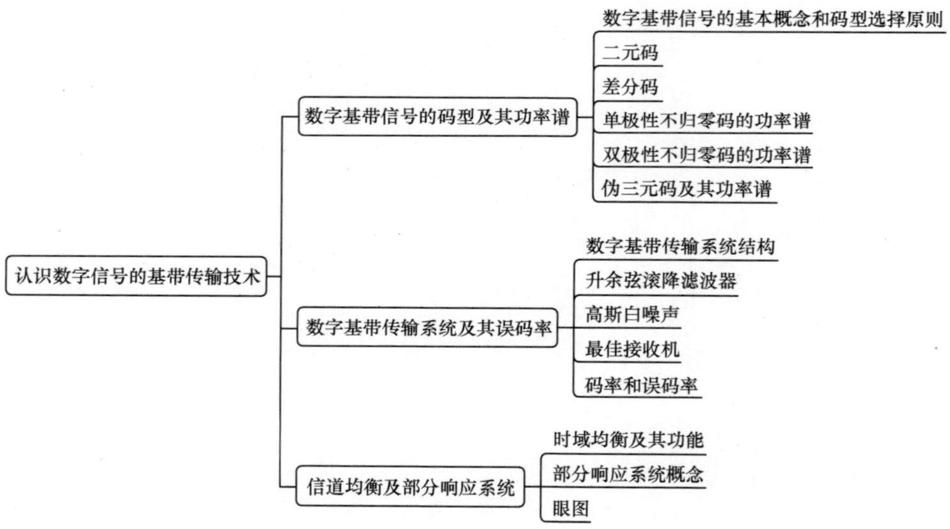

任务 3.1 数字基带信号的码型及其功率谱

任务目标

通过本任务的学习，学生需要掌握数字基带传输系统的常用码型，如二元码、差分码和伪三元码等；学会码型的功率谱，如单极性不归零码的功率谱、双极性不归零码的功率谱及伪三元码的功率谱分析方法，进而掌握这些码型各自的特点。

任务分析

数字基带信号就是未经调制的电脉冲信号，然而原始的基带信号容易产生码间干扰，一般不便于在信号中直接传输，因此要想获得优良的传输性能，一般要对原始基带信号进行适当的码型变换，使其适应信道传输特性的要求。本任务主要介绍数字基带信号的码型及其功率谱。

3.1.1　数字基带信号的基本概念和码型选择原则

一般而言，未经调制的数字信息代码所对应的电脉冲信号都是从低频甚至直流开始的，所以一般把它们称为数字基带信号。由于数字基带信号直流或低频成分丰富、提取同步信息不便、易产生码间干扰等，数字基带信号一般不能在普通信道中传输。但在某些有线信道中，尤其是近距离情况下，数字基带信号可以不经过调制直接传输，这就是数字信号的基带传输，而这个传输系统就是数字基带传输系统。

既然数字基带信号是数字信息的电脉冲表示，对同一组数字信息而言，它显然可以根据不同选择得出不同形式的对应基带信号，其频谱结构也会因此不同。所以，基带传输系统首先面临的问题就是信号形式的选择，包括确定码元的脉冲波形及码元序列的格式即码型，使其适合确定信道传输特性的频谱结构。

数字信息的电脉冲表示过程也称码型变换。长距离有线传输数字信号时，其高频分量的衰减将随着距离的增加而增加，且信道中常有的隔直电容和耦合变压器会对传输频带的高频和低频部分造成额外衰减。故为使数字基带信号在传输过程中获得优良的传输性能，一般要对原始基带信号进行适当的码型变换，使其适应信道传输特性的要求。

根据一般信道的特点，选择传输码的码型时，主要应考虑以下几点。

① 码型中低频和高频频率的分量应尽量少，尤其是频谱中不能含有直流分量。

② 码型中应包含定时信息：不能有长串的连 0 码或连 1 码，否则将难以从接收的码元中提取其中包含的同步定时信息。

③ 码型变换设备必须简单而且可靠。

④ 码型具有一定的检错能力：若传输的码型有一定规律，接收端就可以按照这一规律进行检测，并从这一规律是否被破坏来判断接收的信码正确与否。

⑤ 码型变换应与信源的统计特性无关。

数字基带信号的传输码型很多，根据各种数字基带信号中每个码元可以选取的幅度取值，可以将它划分为二元码、三元码和多元码。下面我们分别进行介绍。

3.1.2　二元码

最简单的二元码基带信号波形为矩形，只有两种幅度电平取值，分别对应二进制代码的“1”和“0”。常见的二元码有以下几种，它们的波形如图 3-1 所示。

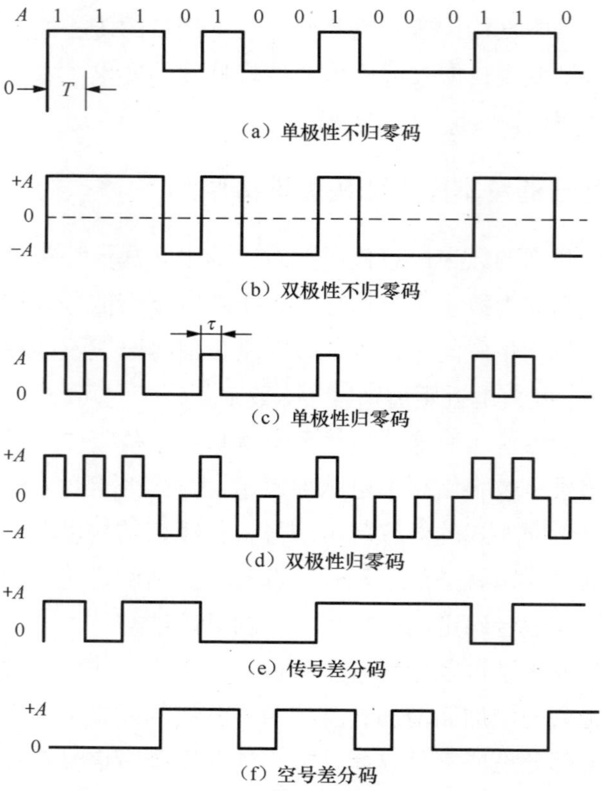

图 3-1　几种常见的二元码波形

1. 单极性不归零码

单极性不归零码简称单极性码，如图 3-1（a）所示，其中“1”和“0”分别对应正电压和零电位（或负电压和零电位），在整个码元期间电平保持不变。这是一种最简单的传输码，但其性能较差，只适于极短距离的传输，故很少被采用。其主要缺点如下。

① 含有直流成分，而一般有线信道低频传输特性比较差，故信号零频率附近的分量很难被传送出去。

② 接收波形的振幅和宽度容易受信道衰减等多种因素变化的影响，使判决电平不能稳定在最佳电平值上而导致抗噪声性能差。

③ 不能直接提取同步信号。

④ 传输时需要信道的一端接地，故不能用两根均不接地的电缆等传输线来传输。

2. 双极性不归零码

双极性不归零码简称双极性码，如图 3-1（b）所示，该码用正电平和负电平分别表示 1 和 0，在整个码元期间电平保持不变。由于双极性不归零码无直流成分，可以在电缆等无接地的传输线上传输，因此得到了较广泛的应用，但仍然存在不能直接从信号中提取同步信号和信码 0、1 在不等概率出现时仍有直流成分的缺点。

3．单极性归零码

单极性归零码如图 3-1（c）所示，常被记为 RZ 码。当发送 1 时，该码在整个码元期间 T 内只持续一段时间 τ 的高电平，其余时间则返回零电平；当发送 0 时，该码就直接用零电平表示。高电平持续时间和整个码元周期之比 $\frac{\tau}{T}$ 称为占空比，通常使用半占空码，即 $\frac{\tau}{T}=50\%$ 。

单极性归零码具有单极性码的一般缺点，还具有可以直接提取位定时信号的优点，是其他码型在提取位定时信号时通常需要采用的一种过渡码型，即对于采用其他适合信道传输但不能直接提取同步信号码型的系统而言，可以将其先变换为单极性归零码后再提取同步信号。

4．双极性归零码

双极性归零码如图 3-1（d）所示，用正极性的归零码和负极性的归零码分别表示 1 和 0。这种码兼有双极性和归零的特点。虽然它的幅度取值存在 3 种电平，但它是用脉冲的正、负极性来表示 0、1 两种信码的，因此仍把它归入二元码。

其他的二元码还有数字双相码、传号反转码、密勒码等，我们在此不再介绍，有兴趣的读者可自行查阅有关书籍。以上讲述的 4 种二元码是最简单的，它们的功率谱含有丰富的低频乃至直流分量，如图 3-2 所示，故不适合有交流耦合的传输信道。当信息中出现长连 1 码或长连 0 码时，不归零码将呈现连续的固定电平波形而无电平跃变，也就不含定时信息。单极性归零码在出现连续 0 码时也存在同样的问题。由于这 4 种码的信息 1 和 0 分别独立地对应某个传输电平，其相邻信号之间取值彼此独立，不存在任何相互制约，这种不相关性使这些基带信号不具备检错能力。因此，这 4 种码一般只用于机内和近距离的传输。

图 3-2 所示是典型的矩形波的功率谱。其分布似花瓣状，第一个过零点之内的花瓣最大，称为主瓣，其余的称为旁瓣。主瓣集中了信号的大部分功率，所以主瓣的宽度可以作为信号的近似带宽，通常称为谱零点带宽。

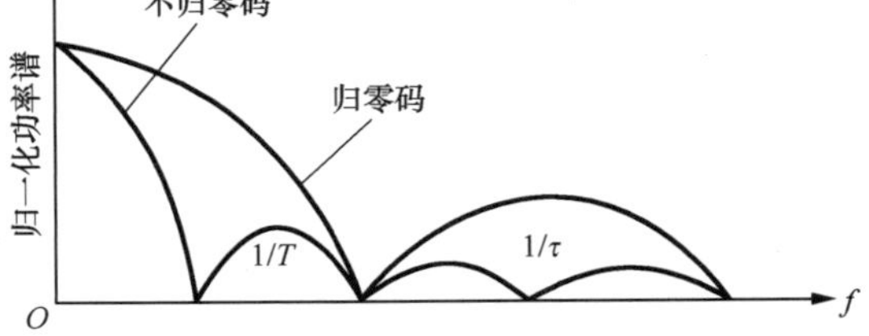

图 3-2　常用二元码的功率谱

3.1.3 差分码

在差分码中，1、0 分别用相邻码元电平是否发生跳变来表示。若用相邻电平发生跳变来表示码元 1，则称之为传号差分码，记为 NRZ(M)码。这是因为在电报通信中，常把“1”称为传号，而把“0”称为空号。反之，若用相邻电平发生跳变来表示码元 0，就称为空号差分码，记为 NRZ(S)码。图 3-1 中的图（e）和（f）分别为传号差分码和空号差分码的波形。

虽然差分码未能解决前面几种二元码所存在的全部问题，但由于它用电平的变化而非电平的大小来传输信息，即它的信码 1、0 与电平之间不存在绝对的对应关系，因此它可以解决相位键控同步在解调时，接收端本地载波相位倒置而引起的信息 1、0 倒换问题，即相位模糊现象，故差分码得到广泛应用。由于差分码中的电平仅具有相对意义，因此又称之为相对码。

3.1.4 单极性不归零码的功率谱

前面主要介绍了几种典型的数字基带信号的时域波形，这对于信号传输的研究来说是不够的，还需要了解数字基带信号的频域特性，才能真正掌握各种数字基带信号的特点。

数字基带信号是随机的脉冲序列，收信者事先并不知道会接收到什么信息。由于随机信号不能用确定的时间函数表示，也没有确定的频谱函数，因此只能用功率谱来描述它的频域特性。

对于随机脉冲序列，理论上必须首先求出随机序列的自相关函数，然后才能求出功率谱表达式。这个计算过程比较复杂，通常采用一种比较简单的方法来求一些简单码型的功率谱表达式。

设在二进制随机序列中，1 码的基本波形为 $g_1(t)$，0 码的基本波形为 $g_2(t)$，T_s 为码元宽度。在前后码元统计独立的条件下，$g_1(t)$ 出现的概率为 P，则 $g_2(t)$ 出现的概率为 $(1-P)$，该随机过程可以表示为

$$g(t)=\sum_{n=-\infty}^{\infty} g_n(t) \tag{3-1}$$

式中，

$$g_n(t)=\begin{cases} g_1(t-nT_s), & \text{出现概率为}P \\ g_2(t-nT_s), & \text{出现概率为}(1-P) \end{cases} \tag{3-2}$$

任意的随机信号 $g(t)$ 可以分解为两部分：一部分为稳态分量 $a(t)$，另一部分为随机变化的分量 $u(t)$，即

$$g(t)=a(t)+u(t) \tag{3-3}$$

可以求出 $a(t)$ 的功率谱为

$$\begin{aligned}P_{\mathrm{a}}(f)&=\left|a_n\right|^2\delta(f-nf_{\mathrm{s}})\\&=\frac{1}{T_{\mathrm{s}}^2}\sum_{n=-\infty}^{\infty}\left|PG_1(nf_{\mathrm{s}})+(1-P)G_2(nf_{\mathrm{s}})\right|^2\delta(f-nf_{\mathrm{s}})\end{aligned} \tag{3-4}$$

$u(t)$ 的功率谱为

$$\begin{aligned}P_{\mathrm{u}}(f)&=\lim_{T\to\infty}\frac{E\left\{\left|U_{\mathrm{T}}(f)\right|^2\right\}}{T}=\lim_{T\to\infty}\frac{(2N+1)P(1-P)\left|G_1(f)-G_2(f)\right|^2}{(2N+1)T_{\mathrm{s}}}\\&=\frac{1}{T_{\mathrm{s}}}P(1-P)\left|G_1(f)-G_2(f)\right|^2\end{aligned} \tag{3-5}$$

故 $g(t)$ 的功率谱应为 $P_{\mathrm{a}}(f)$ 和 $P_{\mathrm{u}}(f)$ 之和，即

$$\begin{aligned}P(f)&=\frac{1}{T_{\mathrm{s}}^2}\sum_{n=-\infty}^{\infty}\left|PG_1(nf_{\mathrm{s}})+(1-P)G_2(nf_{\mathrm{s}})\right|^2\delta(f-nf_{\mathrm{s}})\\&+\frac{1}{T_{\mathrm{s}}}P(1-P)\left|G_1(f)-G_2(f)\right|^2\end{aligned} \tag{3-6}$$

由式（3-6）可以看出，二进制随机脉冲序列的功率谱包含连续谱 $P_{\mathrm{u}}(f)$ 和离散谱 $P_{\mathrm{a}}(f)$ 两部分。其中，连续谱是 $g_1(t)$ 和 $g_2(t)$ 不完全相同使得 $G_1(f)\neq G_2(f)$ 而形成的，所以它总是存在。但离散谱却不一定存在，它与 $g_1(t)$ 和 $g_2(t)$ 的波形及出现的概率有关。离散谱是否存在是至关重要的，因为它关系着能否从脉冲序列中直接提取位定时信号。如果离散谱不存在，则必须设法改变基带信号波形，以便于得到位定时信号。当二进制信息 1 和 0 等概率出现，即 $P=\frac{1}{2}$ 时，式（3-6）可简化为

$$P(f)=\frac{1}{4T_{\mathrm{s}}}\left|G_1(f)-G_2(f)\right|^2+\frac{1}{4T_{\mathrm{s}}^2}\sum_{n=-\infty}^{\infty}\left|G_1(nf_{\mathrm{s}})+G_2(nf_{\mathrm{s}})\right|^2\delta(f-nf_{\mathrm{s}}) \tag{3-7}$$

设信码 0、1 等概率出现，单个 1 码的波形是幅度为 A 的矩形脉冲。单极性不归零码的波形如图 3-3 所示，则单极性不归零码的功率谱可按式（3-8）~式（3-14）求得。

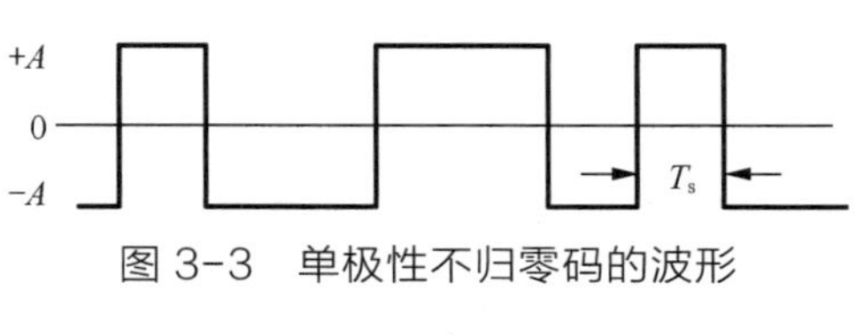

图 3-3 单极性不归零码的波形

设二元码表达式为

$$g_n(t)=\begin{cases}g_1(t-nT_{\mathrm{s}}), & a_n=1\\ g_2(t-nT_{\mathrm{s}}), & a_n=0\end{cases} \tag{3-8}$$

设单个 1 码的波形为 $g_1(t)$，单个 0 码的波形为 $g_2(t)$。由已知条件可知，$g_2(t)=0$，所以 $G_2(f)=0$，而 $g_1(t)$ 为矩形脉冲。设 $g(t)$ 为幅度为 1 的矩形脉冲，则

$$g_1(t)=Ag(t) \tag{3-9}$$

$$G_1(f)=AG(f) \tag{3-10}$$

代入式（3-7），可得功率谱表达式为

$$P(f)=\frac{1}{4T_s}\left|AG(f)\right|^2+\frac{1}{4T_s^2}\sum_{n=-\infty}^{\infty}\left|AG(nf_s)\right|^2\delta(f-nf_s) \tag{3-11}$$

其离散谱是否存在，取决于频谱函数 $G(f)$ 在 $f=nf_s$ 的取值。$G(f)$ 的表达式为

$$G(f)=T_sSa\left(\frac{\pi f}{f_s}\right) \tag{3-12}$$

当 $f=nf_s$ 时，$G(nf_s)$ 有以下几种取值情况。

① $n=0$ 时，$G(nf_s)=T_sSa(n\pi)\neq 0$，因此离散谱中有直流分量。

② n 取不为零的整数时，$G(nf_s)=T_sSa(n\pi)=0$，离散谱均为零。其中，$n=1$ 时，$G(f_s)=T_sSa(\pi)=0$，故位定时分量为 0。

综上分析，该单极性不归零码的功率谱可表示为

$$\begin{aligned}P(f)&=\frac{A^2T_s}{4}Sa^2\left(\frac{\pi f}{f_s}\right)+\frac{A^2}{4}\sum_{n=-\infty}^{\infty}Sa^2(n\pi)\delta(f-nf_s)\\&=\frac{A^2T_s}{4}Sa^2\left(\frac{\pi f}{f_s}\right)+\frac{A^2}{4}\delta(f)\end{aligned} \tag{3-13}$$

进一步分析该表达式可知，功率谱的第一个零点值为 $f=f_s$。因此，单极性不归零码的谱零点带宽为

$$B_s=f_s \tag{3-14}$$

3.1.5 双极性不归零码的功率谱

设 0、1 等概率出现，单个 1 码的波形是幅度为 A 的矩形脉冲，单个 0 码的波形是幅度为 A 的矩形脉冲。双极性不归零码的波形如图 3-4 所示，则该码的功率谱可用以下方式求得。

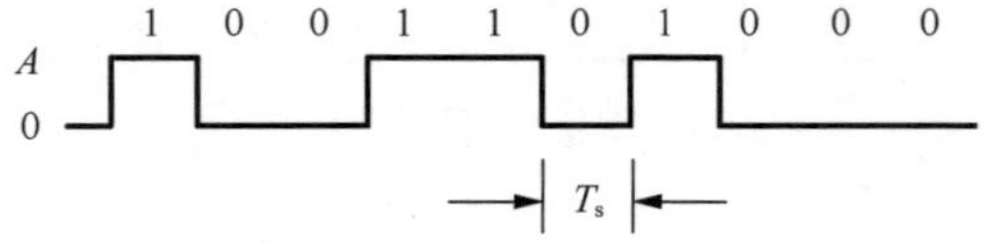

图 3-4　双极性不归零码的波形

设二元码的表达式为

$$g_n(t)=\begin{cases} g_1(t-nT_s), & a_n=1 \\ g_2(t-nT_s), & a_n=0 \end{cases} \tag{3-15}$$

再设单个 1 码的波形为 $g_1(t)$，单个 0 码的波形为 $g_2(t)$，$g(t)$ 是幅度为 1 的矩形脉冲。由已知条件可得

$$g_1(t)=Ag(t),\quad G_1(f)=AG(f)$$

$$g_2(t)=-Ag(t),\quad G_2(f)=-AG(f)$$

故

$$G_1(f)=-G_2(f),\quad G_1(nf)=-G_2(nf) \tag{3-16}$$

将以上关系式代入式（3-7），可得该双极性不归零码的功率谱表达式为

$$P(f)=\frac{1}{4T_s}\left|2AG(f)\right|^2 \tag{3-17}$$

而 $G(f)$ 为

$$G(f)=T_sSa\left(\frac{\pi f}{f_s}\right) \tag{3-18}$$

所以

$$P(f)=A^2T_sSa^2\left(\frac{\pi f}{f_s}\right) \tag{3-19}$$

由此可以看出，其频谱中没有离散分量，其功率谱中的第一个过零点在 $f=f_s$ 处，因此，双极性不归零码的谱零点带宽为

$$B_s=f_s \tag{3-20}$$

3.1.6 伪三元码及其功率谱

三元码指的是用信号幅度的 3 种取值(+A, 0, –A)或(+1, 0, –1)来表示二进制信码。这种表示方法通常不是从二进制转换到三进制，而是某种特定的取代关系，所以三元码又称为准三元码或伪三元码。三元码的种类很多，被广泛地用作脉冲编码调制的线路传输码型，下面介绍几种常见的三元码。

1. 传号交替反转码

传号交替反转码常记为 AMI 码。在 AMI 码中，二进制码元 0 用 0 电平表示，二进制码元 1 则交替地用+1 和–1 的半占空归零码表示，如图 3-5（a）所示。

AMI 码的功率谱如图 3-6 所示，显然，该功率谱无直流分量，低频分量也较小，能量主要集中在频率为 $\frac{1}{2}$ 处。位定时频率分量虽然为 0，但只要将其基带信号经全波

整流变为单极性归零码，便可从中提取位定时信号。利用传号交替反转规则，在接收端如果发现有破坏该规则的脉冲时，就可知道传输过程中出现了错误，因此该编码规则可用于宏观监视。AMI 码是目前最常用的传输码型之一。

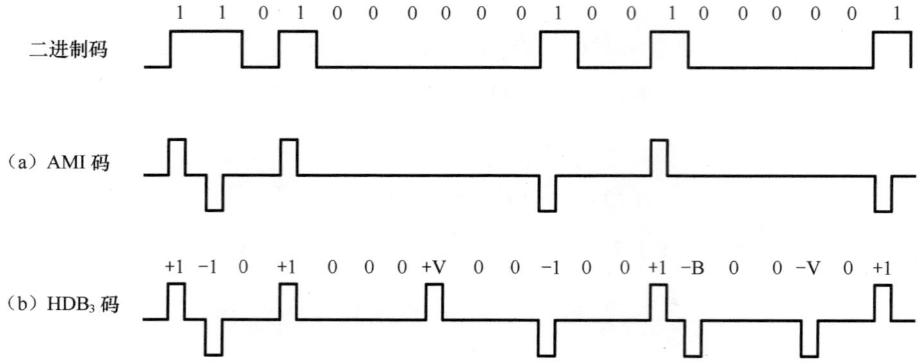

图 3-5 伪三元码波形

当信息中出现长连 0 码时，由于 AMI 码中长时间不出现电平跳变，因此会出现难以提取定时信息的问题。实际上在工程中使用 AMI 码还有一些相关规定，以弥补它在定时提取方面的不足。

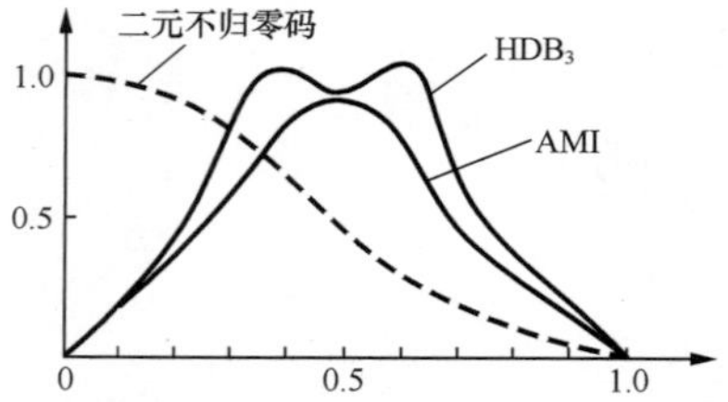

图 3-6 AMI 码和 HDB_3 码的功率谱

2. HDB_3 码

为了保持 AMI 码的优点而克服其缺点，人们提出了许多改进 AMI 码的方法，HDB_3 码就是其中具有代表性的一种，如图 3-5（b）所示。

HDB_3 码的全称是三阶高密度双极性码。它的编码原理是：先把二进制码变换成 AMI 码，然后检查 AMI 码的连 0 码情况，当没有 4 个以上连 0 码出现时，该 AMI 码就是 HDB_3 码；当出现了 4 个以上的连 0 码时，则将每 4 个连 0 码中的第 4 个 0 变换成与其前一个非 0 符号（+1 或−1）同极性的符号。显然，这样做会破坏 AMI 码中的极性交替反转规则。通常把这个符号称为“破坏点”，记为+V 或−V（取+1 时用+V 表示，取−1 时则用−V 表示）。为了使附加了“破坏点”符号后的码元序列仍然具有极性交替反转码无直流分量的特性，必须使相邻两个“破坏点”所取的符号极性也交替反转，但是这个要求只有当相邻两个 V 符号之间有奇数个非 0 符号时才能得到保证；当其间有偶数个非 0 符号时，就得不到保证了，这时可使这 4 个连 0 码中的第一个 0 变换成+B 或−B，B 符号的极性与前一非 0 符号的相反，并让后面的非 0 符号从 V 开始再交替变化则可满足该要求。具体来说，HDB_3 码的编码规则与过程如下。

① 连 0 码替代——将 4 个连“0”信息码用“000V”或“B00V”替换。当两个相邻“V”码中有奇数个“1”码时，将其替换为“000V”；当两个相邻“V”码中有偶数个“1”码时，将其替换为“B00V”。

② 其余的信息“0”码仍为“0”码。

③ 添加极性——“V”码的极性与相邻前一个非零码的极性相同；“1、B”码的极性与相邻前一个非零码的极性相反。

例如，二进制码 100001000011000011 的 HDB_3 码如下。

二进制码：	1	0	0	0	0	1	0	0	0	0	1	1	0	0	0	0	1	1
AMI 码：	1	0	0	0	0	–1	0	0	0	0	1	–1	0	0	0	0	1	–1
HDB_3 码：	1	0	0	0	V	–1	0	0	0	–V	1	–1	+B	0	0	V	–1	1

虽然 HDB_3 码的编码规则比较复杂，但其译码却比较简单。从上述编码过程可以看出，每一个“破坏点”V 总是与前一个非 0 符号同极性（包括 B 在内），因此接收端可以很容易地从接收到的符号序列中找到“破坏点”V，同时也可以得知该 V 符号及其前面 3 个符号必然都是 0，从而恢复出 4 个连 0 码，再将所有–1 都变成+1 后便得到原二进制码。

HDB_3 码的特点是显而易见的，它除保持 AMI 码的优点外，还增加了使连 0 码减少到最多 3 个的优点，解决了 AMI 码遇到连 0 码不能提取定时信号的问题。HDB_3 码是 CCITT 推荐使用的基带码之一。HDB_3 码的功率谱如图 3-6 所示。

HDB_3 编码的原理如图 3-7 所示，类似地，接收端进行 HDB_3 解码同样需要先将双极性 HDB_3 码变换成代表正、负极性的两路信号，再进行解码，其原理如图 3-8 所示。

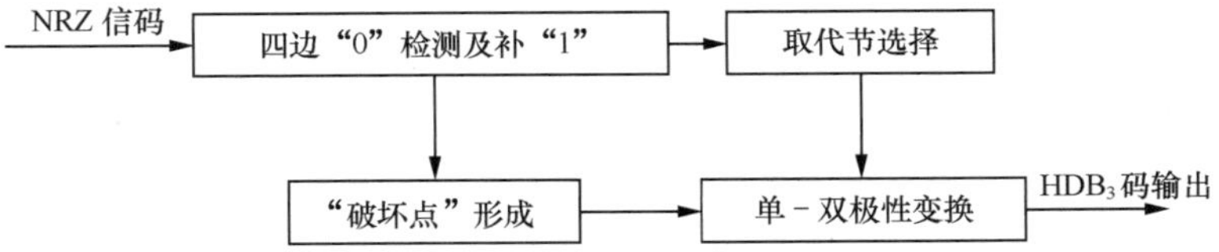

图 3-7　HDB_3 编码的原理

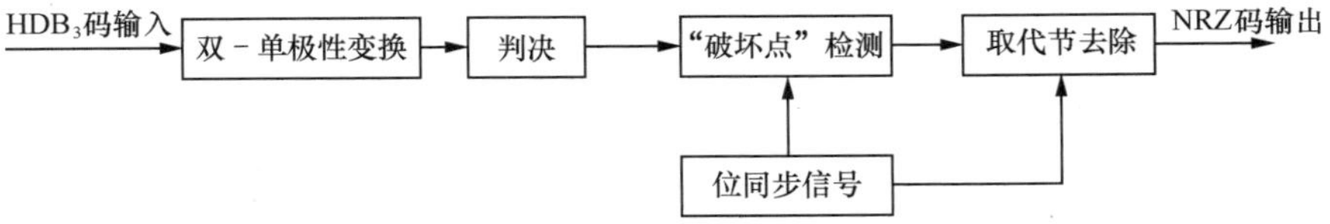

图 3-8　HDB_3 解码的原理

任务 3.2　数字基带传输系统及其误码率

任务目标

通过本任务的学习，学生需要了解数字基带传输系统的结构；掌握影响数字基带传输系统性能的两大因素：码间干扰和信道噪声；掌握基于最大输出信噪比准则的最佳接收机；了解码率和误码率。

任务分析

数字基带传输系统对信号没有进行调制和解调，因此信号在信道中传输一般只考虑加性噪声的影响即可。信号在传输过程中会受到噪声的影响，虽然接收端滤波器可以尽量减小传输过程中的噪声影响，但输出信号还是会存在畸变，这可以通过引入抽样判决器来进一步提高接收系统的可靠性。因而本任务主要从数字基带传输系统结构、噪声、滤波器、最佳接收机、码率和误码率方面对数字基带传输系统进行讲解。

3.2.1　数字基带传输系统结构

由于数字基带传输系统传输的是基带信号，即系统对信号没有进行调制与解调，因此数字基带传输系统模型如图 3-9 所示。它由低通的发送滤波器、信道、接收滤波器和抽样判决器组成。信号在信道中传输时一般只考虑加性噪声 $n((t)$的影响，模型中将它加在信道输出端或接收滤波器的输入端。

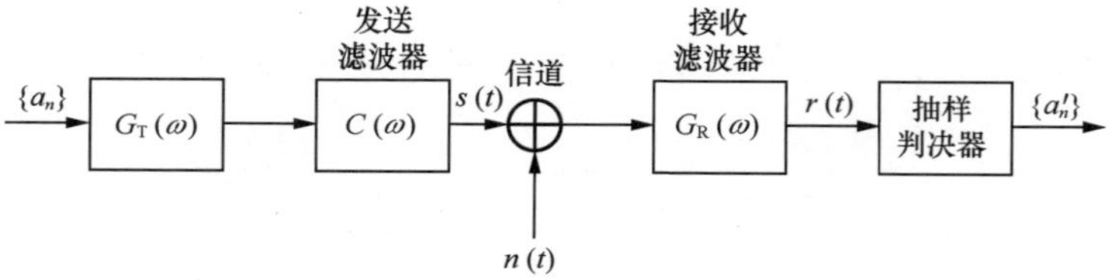

图 3-9　数字基带传输系统模型

在图 3-9 中，$\{a_n\}$代表输入的数字信号序列。在二进制情况下，a_n取值$\{0, 1\}$或$\{1, +1\}$。为分析方便，把数字信号序列$\{a_n\}$对应的基带信号表示为

$$d(t) = \sum_{n=-\infty}^{\infty} a_n \delta(t - nT_s) \tag{3-21}$$

这是一个强度为a_n、时间间隔为T_s的δ脉冲序列。发送滤波器的作用是将$d(t)$变成适合信道传输的波形，就是$g(t)$单个δ脉冲激励下的冲激响应。设发送滤波器的传递函数为$G_T(\omega)$，则$g(t)$为

$$g(t) = \frac{1}{2\pi}\int_{-\infty}^{\infty} G_T(\omega) e^{j\omega t} d\omega \tag{3-22}$$

所以发送滤波器输出的基带波形序列为

$$s(t)=\sum_{n=-\infty}^{\infty}a_n g(t-nT_s) \tag{3-23}$$

信号 $s(t)$ 通过信道时会产生畸变，同时还会叠加噪声，这导致接收端对接收波形的识别变得非常困难。接收滤波器的作用就是尽量减小传输过程中叠加的噪声，并使发生畸变的波形得以改善。设信道的传递函数为 $C(\omega)$，则接收滤波器的输出信号 $r(t)$ 为

$$r(t)=\sum_{n=-\infty}^{\infty}a_n x(t-nT_s)+n(t) \tag{3-24}$$

式中，

$$x(t)=\frac{1}{2\pi}\int_{-\infty}^{\infty}G_T(\omega)C(\omega)G_R(\omega)e^{j\omega t}d\omega \tag{3-25}$$

可见，输出信号 $r(t)$ 确实存在畸变和噪声。抽样判决器则是为了进一步提高接收系统可靠性而设置的，它一般由抽样器和门限检测器组成。$r(t)$ 为抽样判决电路的输入，抽样判决器在某一时刻得到抽样值，再将该抽样值与门限值进行比较和判决。

对于双极性二元基带信号，判决门限一般为 0；对于单极性二元基带信号，判决门限则为最大幅度值的一半。当抽样值大于门限时就判为 1，反之就判为−1（或 0），根据判决结果重新生成基带信号，这样就进一步消除了噪声的干扰。只要信号畸变程度和噪声影响不太大，抽样判决的结果就不会出错，从而获得与发送端一样的基带信号。当然，抽样判决的正确与否还与系统是否有良好的同步性能直接相关。

3.2.2　升余弦滚降滤波器

式（3-24）表示接收滤波器的输出信号 $r(t)$，该信号被送入抽样判决器，并由电路确定重建信码 a_n' 的取值（−1、0 或 1、−1)。抽样判决器对信号的抽样时刻一般在 (KT_s+t_0)，其中，K 是相应的第 K 个周期，t_0 是可能的时偏。因而，为了确定 a_n' 的取值，必须先确定 $r(t)$ 在该抽样点上的值，即

$$\begin{aligned}r(KT_s+t_0)&=\sum_{n=-\infty}^{\infty}a_n x(KT_s+t_0-nT_s)+n(KT_s+t_0)\\&=a_n x(t_0)+\sum_{n\neq K}a_n x\left[(K-n)T_s+t_0\right]+n(KT_s+t_0)\end{aligned} \tag{3-26}$$

其中右边第一项是第 K 个接收基本波形在上述抽样时刻上的取值，它是确定 a_n' 信息的依据；第二项是接收信号中除第 K 个波形以外的基本波形在第 K 个抽样时刻上的总和，即其他信码对第 K 个波形判决造成的总的影响，通常称之为码间干扰值，这是一个随机变量；第三项显然是一种随机干扰。由于码间干扰和随机干扰的存在，当 $r(KT_s+t_0)$ 送入抽样判决器时，对 a_n' 取值的判决可能判对也可能判错。显然，只有当码

间干扰和随机干扰对基本波形的影响不超过一定的范围时，才能保证判决结果的正确性。

由此可见，为使基带脉冲传输系统获得足够小的误码率，必须最大限度地减小码间干扰和随机噪声的影响。然而，码间干扰的大小取决于 a_n 和系统输出波形 $x(t)$ 在抽样时刻上的取值。而 a_n 是随信号内容变化的，从统计观点来看，它总是以某种概率随机取值。由式（3-25）可知，系统的输出 $x(t)$ 仅依赖于发送滤波器至接收滤波器的传输特性 $H(\omega)$，即基带传输特性，具体为

$$H(\omega)=G_{\mathrm{T}}(\omega)C(\omega)G_{\mathrm{R}}(\omega) \tag{3-27}$$

为降低误码率，必须研究基带传输特性 $H(\omega)$ 对码间干扰的影响。为了方便讨论，不考虑噪声的影响，则图 3-9 可简化为图 3-10 所示的分析模型。图中，输入基带信号为 $\sum_{n=-\infty}^{\infty} a_n\delta(t-nT_{\mathrm{s}})$，设系统函数 $H(\omega)$ 的冲激响应为 $h(t)$，则系统的输出基带信号为 $\sum_{n=-\infty}^{\infty} a_n h(t-nT_{\mathrm{s}})$。其中，$h(t)=\frac{1}{2\pi}\int_{-\infty}^{\infty} H(\omega)\mathrm{e}^{\mathrm{j}\omega t}\mathrm{d}\omega$。因而，现在的讨论被归结为，什么样的 $H(\omega)$ 能够形成码间干扰最小的输出波形。

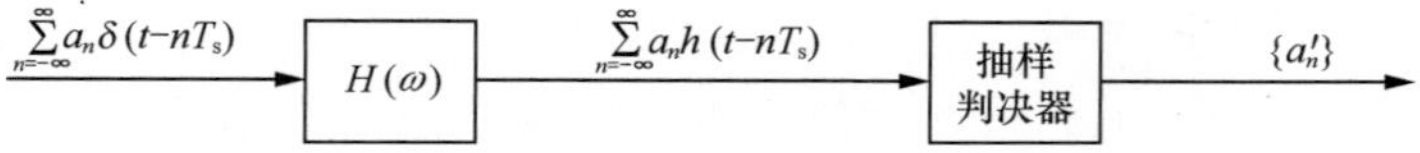

图 3-10 基带传输特性的分析模型

从理论上讲，我们并不满足于码间干扰最小，而是希望能够做到无码间干扰。所谓无码间干扰，就是对 $h(t)$ 在时刻 KT_{s} 抽样时，关系如下。

$$h(KT_{\mathrm{s}})=\begin{cases}1, & K=0\\ 0, & K\neq 0\end{cases} \tag{3-28}$$

这就是说，$h(t)$ 的值除 $t=0$ 时不为零外，在其他抽样点上均为零。如何寻找满足式（3-28）的 $H(\omega)$ 呢？最容易想到的一种就是 $H(\omega)$ 为理想低通系统时，有

$$H(\omega)=\begin{cases}T_{\mathrm{s}}, & |\omega|\leqslant \dfrac{\pi}{T_{\mathrm{s}}}\\ 0, & \text{其他}\,\omega\end{cases} \tag{3-29}$$

上述分析过程可以验证该特性函数是符合无码间干扰条件的，其相应的频谱特性和冲激响应 $h(t)$ 如图 3-11 所示。这是一个 $\frac{\sin x}{x}$ 类的波形，可以看出，如果输入数据以 $\frac{1}{T_{\mathrm{s}}}$ 波特的速率进行传输，则在抽样时刻是不存在码间干扰的。但如果该系统用高于 $\frac{1}{T_{\mathrm{s}}}$ 波特的码元速率传送，就会存在码间干扰。通常称 $\frac{1}{T_{\mathrm{s}}}=f_{\mathrm{s}}$ 为无码间干

扰时的最高码元速率，此时系统的频带宽度为 $\dfrac{1}{2T_s}$，即所用低通滤波器的截止频率。

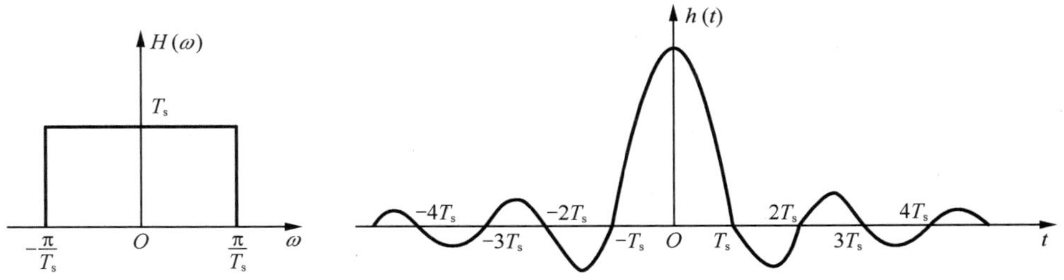

图 3-11 理想低通系统的频谱特性和冲激响应

定义系统的最高频带利用率 η 为

$$\eta = \frac{\text{系统的最高码元速率}}{\text{系统的频带宽度}} \qquad (3\text{-}30)$$

故这时的系统最高频带利用率为 2Baud/Hz。若某系统的系统频率为 W(Hz)，则该系统无码间干扰时的最高码元速率为 $2W$(Baud)。由于该规律由奈奎斯特发现，因此称这个传输速率为奈奎斯特速率。

虽然理想的低通滤波特性达到了系统有效性的极限，即系统的频带利用率为 2Baud/Hz，但因其频谱特性要求无限陡峭的过渡带而无法实现。而且，即使获得了相当逼近理想低通的特性，但因 $h(t)$ 波形的“尾巴”（在 T_s 与 T_s 以外的部分）振荡幅度较大，一旦在抽样时该处出现偏差，就可能使码间干扰达到很大。因此，需要寻找一种既能保证无码间干扰，又能使“尾巴”很快衰减的系统特性，这就引出了具有“滚降”特性的系统。

具有“滚降”特性的系统，尤其以升余弦“滚降”特性系统为代表，得到了广泛应用。图 3-12 中的 $H(\omega)$ 是以 $\omega = \dfrac{\pi}{T_s}$ 为截止频率的低通滤波器的特性函数。采用图 3-12 中所示的作图方法，可得

$$\sum_i H\left(\omega + \frac{2\pi i}{T_s}\right) = H\left(\omega - \frac{2\pi}{T_s}\right) + H(\omega) + H\left(\omega + \frac{2\pi}{T_s}\right) = T_s\,,\quad |\omega| \leqslant \frac{\pi}{T_s} \qquad (3\text{-}31)$$

显然，该 $H(\omega)$ 满足式（3-29）的要求，所以它是无码间干扰的。

以 $\omega = \dfrac{\pi}{T_s}$ 为中心，具有奇对称升余弦形状过渡带的这一类无码间干扰波形，称为升余弦滚降信号，具有升余弦滚降信号特性的滤波器则称为升余弦滚降滤波器，其特性如图 3-13 所示。

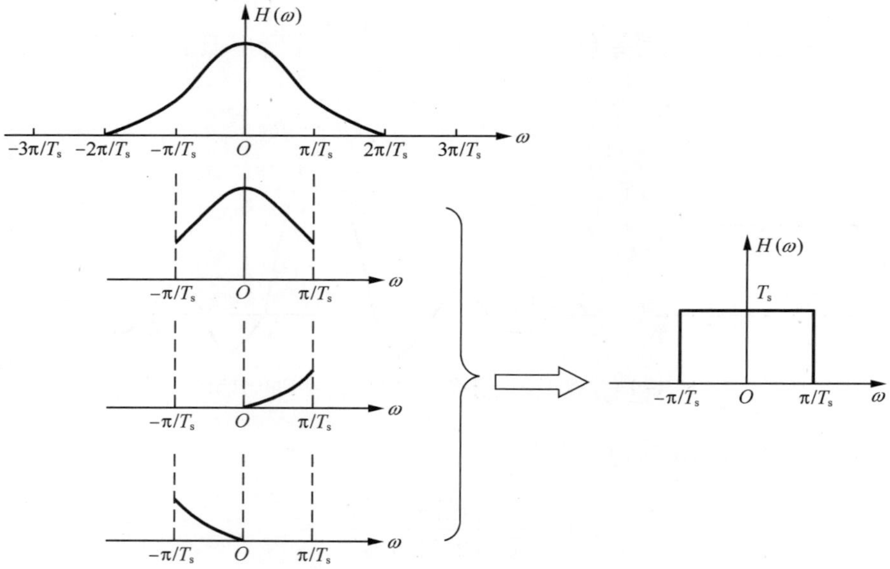

图 3-12　具有滚降特性无码间干扰 $H(\omega)$的验证

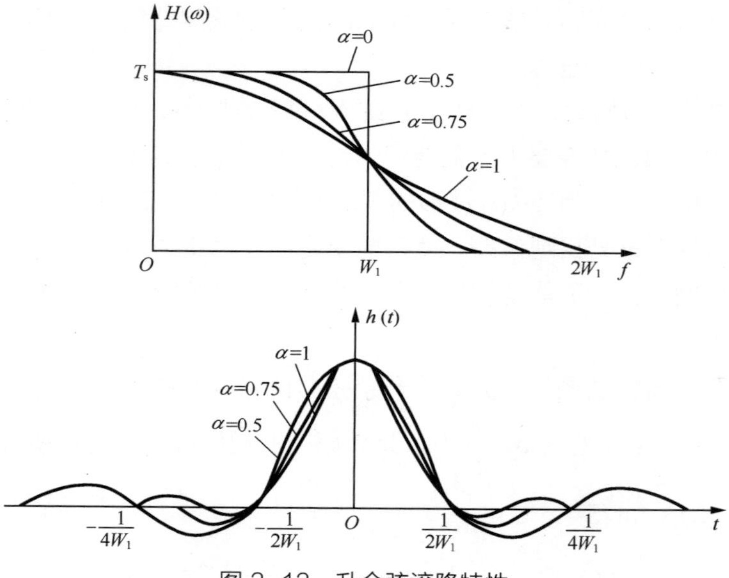

图 3-13　升余弦滚降特性

图 3-13 中，$\alpha=\dfrac{W_2}{W_1}$，W_1是无滚降时的截止频率，W_2为滚降部分的截止频率。当 $\alpha=0$ 时，该滚降滤波器就是理想低通滤波器。当 $\alpha=1$ 时，$H(\omega)$ 可表示为

$$H(\omega)=\begin{cases}\dfrac{T_s}{2}(1+\cos\dfrac{\omega T_s}{2}), & |\omega|\leqslant\dfrac{2\pi}{T_s}\\ 0, & |\omega|>\dfrac{2\pi}{T_s}\end{cases} \tag{3-32}$$

其 $h(t)$ 为

$$h(t)=\frac{\sin(\pi t/T_s)}{\pi t/T_s}\cdot\frac{\cos(\pi t/T_s)}{1-4t^2/T_s^2} \tag{3-33}$$

在此升余弦特性所形成的波形 $h(t)$ 中，除抽样点 $t=0$ 不为零外，其余抽样点上信号均为零，而且它的“尾巴”相较于理想低通的 $\frac{\sin x}{x}$ 波形来说衰减得要快一些，这对减小码间干扰及定时信号提取都很有利。因此，从实际滤波器的实现和对定时等方面的要求来考虑，采用具有升余弦频谱特性的 $H(\omega)$ 是适合的。但升余弦特性的频谱宽度比 $\alpha=0$ 时增加了一倍，因而其频带利用率降为理想低通的一半，为 1Baud/Hz。

当 α 取值为 $0<\alpha<1$ 时，升余弦滚降的 $H(\omega)$ 可表示为

$$H(\omega)=\begin{cases} T_s, & 0\leqslant|\omega|<\dfrac{(1-\alpha)\pi}{T_s} \\ \dfrac{T_s}{2}\left\{1+\sin\left[\dfrac{T_s}{2\alpha}\left(\dfrac{\pi}{T_s}-\omega\right)\right]\right\}, & \dfrac{(1-\alpha)\pi}{T_s}\leqslant|\omega|<\dfrac{(1+\alpha)\pi}{T_s} \\ 0, & |\omega|\geqslant\dfrac{(1+\alpha)\pi}{T_s} \end{cases} \tag{3-34}$$

其 $h(t)$ 为

$$h(t)=\frac{\sin(\pi t/T_s)}{\pi t/T_s}\cdot\frac{\cos(\pi t/T_s)}{1-4\alpha^2t^2/T_s^2} \tag{3-35}$$

根据各个系统的不同要求，α 的取值不一，就可以分别得到满足要求的滚降滤波器。α 越大，则系统冲激响应波形衰减越快，滤波器实现越容易，但频带利用率越低；反之，α 越小，系统冲激响应波形衰减就越慢，频带利用率则越高。极限情况时 $\alpha=1$ 或 $\alpha=0$。

【例 3.1】设 4 个基带传输系统的频域特性 $H(\omega)$ 分别如图 3-14 中（a）（b）（c）（d）所示。若要求以 $\frac{2}{T_s}$ 波特的速率进行数据传输，试检验各种 $H(\omega)$ 是否满足消除抽样点码间干扰的条件？

解：（1）对于图 3-14（a），该特性为理想低通的特性，截止频率 f_H 为 $\frac{\pi}{2\pi T_s}=\frac{1}{2T_s}$，则无码间干扰时的最高码元速率为 $R_b=2f_H=\frac{1}{T_s}$，与题目要求的速率 $\frac{2}{T_s}$ 不一致，故不能满足条件。

（2）对于图 3-14（b），该特性为理想低通的特性，截止频率 f_H 为 $\frac{3\pi}{2\pi T_s}=\frac{3}{2T_s}$，则无码间干扰时的最高码元速率为 $R_b=2f_H=\frac{3}{T_s}$，与题目要求的速率 $\frac{2}{T_s}$ 不一致，故不能满足条件。

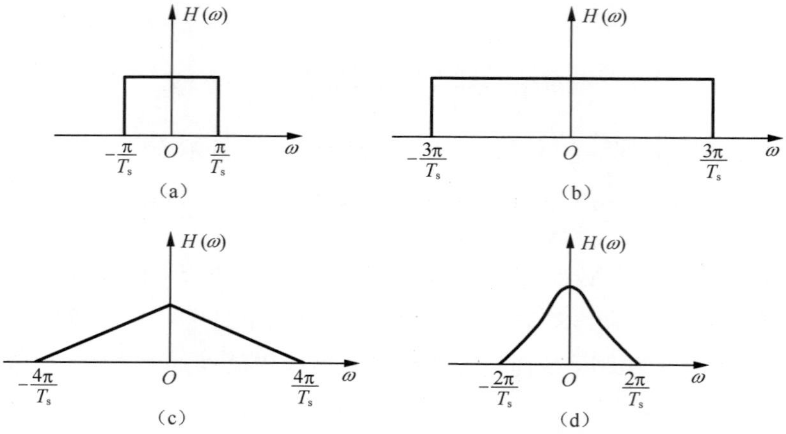

图 3-14　几种基带传输系统的频域特性

（3）对于图 3-14（c），该特性等效为理想低通特性时的截止频率 f_H 为 $\frac{2\pi}{2\pi T_s}=\frac{1}{T_s}$，则无码间干扰时的最高码元速率为 $R_b=2f_H=\frac{2}{T_s}$，与题目要求的速率 $\frac{2}{T_s}$ 一致，故满足条件。

（4）对于图 3-14（d），该特性等效为理想低通特性时的截止频率 f_H 为 $\frac{\pi}{2\pi T_s}=\frac{1}{2T_s}$，则无码间干扰时的最高码元速率为 $R_b=2f_H=\frac{1}{T_s}$，与题目要求的速率 $\frac{2}{T_s}$ 不一致，故不能满足条件。

3.2.3　高斯白噪声

信号无论是在无线信道还是在有线信道中传输，都会面临着干扰，这些无用甚至有害的干扰信号被称为噪声。如果噪声不消除，就会造成信号失真、误码，严重的甚至会导致通信无法正确且有效地进行。噪声是客观存在的，不管通信系统中是否有信号输入，输出端都会输出一定功率的噪声。信道中的噪声来源很多，其表现形式也是多种多样的，根据来源分类，通常有无线电噪声、工业噪声、天电噪声、内部噪声等。为方便分析，将这些噪声抽象为噪声源，加载在信道中。

某些噪声是很明确的，可以通过一些人为的手段消除或者减弱其干扰。另外一些噪声则是无法预测的，其波形也是随机的，这类噪声被称为随机噪声。通信系统中常见的噪声有以下两种。

1. 白噪声

白噪声的功率谱密度函数是一个常数，它均匀地分布在整个频域内。所有频率具有相同能量密度的随机噪声称为白噪声。正如白光在所有可见光的频谱范围内是连续且均匀分布的，此类噪声与白光类似，因此被称为白噪声。白噪声的功率谱密度函数为

$$P_{\mathrm{n}}(f)=\frac{\mathrm{n}}{2}-\infty<f<\infty \tag{3-36}$$

式中，n 是常数，单位为 W/Hz，如图 3-15 所示。

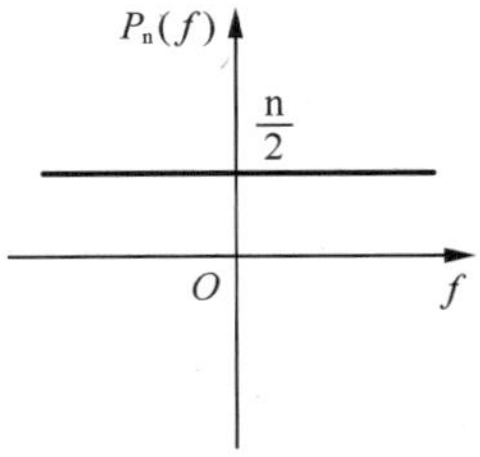

图 3-15　白噪声的功率谱密度

2. 高斯白噪声

高斯白噪声是通信系统中常见的信道噪声，指幅度分布服从高斯分布（正态分布），而功率谱密度是均匀分布的噪声。其概率密度函数为

$$m(x)=\frac{1}{\sqrt{2\pi}\sigma}\exp\left[-\frac{(x-b)^2}{2\sigma^2}\right] \tag{3-37}$$

其中，b 为均值，σ为标准差，σ^2 为方差。均值为 b、方差为σ^2 的高斯随机变量通常记为 $M(b,\sigma^2)$，其概率密度曲线如图 3-16 所示。

由图 3-16 可知，$m(x)$ 对称于 $x=b$，在 $x\to\pm\infty$时 $m(x)\to 0$。对于不同的 b，表现为 $m(x)$ 的图像左右平移；对于不同的 x，表现为 $m(x)$ 的图像随 x 的减小而变高变窄（曲线下的面积恒为 1）。

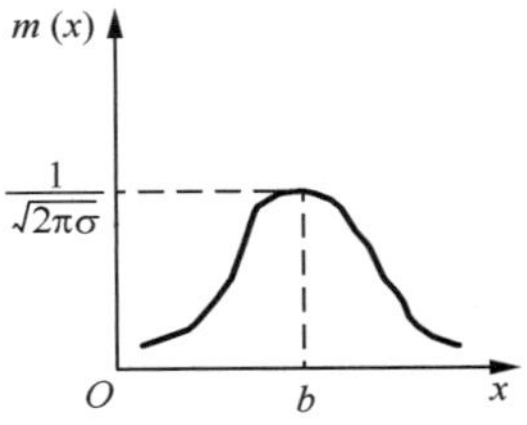

图 3-16　高斯白噪声的概率密度曲线

3.2.4　最佳接收机

最佳接收机并不像它的名字那样绝对最佳，它只是一个相对概念，是指在某一个特定的标准或准则下达到最佳的某种接收方式，但对于其他准则，该接收方式就不一定是最佳了。因此，每个接收准则都有与其相对应的最佳接收机。当然，不同的准则在一定条件下也可能等效，此时它们各自的最佳接收机实际上也是一样的。数字通信中常用的接收准则有最大输出信噪比准则、最小均方误差准则、最小错误概率准则和最大后验概率准则等，下面主要介绍基于最大输出信噪比准则的最佳接收机。

1. 最大输出信噪比准则

数字信号在传输过程中，当有噪声干扰时，接收端能否正确地进行判决主要取决于输出信噪比的大小。输出信噪比越高，正确判决译码的概率就越大，系统的误码率也就越低，所以，最大输出信噪比是数字通信系统接收解调中最重要的参数指标。

当干扰信号是高斯白噪声时，理论和实践都已证明：匹配滤波器可以使输出信噪比达到最大。因此，用匹配滤波器作为接收机的输入滤波器，会使输出信噪比达到最大，而由匹配滤波器构成的接收机必然满足最大输出信噪比准则。我们通常称这种采用匹配滤波器来进行滤波的接收机为匹配滤波接收机，它就是最大输出信噪比条件下的最佳接收机。

2. 匹配滤波器的输出波形

根据线性网络的特性，滤波器输出信号 $s_0(t)$等于输入信号 $s(t)$与冲激响应 $h(t)$的卷积，于是有

$$s_0(t)=s(t)*h(t)=\int_{-\infty}^{\infty}s(\tau)h(t-\tau)\mathrm{d}\tau=K\cdot R_{\mathrm{s}}(t_0-t) \tag{3-38}$$

其中，$R_{\mathrm{s}}(t_0-t)$ 是输入信号 $s(t)$的自相关函数，由于自相关函数是偶函数，故

$$s_0(t)=K\cdot R_{\mathrm{s}}(t-t_0) \tag{3-39}$$

说明匹配滤波器的输出信号是输入信号自相关函数的 K 倍。当取样时刻 t=t_0 时，有

$$s_0(t)=K\cdot R_{\mathrm{s}}(0) \tag{3-40}$$

由于相关函数表示信号波形的相似程度，根据它的数学性质和物理意义可知，式（3-40）的输出信号 $s_0(t)$不小于式（3-39）的 $s_0(t)$，即当取样时刻 t=t_0 时，输出信号最大，此时进行信号判决的可靠性最高。因此，通常也把匹配滤波器称为输入信号的自相关器。

对于输出噪声 $n_0(t)$，同样可得

$$n_0(t)=n(t)*h(t)=\int_{-\infty}^{\infty}n(\tau)K\cdot s[(t_0-(t-\tau)]\mathrm{d}\tau=K\cdot R_{\mathrm{ns}}(t_0-t) \tag{3-41}$$

式中，$R_{\mathrm{ns}}(t_0-t)$ 是输入噪声与输入信号的互相关函数。当取样时刻 t=t_0 时，有

$$n_0(t_0)=K\cdot R_{\mathrm{ns}}(0) \tag{3-42}$$

说明 t_0 时刻滤波器的噪声输出等于 $n(t)$与 $s(t)$乘积的积分，即它们的互相关函数值。前面已指出，相关函数值仅取决于进行相关运算的两个波形的相似程度，而与它们的幅度大小等全无关系。因此，在所有相关运算中，自相关值最大，而互不相关或者说完全不相似的两个信号波形之间的互相关值最小。由于 $n(t)$ 与 $s(t)$ 彼此独立，因此该积分值很小，即输出噪声信号很小，这样输出信噪比就比输入信噪比大为提高。正因为匹配滤波器既是输入信号的自相关器，同时也是噪声信号与输入信号的互相关器，所以通过匹配滤波器后的输出信噪比可以达到最大。

根据上述分析可知，匹配滤波器可以用图 3-17 所示的相关运算电路实现。图中，当输入信号为 $s(t)$ 时，则输出信号 $s_0(t)$ 为

$$s_0(t) = K\int_{-\infty}^{\infty} s(t)\cdot s(t)\mathrm{d}t = K\cdot R_{\mathrm{s}}(0) \tag{3-43}$$

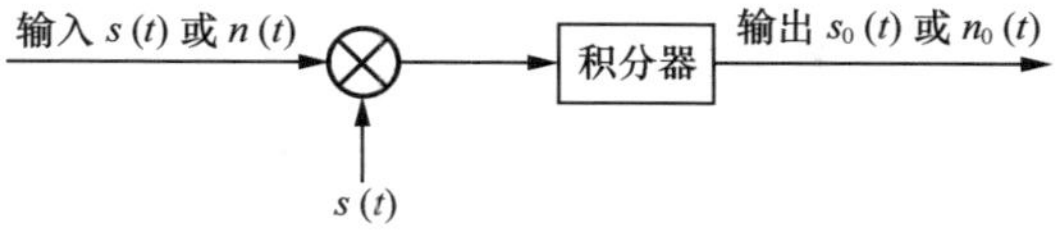

图 3-17 匹配滤波器的相关运算电路

同理，对于输入的噪声信号 $n(t)$，其输出信号 $n_0(t)$为

$$n_0(t) = K\int_{-\infty}^{\infty} n(t)\cdot s(t)\mathrm{d}t = K\cdot R_{\mathrm{ns}}(0) \tag{3-44}$$

显然，式（3-43）、式（3-44）就是前面匹配滤波器的输出式（3-40）和式（3-41），故图 3-17 所示电路能实现匹配滤波器的功能，而且它比传统匹配滤波器的适应性会更好。只需改变图中本地信号发生器的输出信号 $s(t)$，就可以改变滤波器的特性以适应任意输入的波形信号，从而免去了制作传统滤波器的麻烦。但是该电路实现的关键问题并非产生相同波形的本地 $s(t)$，而是本地 $s(t)$ 与输入信号的准确同步问题，即两个信号必须同频同相。只要二者能够同步，其性能就会很好。

为了方便读者查阅和记忆，我们把匹配滤波器的重要参数列于表 3-1 中。

表 3-1 匹配滤波器的重要参数

$H(f)$	$h(t)$	$s_0(t)$	$s_0(t_0)$	$R_{0\max}$
$KS^*(f)\mathrm{e}^{-\mathrm{j}2\pi f t_0}$	$Ks(t_0-t)$	$KR_{\mathrm{s}}(t-t_0)=KR_{\mathrm{s}}(t_0-t)$	$KR_{\mathrm{s}}(0)$=KE	$\dfrac{2E}{n_0}$

3. 最大输出信噪比接收

将匹配滤波器作为接收滤波器，能够获得最大输出信噪比，因此，通常利用匹配滤波器构成最大输出信噪比接收机。M（$M \geqslant 2$）元数字信号的最大信噪比接收机原理如图 3-18 所示。

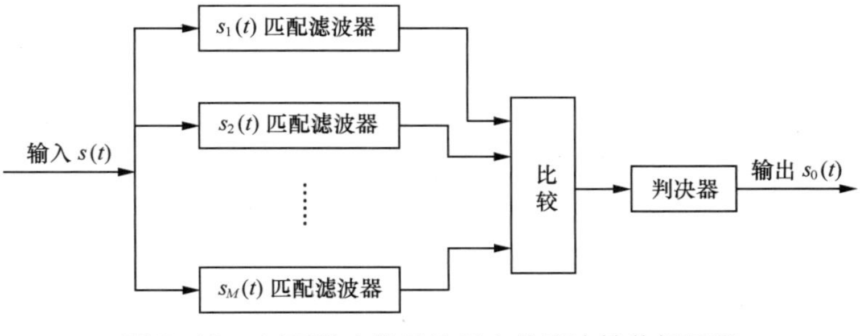

图 3-18 *M*元数字信号的最大信噪比接收机原理

由于匹配滤波器就是输入信号的自相关器，因此图 3-18 又可用自相关电路来实

现，如图 3-19 所示。由于判决器在每一个码元周期 T_B 进行一次判决，故积分器的积分时间为 $0 \sim T_B$。

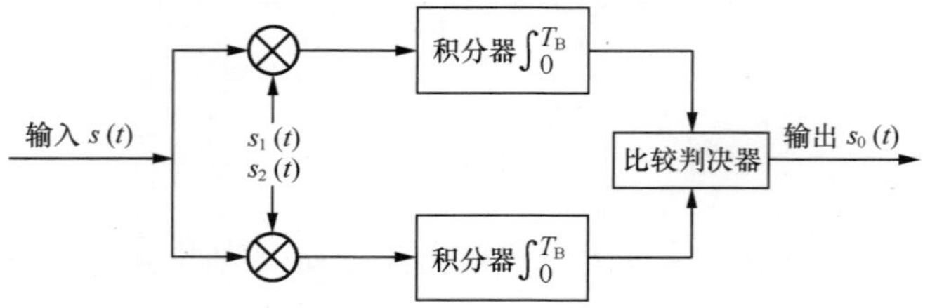

图 3-19　自相关电路实现的二元信号匹配滤波器接收机

在图 3-19 中，首先积分器分别计算接收信号与两个可能的发送信号 0、1 之间的相关函数值，然后根据两个函数值的大小进行判决，判定数值大的为发送信号（0 或 1）。只有当干扰使接收信号与发送信号（0 或 1）之间的相关函数值小于接收信号与另一个非实际发送信号（1 或 0）之间的相关函数值时，才会出现误判。

3.2.5　码率和误码率

1. 码率

码率又称传码率，它是衡量一个数字通信系统传输速度快慢的指标之一，其定义为每秒传送码元的数目，单位是“波特”（Baud）。例如，若某系统每秒传送 2400 个码元，则该系统的传码率为 2400Baud。

码率仅表示系统在单位时间内传送码元的数目，而没有限定这时传送的码元是何种进制。考虑到即使是同一系统中的各点也可能采用不同的进制，故给出码元速率时必须同时说明该码元的进制和该速率在系统中的位置。

设二进制码元速率为 R_{B2}，N 进制码元速率为 R_{BN}，且 N 和 2 之间是正整数次幂的关系，即 $2^K = N\ (K = 1, 2, 3, \cdots)$，则二进制码元速率与 N 进制码元速率的转换关系为

$$R_{B2} = R_{BN} \log_2 N$$

2. 误码率

误码率是指接收到错误的码元数在总传送码元数中所占的比例，它表示码元在传输系统中被传错的概率，一般用 P_e 表示。误码率是衡量一个数字通信系统传输可靠性的重要指标之一。

3. 最佳阈值

最佳阈值是指误码率最小时的判决门限电平，又称之为最佳门限电平。

4．误码率的一般公式

下面讨论基带传输系统在叠加噪声后的抗噪声性能，即系统在无码间干扰时，加性高斯白噪声造成错误判决的概率情况。

如果基带传输系统既无码间干扰又无噪声影响，则接收端的判决电路就能够无差错地恢复出原始基带信号。但信道中不可能没有加性噪声，即使消除了码间干扰，判决电路也会因干扰而很难做到无差错地恢复出原始信号。

图 3-20 分别给出了无噪声影响和有噪声影响时，双极性输入波形及其经过判决电路的输出信号情况。其中，图 3-20（a）是既无码间干扰又无噪声影响时的输入波形，图 3-20（b）则是叠加噪声后的双极性输入波形。显然，判决门限电平应选择在 0 位置，而判决规则应是：若抽样值大于 0，则判为“1”码；若抽样值小于 0，则判为“0”码。根据图 3-20（a）的波形，系统能够无差错地恢复出原始基带信号；而根据图 3-20（b）的波形，系统出现了错判。

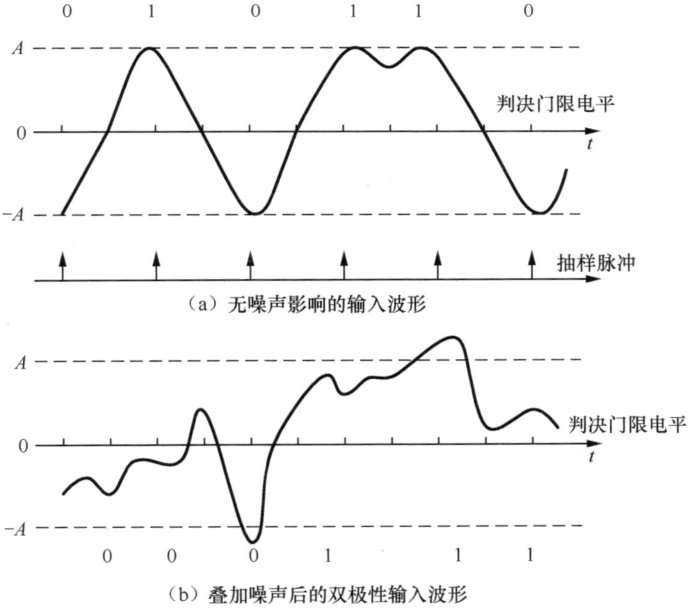

图 3-20　无噪声及有噪声时双极性输入波形及其经过判决电路的输出信号情况

下面来计算图 3-20（b）所示波形在抽样判决时造成错误的概率，即误码率。设判决电路输入端的随机噪声是信道加性噪声通过接收滤波器后的输出噪声，通常可认为信道中的噪声是平稳高斯白噪声。由于接收滤波器是一个线性网络，故判决电路的输入噪声也是平稳高斯随机噪声，它的功率谱密度 $P_n(\omega)$ 为

$$P_n(\omega)=\frac{n_0}{2}\left|G_{\rm R}(\omega)\right|^2$$

式中，$\frac{n_0}{2}$为高斯白噪声的双边功率谱密度；$G_R(\omega)$是接收滤波器的传输特性。只要给定n_0及$G_R(\omega)$，判决器输入端的噪声特性就可以确定。设噪声均值为零、方差为σ_n^2，于是，噪声的瞬时值V的统计特性可表示为一维高斯概率分布密度，即

$$f(V)=\frac{1}{\sqrt{2\pi}\sigma_n}\mathrm{e}^{\frac{-V^2}{2\sigma_n^2}} \tag{3-45}$$

由图 3-20 可以看出，由于噪声的影响而发生的误码有两种差错形式：一种是发送“1”却被判为“0”；另一种则是发送“0”却被判为“1”。下面分别求出这两种情况下的码元错判概率。

对于输入为双极性基带信号，在一个码元持续时间内，抽样判决器输入端得到的波形可表示为

$$x(t)=\begin{cases}A+n_R(t), & \text{发送“1”码时}\\ -A+n_R(t), & \text{发送“0”码时}\end{cases} \tag{3-46}$$

由于$n_R(t)$是高斯过程，故当发送“1”码时，过程$A+n_R(t)$的一维概率密度为

$$f_1(x)=\frac{1}{\sqrt{2\pi}\sigma_n}\exp\left[-\frac{(x-A)^2}{2\sigma_n^2}\right] \tag{3-47}$$

当发送“0”码时，过程$-A+n_R(t)$的一维概率密度为

$$f_0(x)=\frac{1}{\sqrt{2\pi}\sigma_n}\exp\left[-\frac{(x+A)^2}{2\sigma_n^2}\right] \tag{3-48}$$

两种情况的曲线如图 3-21 所示。若令判决门限电平为V_d，则将“1”错判为“0”的概率P_{e1}及将“0”错判为“1”的概率P_{e2}可以分别表示为

$$\begin{aligned}P_{e1}&=P(x<V_d)=\int_{-\infty}^{V_d}f_1(x)\mathrm{d}x=\int_{-\infty}^{V_d}\frac{1}{\sqrt{2\pi}\sigma_n}\exp\left[-\frac{(x-A)^2}{2\sigma_n^2}\right]\mathrm{d}x\\&=\frac{1}{2}+\frac{1}{2}\mathrm{erf}\left(\frac{V_d-A}{\sqrt{2}\sigma_n}\right)\end{aligned} \tag{3-49}$$

$$\begin{aligned}P_{e2}&=P(x>V_d)=\int_{V_d}^{\infty}f_0(x)\mathrm{d}x=\int_{V_d}^{\infty}\frac{1}{\sqrt{2\pi}\sigma_n}\exp\left[-\frac{(x+A)^2}{2\sigma_n^2}\right]\mathrm{d}x\\&=\frac{1}{2}-\frac{1}{2}\mathrm{erf}\left(\frac{V_d+A}{\sqrt{2}\sigma_n}\right)\end{aligned} \tag{3-50}$$

设系统发送“1”的概率为$P(1)$，发送“0”的概率为$P(0)$，则基带传输系统的总误码率可表示为

$$P_e=P(1)P_{e1}+P(0)P_{e2} \tag{3-51}$$

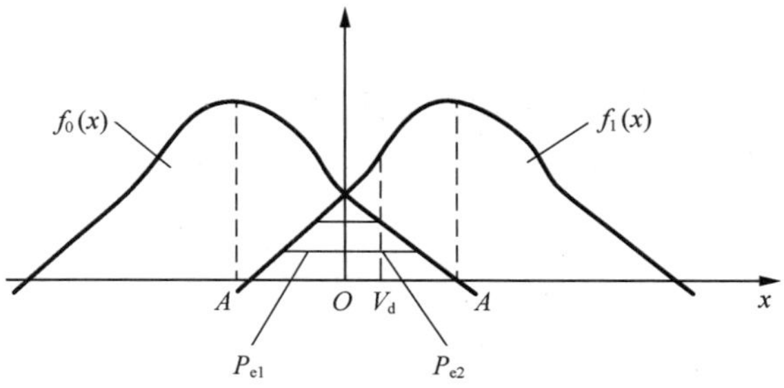

图 3-21　$x(t)$的概率密度曲线

由以上几个式子可以看出，基带传输系统的总误码率与判决门限电平V_d有关。通常把总误码率最小的判决门限电平称为最佳门限电平。令$\frac{\mathrm{d}P_e}{\mathrm{d}V_d}=0$，可求得最佳门限电平为

$$V_d^* = \frac{\sigma_n^2}{2A}\ln\frac{P(0)}{P(1)} \tag{3-52}$$

若$P(1)=P(0)=\frac{1}{2}$，则最佳判决门限电平为$V_d=0$。此时基带传输系统的总误码率为

$$P_e = \frac{1}{2}(P_{e1}+P_{e2}) = \frac{1}{2}\left[1-\mathrm{erf}\left(\frac{A}{\sqrt{2}\sigma_n}\right)\right] = \frac{1}{2}\mathrm{erf}\left(\frac{A}{\sqrt{2}\sigma_n}\right) \tag{3-53}$$

式中，$\mathrm{erf}(x)=\frac{2}{\sqrt{\pi}}\int_0^x \exp[-y^2]\mathrm{d}y$，称为误差函数。这就是在发送“1”码和“0”码的概率相等，且判决门限就是最佳判决门限电平时，基带传输系统的总误码率公式。由式（3-53）可见，系统总误码率依赖于信号峰值A与噪声均方根值σ_n之比，而与采用什么样的信号形式无关，比值$\frac{A}{\sigma_n}$越大，系统总误码率就越小。

式（3-52）、式（3-53）是在采用双极性基带波形的情况下得到的。如果采用单极性基带波形，则分别可求得最佳判决门限和误码率为

$$V_d^* = \frac{A}{2}+\frac{\sigma_n^2}{A}\ln\frac{P(0)}{p(1)} \tag{3-54}$$

$$P_e = \frac{1}{2}\left[1-\mathrm{erf}\left(\frac{A}{2\sqrt{2}\sigma_n}\right)\right] = \frac{1}{2}\mathrm{erf}\left(\frac{A}{2\sqrt{2}\sigma_n}\right) \tag{3-55}$$

比较式（3-53）与式（3-55）可以发现，在单极性与双极性基带波形峰值A相等、噪声均方根值σ_n相同的条件下，单极性基带系统的抗噪声性能低于双极性基带系统的抗噪声性能。

任务 3.3　信道均衡及部分响应系统

任务目标

通过本任务的学习，学生需要学会利用信道均衡克服码间干扰；了解部分响应系统是指利用部分响应波形进行传输的基带传输系统；掌握眼图分析法是数字基带传输系统最实用、最简单的方法，学会利用眼图对接收信号质量的好坏进行分析评估。

任务分析

通过前面的学习，我们知道码间干扰是影响传输系统性能的一个主要因素。在实际的通信系统中，想要完全消除码间干扰是十分困难的，而且目前尚未从数字上找到便于处理的表示码间干扰对误码率影响的统计规律，还不能进行精确的计算。通过学习本任务，我们要知道利用时域均衡技术可以克服码间干扰，学会用示波器来观察均衡滤波器的输出信号的眼图，眼睛越大越清晰，说明干扰越小。

3.3.1　时域均衡及其功能

若信道特性 $H(\omega)$ 为理想信道或已知且恒定，则通过精心设计的发送滤波器和接收滤波器，就可以达到消除码间干扰和使噪声影响最小的目的。但是我们既不可能完全知道实际信道的特性，又不可能使之恒定不变，而且发送滤波器和接收滤波器也无法完全实现理想的最佳特性。因此，在实际的通信系统中总是存在码间干扰的情况。

为了克服码间干扰，可在接收端抽样判决前附加一个可调滤波器，来校正或补偿信号传输中产生的线性失真。这种对系统中的线性失真进行校正的过程就称为均衡，而实现均衡的滤波器就是均衡滤波器。

均衡分为频域均衡和时域均衡两类。所谓频域均衡，就是使包括均衡器在内的整个系统的总传输函数满足无失真传输的条件。而时域均衡则是直接从时间响应考虑，使包括均衡器在内的整个系统的冲激响应满足无码间干扰的条件。

频域均衡比较直观且易于理解，但数字通信系统更常用的是时域均衡。因此，这里只介绍时域均衡的原理。

时域均衡的基本思想可用图 3-22 所示的波形进行简单说明。它利用波形补偿的方法对失真波形直接加以校正，这可以通过观察波形的方法直接进行调节。时域均衡器又称横向滤波器，如图 3-23 所示。

设图 3-22（a）为接收到的单个脉冲信号，由于信道特性不理想而失真，附加了一个“拖尾”，这个尾巴将在 t_{-N}，…，t_{-1}，t_0，t_{+1}，…，t_{+N} 各个抽样点上对其他码元信号的抽样判决造成干扰。如果设法加上一个与拖尾波形大小相等、极性相反的补偿波形［如图 3-22（a）中虚线所示］，那么这个波形恰好就把原失真波形中多余的“尾巴”

抵消。这样，校正后的波形就不再有“拖尾”了，如图 3-22（b）所示，消除了该码元对其他码元信号的干扰，达到了均衡的目的。

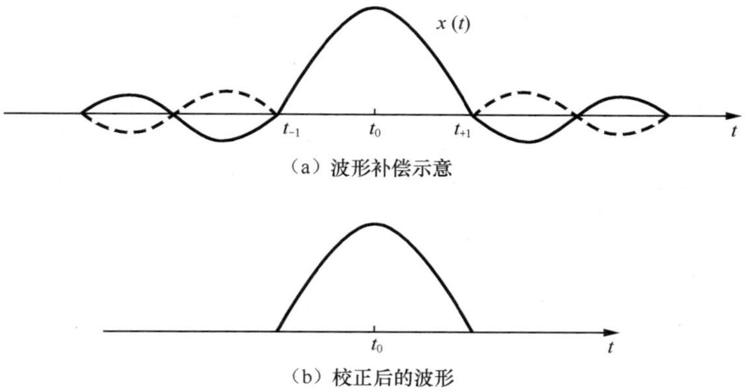

图 3-22 时域均衡波形示意

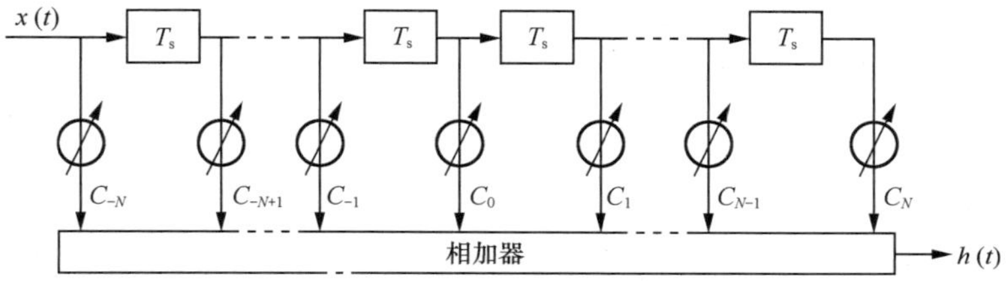

图 3-23 横向滤波器

时域均衡所需要的补偿波形可以由接收到的波形经过时延加权得到，所以均衡滤波器实际上由一抽头时延线加上一些可变增益的放大器组成，如图 3-23 所示。它共有 $2N$ 节延迟线，每节的延迟时间都等于码元宽度 T_s，在各节延迟线之间引出抽头共 $2N+1$ 个。每个抽头的输出经可变增益（增益可正可负）放大器加权输出。因此，当输入有失真的波形 $x(t)$ 时，只要适当选择各个可变增益放大器的增益 $C_i(i=-N, -N+1,\cdots,0,\cdots,N)$，就可以使相加器输出的信号 $h(t)$ 对其他码元波形造成的干扰最小。

理论上“拖尾”只有当 $t\to\infty$ 时才会为 0，故必须用无限长的均衡滤波器才能对失真波形进行完全校正，但事实上“拖尾”的幅度小于一定值时就完全可以忽略其影响，即一般信道只需要考虑一个码元脉冲波形对其邻近的几个有限码元产生干扰的情况就足够，故在实际中只要采用有限个抽头的滤波器就可以了。

在实际使用过程中，通常用示波器来观察均衡滤波器的输出信号的眼图，通过反复调整各个增益放大器的增益 C_i，使眼图的眼睛达到最大且最清晰为止。

按调整均衡滤波器的方式，时域均衡可分为手动均衡和自动均衡两种，其中自动均衡又可细分为预置式自动均衡和自适应式自动均衡。预置式自动均衡是在实际数据传输前，先传输预先规定的测试脉冲，然后按照迫零调整原理自动或手动地分别调整各抽头增益；自适应式自动均衡则是在数据传送的过程中，连续测量输出信号与最佳调整值之间的误差，并以此为依据来调整各抽头增益。

3.3.2 部分响应系统概念

前面已经介绍了消除码间干扰的原理，就是把基带系统的总传输特性 $H(\omega)$ 设计成理想低通特性或等效的理想低通特性。然而理想低通系统的冲激响应 $h(t)$ 为 $\frac{\sin x}{x}$ 波形，这种波形的优点是频带窄、频带利用率 η 高（最大频带利用率 $\eta_{max}=2\text{ Baud/Hz}$），但第一个零点以后的“拖尾”振荡幅度大，即收敛慢，因此对抽样定时的要求十分严格，一旦定时稍有偏差，极易引起严重的码间干扰。

于是，人们又提出采用等效理想低通的传输特性，如升余弦频率特性。这样虽然信号收敛加快，对定时的要求放松，但所需的频带加宽了，从而使系统的频带利用率降低，取 $\alpha=1$ 时最低，η 只有 1Baud/Hz。

可见，基带系统的高频带利用率与信号“拖尾”衰减大、收敛快两个要求是互相矛盾的。那么，我们能否找到频带利用率高且收敛又快的传输系统呢？

奈奎斯特第二准则回答了这个问题。该准则告诉我们，有控制地在某些码元的抽样时刻引入码间干扰，而在其余码的抽样时刻无码间干扰，那么就能使频带利用率提高到理论上的最大值 $\eta_{max}=2\text{ Baud/Hz}$，同时又可以降低对定时精度的要求。通常把这种波形称为部分响应波形，利用部分响应波形进行传送的基带传输系统称为部分响应系统。

目前，常见的部分响应波形有 5 类，下面只介绍第一类部分响应波形，从中理解部分响应系统的概念。

对相邻码元的取样时刻产生同极性干扰的波形称为第一类部分响应波形。为了方便推导时域表达式，令前一个码元取样时刻在 $t=-\frac{T}{2}$ 处，当前码元的取样时刻在 $\frac{T}{2}$ 处，其余码元的取样时刻依次为 $\pm\frac{3T}{2}$，$\pm\frac{5T}{2}$，…。用两个相隔一位码元间隔 T 的 $\frac{\sin x}{x}$ 的合成波形 $p(t)$ 来代替 $\frac{\sin x}{x}$ 波形，如图 3-24 所示。

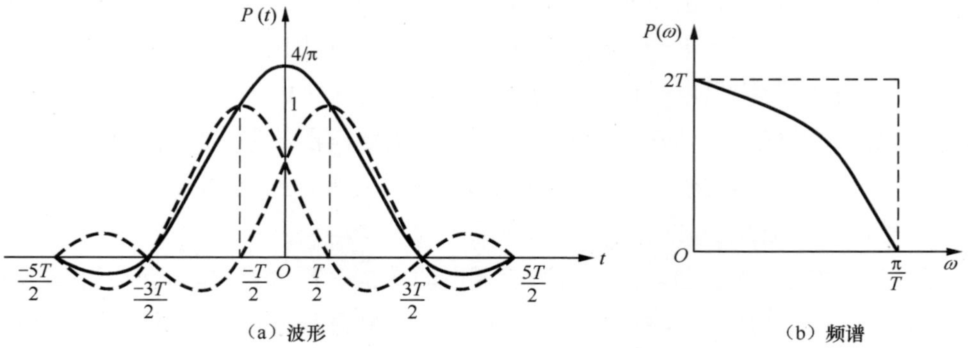

图 3-24 第一类部分响应信号

该合成波形的数学表达式为

$$p(t)=\frac{\sin\left[\frac{\pi}{T}\left(t+\frac{T}{2}\right)\right]}{\frac{\pi}{T}\left(t+\frac{T}{2}\right)}+\frac{\sin\left[\frac{\pi}{T}\left(t-\frac{T}{2}\right)\right]}{\frac{\pi}{T}\left(t-\frac{T}{2}\right)}=\frac{4}{\pi}\left[\frac{\cos\left(\frac{\pi t}{T}\right)}{1-\left(\frac{4t^2}{T^2}\right)}\right] \tag{3-56}$$

由式（3-56）可知，$p(t)$ 的幅度约与 t^2 成反比，而 $\frac{\sin x}{x}$ 波形幅度则与 t 成反比，因此该波形的尾巴衰减速度加快。从图 3-24 中也可以看出，由于相距一个码元间隔的两个 $\frac{\sin x}{x}$ 波形的尾巴正好正负极性相反而相互抵消，因此合成波形的尾巴迅速衰减。

对式（3-56）进行傅里叶变换，可以求出 $p(t)$ 的频谱 $P(\omega)$ 为

$$P(\omega)=\begin{cases}T(\mathrm{e}^{-\frac{\mathrm{j}\omega T}{2}}+\mathrm{e}^{\frac{\mathrm{j}\omega T}{2}})=\\0,\end{cases}\begin{cases}2T\cos\left(\frac{\omega T}{2}\right), & |\omega|\leqslant\frac{\pi}{T}\\0, & |\omega|\leqslant\frac{\pi}{T}\end{cases} \tag{3-57}$$

由式（3-57）画出的频谱函数如图 3-24（b）所示。可以看出，$p(t)$ 的频带像理想低通的频谱特性那样限制在 $\pm\frac{\pi}{T}$ 以内，其形状却又呈余弦形，具有缓慢的滚降过渡变化而非陡峭的衰减的特性。这时的传输带宽和频带利用率分别为

$$B=\frac{1}{2\pi}\cdot\frac{\pi}{T}=\frac{1}{2T} \tag{3-58}$$

$$\eta=\frac{R_{\mathrm{b}}}{B}=\frac{1/T}{1/2T}=2(\mathrm{Baud}) \tag{3-59}$$

此时达到基带传输系统在传输二元码时的理论最大值。

现在我们来介绍一种实用的第一类部分响应系统，如图 3-25 所示。在该系统里，发送端分预编码、相关编码两步进行。

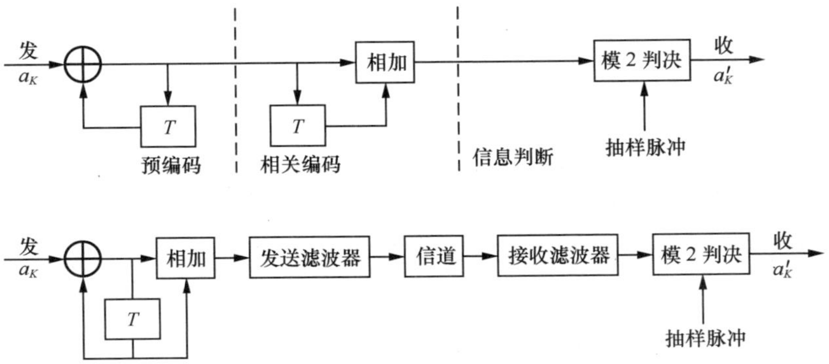

图 3-25 第一类部分响应系统

① 预编码：将待发信号 a_K 变为 b_K。其规则是

$$a_K = b_K \oplus b_{K-1}$$

即

$$b_K = a_K \oplus b_{K-1} \tag{3-60}$$

这里，⊕表示模 2 加运算。

② 相关编码：将预编码规则形成码元序列 b_K 作为发送滤波器的输入码元序列，即根据式（3-61）的规则，得出 c_K 码元序列。其编码规则是

$$c_K = b_K + b_{K-1} \tag{3-61}$$

在接收端，对接收到的 c_K 序列进行模 2 判决处理，就可还原出发送端的原始信号序列 a_K，即

$$[c_K]_{\text{mod}} = [b_K \oplus b_{K-1}]_{\text{mod}} = b_K \oplus b_{K-1} = a_K \tag{3-62}$$

从图 3-25 中可以看出，整个处理过程可概括为“预编码—相关编码—模 2 判决处理”3 步。

【例 3.2】 设待发二进制基带序列 a_K 为 11101001，按照第一类部分响应系统的规则，给出其变换过程。

解： 根据已知可得：

a_K	1	1	1	0	1	0	0	1
b_{K-1}	0	1	1	1	0	1	0	0
b_K	1	0	0	1	1	1	0	1
c_K	1	1	1	2	1	2	0	1
$[c_K]_{\text{mod}}$	1	1	1	0	1	0	0	1

从例题中我们看到，虽然部分响应信号解决了 $\frac{\sin x}{x}$ 波形的缺点，但这是以在相邻码元的抽样时刻叠加一个与发送码元抽样值相等的干扰为代价的。正是因为引入了这种固定幅度的干扰，部分响应信号的序列将出现新的样值，如上面例题中 c_K 序列里的 2，通常称之为伪电平。

3.3.3 眼图

在实际通信系统中，完全消除码间干扰是十分困难的，而目前尚未从数字上找到便于处理的表示码间干扰对误码率影响的统计规律，还不能进行准确的计算。为了衡量基带传输系统性能的优劣，在实验室中，通常用示波器观察接收信号的波形来分析码间干扰和噪声对系统性能的影响，这就是眼图分析方法。

眼图分析方法的具体做法是：用一个示波器连接在接收滤波器的输出端，然后调

整示波器水平扫描周期，使其与接收码元的周期同步，这时就可以从示波器显示的图形上观察出码间干扰和噪声的影响，从而估计系统性能的优劣程度。所谓眼图就是指示波器显示的图形，因在传输二元信号波形时很像人的眼睛而得名。

现在我们用图 3-26 来解释这种观察方法，为了便于理解，暂时不考虑噪声的影响。在无噪声存在的情况下，一个二元基带系统将在接收滤波器的输出端得到一个基带脉冲序列。如果基带传输特性不存在码间干扰，则得到图 3-26（a）所示的基带脉冲序列；如果基带传输特性存在码间干扰，则得到的基带脉冲序列如图 3-26（b）所示。

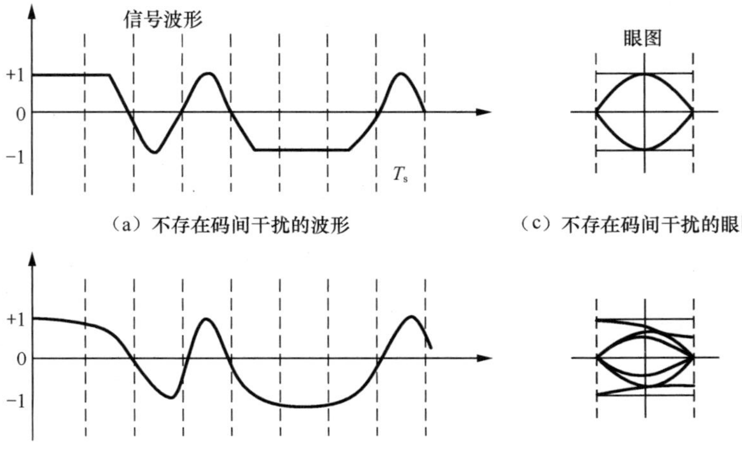

（a）不存在码间干扰的波形　（c）不存在码间干扰的眼图

（b）存在码间干扰的波形　（d）存在码间干扰的眼图

图 3-26　基带信号波形及眼图

现在用示波器来观察图 3-26（a）所示的波形，并将示波器扫描周期调整到码元周期 T，这时图 3-26（a）中的每一个码元都将重叠在一起。

图 3-26（a）并非周期性波形而是随机的波形，由于荧光屏的余晖效应，仍将若干个码元叠加显示。由于图 3-26（a）波形无码间干扰，因此叠加的图形完全重合在一起，故示波器显示的迹线又细又清晰，如图 3-26（c）所示。

现在再用示波器来观察图 3-26（b）波形，由于存在码间干扰，示波器的扫描迹线就不能完全重合，于是形成的线迹较粗且不清晰，如图 3-26（d）所示。

从图 3-26（c）及图 3-26（d）可以看出，当波形无码间干扰时，眼图像一只完全张开的眼睛。其中，眼图中央的垂直线表示最佳的抽样时刻，信号取值为−1，眼图中央的横轴位置即最佳的判决门限电平。当波形存在码间干扰时，在抽样时刻得到的信号取值不再正好等于−1，而是分布在比 1 小或比−1 大的附近，因而眼图将部分闭合。由此可见，眼图中“眼睛”张开的大小程度反映了系统码间干扰的强弱。

当系统存在噪声时，噪声叠加在有用信号上，使眼图的线迹更不清晰，于是“眼睛”的张开程度就更小。不过，从图形上并不能观察到随机噪声的全部形态，例如，出现次数少的大幅度噪声，由于它在示波器上一晃而过，人眼是无法观察到的，因此，根据示波器的波形只能大致估计噪声的强弱。

为了说明眼图和系统性能之间的关系，我们把眼图简化为一个模型，如图 3-27 所示。该图描述了以下几个指标：

① 抽样时刻应是“眼睛”张开最大的时刻；

② 误差的灵敏度可由眼图的斜率决定，斜率越陡，受定时误差的影响就越大；

③ 图中阴影区的垂直高度表示信号畸变范围；

④ 图中央的横轴位置就对应最佳判决门限电平；

⑤ 在抽样时刻，上下两阴影区之间的距离为系统的噪声容限，若噪声的瞬时值超过这个容限，就会发生错误判决。

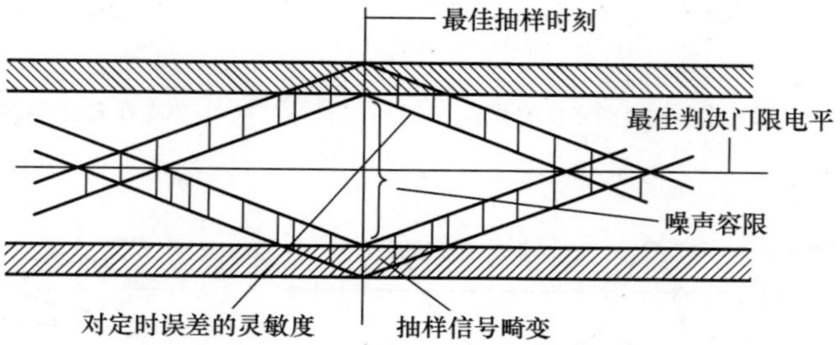

图 3-27　眼图的模型

项目测试

一、填空题

1. 未经调制的数字信息代码所对应的电脉冲信号一般是从（　　　　）甚至（　　　　）频率开始的，所以一般把它们称为数字基带信号。由于基带信号（　　　　）或（　　　　）成分丰富、提取（　　　　）不便及易产生（　　　　）等，一般（　　　　）在普通信道中传输。

2. 三元码指用信号幅度的 3 种取值（　　　　）或（　　　　）来表示的二进制信码，这种表示方法通常不是从二进制转换到（　　　　），而是某种特定的取代关系，所以三元码又称为（　　　　）。三元码的种类很多，常见的有（　　　　）、（　　　　）等。

3. 在升余弦滚降特性所形成的波形 $h(t)$ 中，除抽样点 $t=0$ 不为零外，其余所有抽样点上的信号（　　　　），而且它的“尾巴”相较于理想低通波形来说衰减得要（　　　　），这对（　　　　）码间干扰及（　　　　）都很有利。但升余弦特性的频谱宽度（　　　　），其频带利用率降为理想低通的（　　　　），为（　　　　）。

4. 时域均衡技术的基本特点就是利用均衡器产生的（　　　　）补偿原畸变波形，

即用（　　　　）的方法对（　　　　）进行直接校正，使最终输出波形在抽样时刻上最大限度地消除（　　　　）。

5. HDB_3码首先把二进制码变换成 AMI 码，然后检查 AMI 码的（　　　　）。当没有（　　　　）个以上连 0 码出现时，就直接（　　　　）；否则将（　　　　）变成与其前一个非 0 符号（　　　　）极性的符号，记为+V 或–V。为了使附加了“破坏点”符号后的码元序列仍具有（　　　　）无直流分量的特性，必须使相邻两个“破坏点”所取的符号极性也（　　　　）。

6. 信号通过匹配滤波器后，输出信号波形将出现（　　　　），故匹配滤波器一般不用于（　　　　）的接收滤波，但由于它的输出可获得（　　　　）而有利于（　　　　），故将其用于（　　　　）接收滤波。（　　　　）信号幅度和（　　　　）信号作用时间都能提高信号的能量，从而提高（　　　　）。

7. 根据线性网络的特性，滤波器输出信号等于（　　　　）与（　　　　）的卷积，由数学推导可以得知：匹配滤波器的输出信号是输入信号（　　　　）的 K 倍。因此，通常也把匹配滤波器称为输入信号的（　　　　）。

8. 若信号 $s(t)$的截止时刻为 t_b，则它按最大信噪比准则的匹配滤波器 $h(t)$=（　　　　），相应的最大信噪比为（　　　　）。

9. 部分响应利用若干个$\dfrac{\sin x}{x}$信号的（　　　　）现象，将它们按一定的规则叠加，从而消除或降低（　　　　）。

二、不定项选择题

1. 根据线性网络的特性，滤波器输出信号$s_0(t)$、输入信号$s(t)$、冲激响应$h(t)$之间的关系可表示为（　　）。

A. $s(t)=s_0(t)*h(t)$　　　　B. $s_0(t)=s(t)*h(t)$

C. $h(t)=s(t)*s_0(t)$　　　　D. $s(t)=s_0(t)\cdot h(t)$

2. 对于同一组数字信息而言，它可以根据不同传输码的码型得出不同形式的对应基带信号，其频谱结构也将因此（　　）。

A. 相同　　B. 相似　　C. 不确定　　D. 不同

3. 用相邻电平发生跳变来表示码元 1，反之则表示码元 0 的二元码是（　　）。它由于信码 1、0 与电平之间不存在绝对对应关系，因此可以解决相位键控同步解调时的相位模糊现象，从而被广泛应用。

A. AMI 码　　　　B. HDB_3码

C. 传号差分 NRZ(M)码　　　　D. 空号差分 NRZ(S)码

4. 由于频谱中没有离散分量，因此双极性不归零码的功率谱中的第一个过零点在（　　）处，其谱零点带宽因此为（　　）。

A. $f=\frac{f_s}{2}$　　B. $f=f_s$　　C. $f=2f_s$　　D. $f=4f_s$

E. $B_s=\frac{f_s}{2}$　　F. $B_s=f_s$　　G. $B_s=2f_s$　　H. $B_s=4f_s$

5. 常见的二元码基带信号波形有（　　）。

A. AMI 码　　B. 单极性不归零码

C. 双极性不归零码　　D. HDB_3码

E. 单极性归零码　　F. 双极性归零码

G. 传号差分码　　H. 空号差分码

6. 关于眼图，以下说法正确的是（　　）。

A. 抽样时刻应是在“眼睛”张开最大的时刻

B. 抽样时刻，上下两阴影区间隔距离的一半为系统的噪声容限，若噪声超过这个容限，就会发生错误判决

C. 眼图中阴影区的垂直高度表示信号畸变范围

D. 眼图中央的横轴位置对应最佳判决门限电平

三、判断题

1. 采用输入匹配滤波器的接收机就是最大输出信噪比条件下的最佳接收机。该匹配滤波器的传递函数与输入信号波形无关，即一个匹配滤波器可以适应多个不同的输入信号。(　　)

2. 高斯白噪声干扰时，匹配滤波器可以使输出信噪比达到最大。因此，采用匹配滤波器进行滤波的接收机就是最大输出信噪比条件下的最佳接收机。(　　)

3. 只要某一滤波器是某信号 $s(t)$的匹配滤波器，它就可以匹配所有的信号。(　　)

4. 信号通过匹配滤波器后，输出信号波形将出现失真，故匹配滤波器只是相对某种程度上的最佳接收滤波器，由它构成的接收机实际上也只是最大输出信噪比条件下的次最佳接收机。(　　)

5. HDB_3码除保持 AMI 码的优点以外，还增加了使连 0 码减少到最多 6 个的优点，解决了 AMI 码遇到连 0 码不能提取定时信号的问题，是 CCITT 推荐使用的基带码之一。(　　)

6. 对于升余弦滚降信号，α 取值越大，系统冲激响应波形衰减越快，滤波器实现越容易，但频带利用率越低；反之，α 取值越小，冲激响应波形衰减越慢，频带利用率则越高。(　　)

7. 除第一类部分响应信号外，其余部分响应信号都没有差错传播现象，故无须在发送端先进行相关编码。(　　)

8. 时域均衡是直接从时间响应的角度出发，使包括均衡器在内的整个系统冲激响

应满足无码间干扰的条件。(　　)

9. 电报通信常用的传号差分码，用相邻电平跳变表示 0，反之则表示 1。(　　)

四、分析与计算题

1. 为什么最大输出信噪比接收准则下的最佳接收机一般由匹配滤波器构成？

2. 试画出 4 元数字信号匹配滤波器接收机的模型。

3. 设二进制代码为 110010100100。试以矩形脉冲为例，分别画出相应的单极性不归零码、双极性不归零码、单极性归零码、双极性归零码、差分码和 AMI 码波形。

4. 已知二进制信息代码为 1010000011000011，试确定相应的 AMI 码和 HDB_3 码，并分别画出它们的波形。

5. 已知有 4 个连 1 码与 4 个连 0 码交替出现的序列，画出用单极性不归零码、AMI 码和 HDB_3 码表示的波形图。

项目四

认识数字信号的频带调制技术

04

项目概要

本项目主要包括 5 个任务，通过 5 个任务的学习，学生能够掌握数字信号的频带调制的常见类型、基本原理、特点等。本项目预计需要 10 学时完成。

任务 4.1 主要介绍调制技术的基本概念、分类，预计 2 学时完成。

任务 4.2 主要介绍常见的二进制数字调制方式，如幅移键控（ASK）、频移键控（FSK）、相移键控（PSK）等，预计 2 学时完成。

任务 4.3 主要介绍常见的多进制数字调制方式，及其与二进制数字调制之间的差异，预计 2 学时完成。

任务 4.4 主要介绍正交振幅调制（QAM）技术的基本原理和实现，预计 2 学时完成。

任务 4.5 主要介绍正交频分复用（OFDM）多载波调制技术的基本原理、数字实现、应用特点等，预计 2 学时完成。

知识准备

在学习本项目内容之前，希望您已经具备以下知识。

1. 掌握基本的三角函数运算相关知识。
2. 掌握概率论与数理统计的相关基础知识。
3. 掌握数字电路的基本识别。

知识图谱

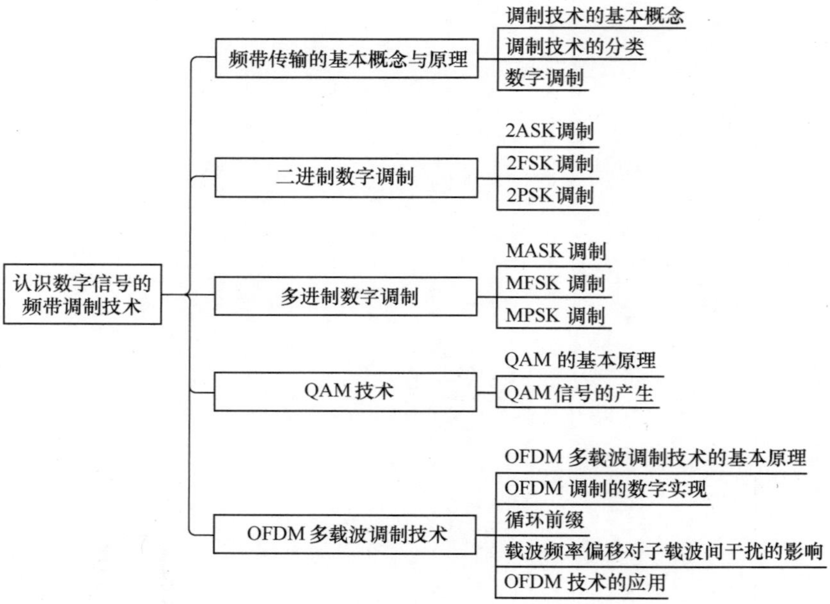

任务 4.1　频带传输的基本概念与原理

任务目标

通过本任务的学习，学生需要知道调制、解调的基本过程，掌握调制技术的分类，能够辨析常见的基带信号波形。

任务分析

在本任务中，我们将介绍频带传输的基本概念和原理。通过讲解调制、解调的基本原理和过程，让学生掌握相关概念；通过讲解调制技术的分类，带领学生认识模拟调制与数字调制，知道振幅调制（AM）、频率调制（FM）、相位调制（PM），以及 ASK、FSK、PSK 的基本概念；最后我们将分析常见的基带信号波形，如单极性不归零波形、双极性不归零波形、单极性归零波形、双极性归零波形、差分波形、多电平波形等。

4.1.1　调制技术的基本概念

调制是将基带信号加载到高频载波上的过程，其目的是将模拟信号或数字信号转换为适合信道传输的频带信号，从而满足无线通信对信息传输的基本需求。如果把书信理解为调制信号，信封和邮票就相当于载波，装信的过程就是调制，而收信人拆开信封取出书信的过程则相当于解调。

调制的本质在于频谱搬移，即将承载信息的基带信号的频谱搬移到更高的频率范围。基带信号通常被称作调制信号，经过调制的信号被称为频带信号或已调信号。已调信号具有 3 个关键特征：一是保留原始信息；二是适合在信道中传输；三是其频谱具有带通特性，且中心频率显著偏离零频率。

信道的频率范围是有限的，超过信道的上限频率或下限频率，信号将无法进行有效传输。如果数字信号的频率特性与传输通道的频率特性相同，那么信号将损失大量能量，导致信噪比下降、误码率上升，并且还会给邻近信道带来强烈的干扰。因此，数字信号在进入信道传输前，通常需要进行调制，通过减少信号中的高、低频分量，信号能量主要集中在中频频段，从而优化信号传输效果。

数字频带调制是将信号的频谱特性调整为与信道的频谱特性相适应的过程，而数字解调则是其相反的过程，即将调制信号恢复为原始信号。通常，这两个过程被合称为数字调制。基本的数字调制方式主要有 3 种，它们通过数字脉冲序列对正弦载波的振幅、频率或相位进行控制，分别对应 ASK、FSK 和 PSK。

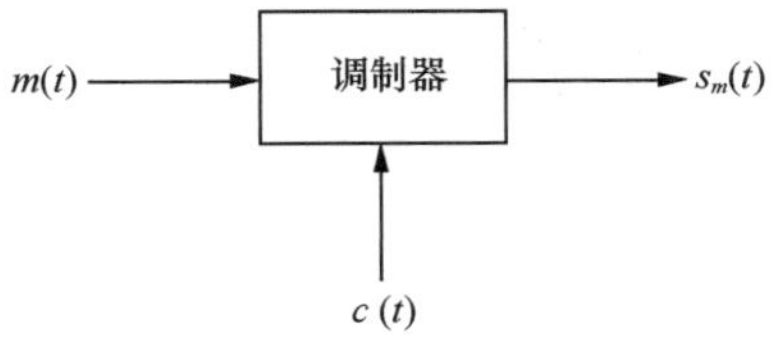

图 4-1　调制器的模型

图 4-1 所示的调制器模型可以被看作一个非线性网络。其中，基带信号 $m(t)$ 为待传输的原始低频信号，

载波 $c(t)$ 为高频信号，已调信号 $s_m(t)$ 是调制后的输出。直接传输基带信号面临诸多挑战：一方面，难以实现多路远距离通信；另一方面，需要使用很长的天线，这在工艺和实际应用中都难以实现。相比之下，载波通常为高频、超高频或微波信号，若采用无线电发射，则所需的天线较短，便于实现。此外，通过为不同的电台分配不同的载波频率，信号在接收时可以轻松被区分，从而实现多路互不干扰的传输。

4.1.2 调制技术的分类

在无线通信系统中，调制方式的选择极为关键，它直接影响着信息传输的效率与可靠性。不同的调制方式有着各自的特性，根据具体的应用场景和系统要求，合理选择调制方式，能够有效提升无线通信系统的整体性能，确保信息的高效、准确传输。

根据基带信号对载波的调制要素（振幅、频率或相位）的不同，调制可分为振幅调制（如 AM、ASK）、频率调制（如 FM、FSK）及相位调制（如 PM、PSK）。振幅调制是指载波的振幅随基带信号的变化而线性改变；频率调制是指载波的频率随基带信号的变化而线性改变；相位调制则是指载波的相位随基带信号的变化而线性改变。

根据载波 $c(t)$ 形式的不同，调制主要分为连续波调制与脉冲调制。连续波调制以正弦波作为载波，脉冲调制则利用脉冲序列来承载信息。载波在频谱搬移过程中发挥着至关重要的作用。在实际通信应用中，常以正弦波作为载波。

根据基带信号 $m(t)$ 形式的不同，调制可分为模拟调制和数字调制。在模拟调制中，$m(t)$ 是以正弦波为代表的连续变化的模拟信号。常见的模拟调制包括 AM［如双边带（DSB）、单边带（SSB）、残留边带（VSB）］、FM 和 PM。在数字调制中，$m(t)$ 是以二进制数字脉冲为代表的离散变化的数字信号。常见的数字调制方式有 ASK、FSK、PSK、QAM 等。模拟调制信号波形和数字调制信号波形分别如图 4-2 和图 4-3 所示。

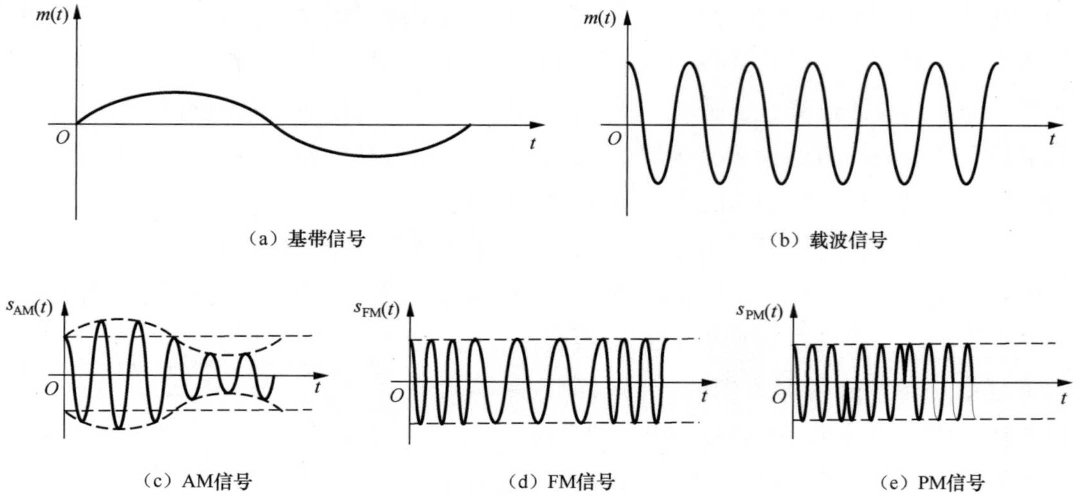

图 4-2　模拟调制信号波形

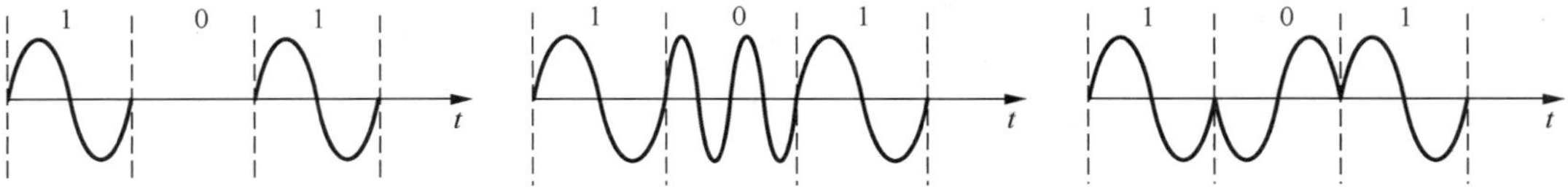

图 4-3　数字调制信号波形

根据调制器的频谱转换特性的不同，调制可分为线性调制和非线性调制。在线性调制中，已调信号的频谱是对基带信号频谱的直接平移，二者的频谱结构特征相同。常见的线性调制方式包括 AM、DSB、SSB、VSB 等。在非线性调制中，已调信号的频谱结构与基带信号的频谱结构存在显著差异，二者并非线性关系。常见的非线性调制方式有 FM、PM、FSK、PSK 等。

4.1.3　数字调制

1．数字调制技术

当数字基带信号改变正弦载波的振幅、频率或相位时，就会产生相应的数字振幅调制、数字频率调制和数字相位调制。在二进制数字调制中，调制信号仅有 0 和 1 两个取值。调制后，载波的振幅、频率或相位也仅呈现两种不同的状态。这个调制过程可以形象地比喻为用调制信号控制一个开关，从两个具有不同参数的载波通道中引导相应的载波通过，从而生成相应已调信号。

2．数字基带信号

对于二进制数字序列，a_n 可取 0、1，$g(t)$ 为矩形脉冲，则数字基带信号 1001 对应的波形如图 4-4 所示。

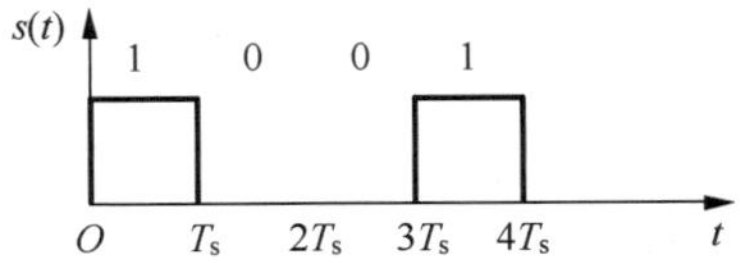

图 4-4　数字基带信号波形

若数字基带信号具有不同取值的码元波形，则可表示为

$$s(t)=\sum_{n=-\infty}^{\infty}a_n g(t-nT_s) \tag{4-1}$$

其中，a_n 为第 n 个码元的电平值，可以取 0、1 或–1、1 等；T_s 为码元间隔；$g(t)$ 为某种脉冲波形，如矩形脉冲。

常见的数字基带信号有单极性不归零码、双极性不归零码、单极性归零码、双极性归零码、差分码和多元码等。

（1）单极性不归零码

单极性不归零码是一种常见的数字基带信号，通过正电平和零电平分别表示二进制的 1 和 0，其波形如图 4-5（a）所示。单极性不归零码极性单一，存在直流分量，并且在每个码元时间内，要么保持脉冲状态，要么处于无脉冲状态。由于直流分量的存在，单极性不归零码不适合远距离传输，通常仅用于设备内部的信号传输。

（2）双极性不归零码

双极性不归零码通过正电平和负电平分别表示二进制的 0 和 1，其波形如图 4-5（b）所示。双极性不归零码由于脉冲振幅相等且极性相反，因此当 0 和 1 等概率出现时，不存在直流分量。此时，最佳判决电平为 0，便于信号的恢复和判决。双极性不归零码对信道特性变化的敏感度较低，抗干扰能力较强，非常适合在信道中传输。

（3）单极性归零码

在单极性归零码中，每个码元的有电脉冲持续时间小于码元的总持续时间，且每个有电脉冲会在码元时间内回到零电平，其波形如图 4-5（c）所示。这是单极性归零与单码极性不归零码的主要区别。通常用占空比来描述归零码，其中码元持续时间为 T，有电脉冲持续时间为 t，则占空比定义为 $\frac{t}{T}$。常见的占空比为 50%，即半占空比。单极性归零码便于直接提取位定时信息，在需要精确同步的通信系统中具有优势。

（4）双极性归零码

双极性归零码的显著特征在于每个码元的脉冲在码元周期内会返回到零电平，并且相邻脉冲之间存在零电位的间隔，其波形如图 4-5（d）所示。双极性归零码不仅具有双极性不归零码的优势，还便于提取同步脉冲，进而实现精确的位定时同步。

（5）差分码

与前 4 种信号不同，差分码并非通过电平的高低来区分二进制的 0 和 1，而是依据相邻脉冲电平的跳变来表示二进制的 0 和 1。一般来说，电平跳变对应 1，电平不跳变则对应 0，其波形可参考图 4-5（e）。由于差分码是基于相邻脉冲电平的相对变化来表示码元的，因此它也被称为相对码，而单极性码或双极性码则被称为绝对码。差分码的一个显著优势是能够有效避免极性倒置现象，在相位调制系统中常被用于解决载波相位模糊问题。

（6）多元码

以上 5 种信号都是一个脉冲对应一个二进制码元，而多元码更高效，它允许一个脉冲对应多个二进制码元。例如，在图 4-5（f）展示的四元码中，每个脉冲可以表示两个二进制码元。多元码通过增加单个脉冲所携带的信息量，提高信号的传输效率，尤其适用于对传输效率和带宽利用率要求较高的场景。

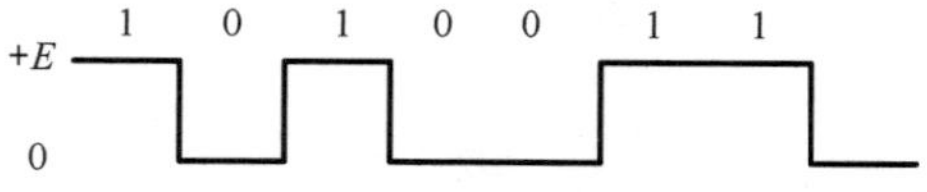

（a）单极性不归零波形

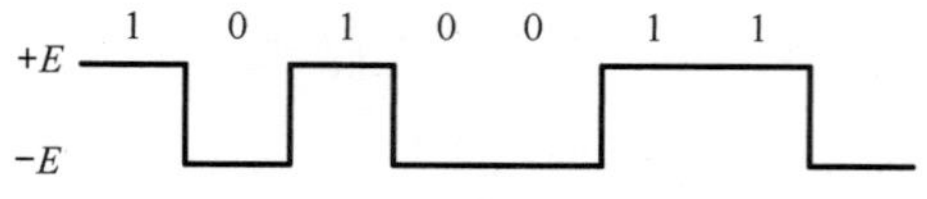

（b）双极性不归零波形

图 4-5 常见数字基带信号波形

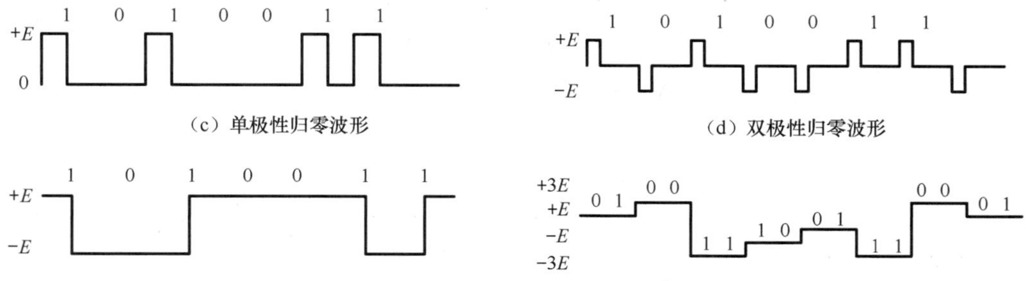

（c）单极性归零波形　（d）双极性归零波形

（e）差分波形　（f）四元码波形

图 4-5　常见数字基带信号波形（续）

任务 4.2　二进制数字调制

任务目标

通过本任务的学习，学生需要掌握二进制幅移键控（2ASK）、二进制频移键控（2FSK）、二进制相移键控（2PSK）、二进制差分相移键控（2DPSK）的基本原理。

任务分析

本任务主要介绍常见的二进制数字调制方式。在本任务中，我们将讲解 2ASK 的基本原理，让学生知道 2ASK 调制、解调的基本方法，以及对应信号的产生和输出波形；我们将分析 2FSK 的基本原理，让学生知道 2FSK 调制、解调的过程，以及对应信号的产生和输出波形；我们将讲解 2PSK、2DPSK 的基本原理，让学生知道 2PSK、2DPSK 调制、解调的过程，以及对应信号的产生和输出波形。

4.2.1　2ASK 调制

ASK 是一种数字调制方式，其特征是正弦载波的振幅随着数字基带信号的变化而变化。当载波的振幅根据数字基带信号的二进制取值在 1 和 0 之间切换，而载波的频率和相位保持不变时，这就是 2ASK。

对于一个以概率 P、$1-P$ 分别发出 0、1 的二元离散信源，根据振幅调制的基本原理，其可被描述为一个单极性矩形脉冲序列与一个正弦载波的乘积，具体表达式为

$$e_0(t)=\left[\sum_{n=-\infty}^{\infty} a_n g(t-nT_s)\right]\cos(\omega_c t) \tag{4-2}$$

其中，$g(t)$ 为矩形脉冲，T_s 为持续时间，a_n 服从下述关系

$$a_n=\begin{cases}0, & \text{概率为} P \\ 1, & \text{概率为} (1-P)\end{cases} \tag{4-3}$$

令

$$s(t)=\sum_{n=-\infty}^{\infty}a_n g(t-nT_s) \tag{4-4}$$

则式（4-2）变为

$$e_0(t)=s(t)\cos(\omega_c t) \tag{4-5}$$

2ASK 信号的产生方法主要分为两种：第一种是模拟调制法，借鉴模拟调制的原理来实现数字调制，即将调制信号从模拟信号转换为数字基带信号，再通过乘法器将数字基带信号与载波相乘，以此完成振幅调制，如图 4-6（a）所示；第二种是键控调制法，即根据数字基带信号的不同取值来控制载波信的输出状态，如图 4-6（b）所示。当二进制数字基带信号为 1 时，载波正常输出；而当二进制数字基带信号为 0 时，载波无输出。图 4-6（c）展示了输入信号 $s(t)$ 及已调信号 $e_0(t)$ 对应的波形。由于 2ASK 信号始终存在一个状态为零的信号，因此通常称之为通断键控（OOK）信号。

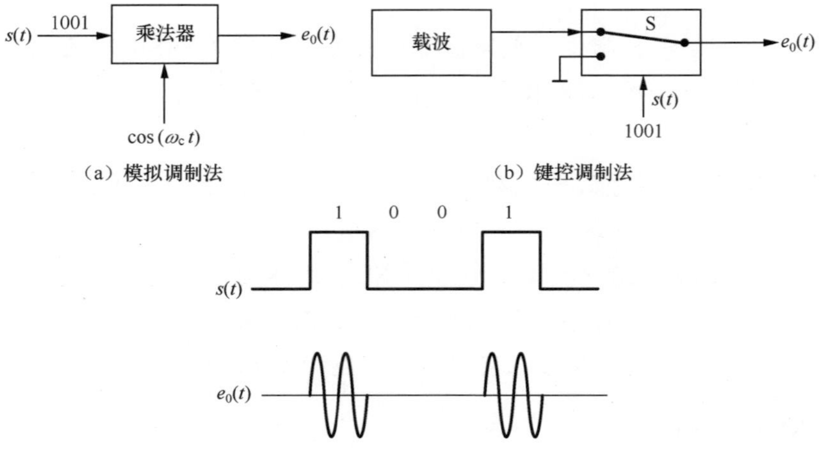

（a）模拟调制法 （b）键控调制法

（c）2ASK信号的输出波形

图 4-6 2ASK 信号的产生及输出波形

2ASK 信号有两种基本的解调方法，即非相干解调（包络检波法）和相干解调（同步检测法），其对应的接收系统组成如图 4-7 所示。与 AM 信号的接收系统相比，2ASK 信号的解调增加了一个“抽样判决器”，这对于提高数字信号的接收性能是至关重要的。

2ASK 是数字调制中最早出现且最简单的调制方式，最初被应用于电报系统，实现基本的数字信号传输。然而，由于 2ASK 的抗噪声能力相对较弱，因此在现代数字通信系统中并不常用。尽管如此，2ASK 仍然是研究其他数字调制方式的基础，因此掌握其基本原理和特性对于理解数字通信技术是非常必要的。

将一个 2ASK 信号 $e_0(t)$ 表示为

$$e_0(t)=\left[\sum_{n=-\infty}^{\infty}a_n g(t-nT_s)\right]\cos(\omega_c t)=s(t)\cos(\omega_c t) \tag{4-6}$$

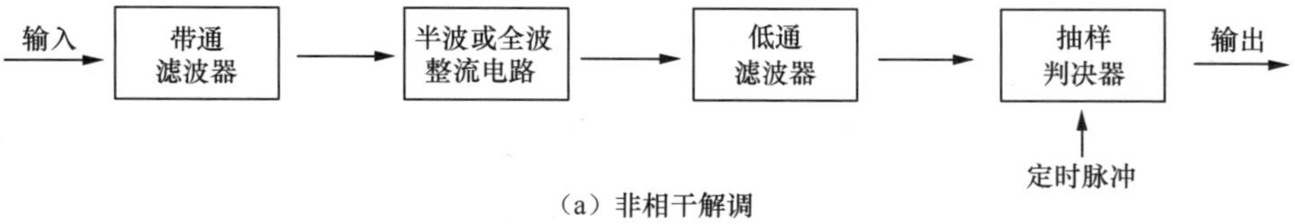

（a）非相干解调

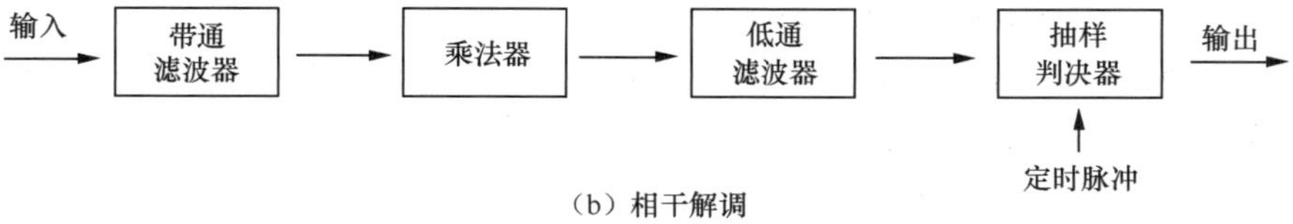

（b）相干解调

图 4-7 2ASK 信号解调方法对应的接收系统组成

令 $P_E(f)$ 为 $e_0(t)$ 的功率谱密度，$P_s(f)$ 为 $s(t)$ 的功率谱密度，则由式（4-6）可得

$$P_E(f)=\frac{1}{4}[P_s(f+f_c)+P_s(f-f_c)] \tag{4-7}$$

当 $s(t)$ 为 1 和 0 等概率出现的单极性矩形随机脉冲序列时，$P_s(f)$ 可表示为

$$P_s(f)=\frac{T_s}{4}Sa^2(\pi f T_s)+\frac{1}{4}\delta(f) \tag{4-8}$$

其中，T_s 为码元间隔，则

$$P_E(f)=\frac{T_s}{16}\{Sa^2[\pi(f+f_c)T_s]+Sa^2[\pi(f-f_c)T_s]\}+\frac{1}{16}[\delta(f+f_c)+\delta(f-f_c)] \tag{4-9}$$

图 4-8 所示为 2ASK 信号的功率谱密度示意，可以看到 2ASK 信号的带宽是基带信号带宽的 2 倍。若只考虑基带脉冲波形频谱的主瓣，则其带宽为

$$B=2f_s=\frac{2}{T_s} \tag{4-10}$$

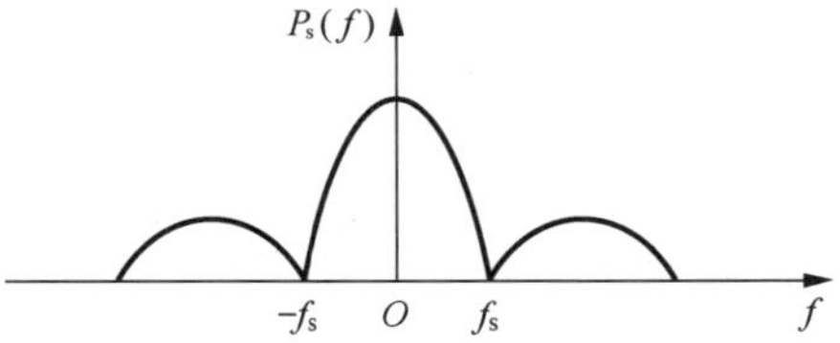

（a）基带信号功率谱密度

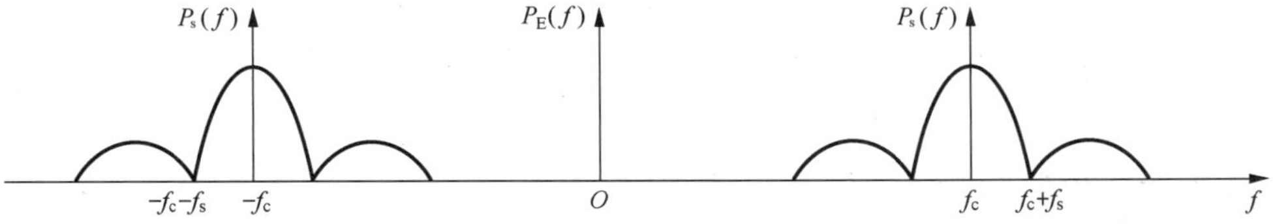

（b）已调信号功率谱密度

图 4-8 2ASK 信号的功率谱密度示意

4.2.2 2FSK 调制

FSK 是一种利用正弦载波的频率变化来表示数字信息的调制方式，在整个调制过程中，载波的振幅和初始相位保持恒定。当正弦载波的频率根据二进制基带信号的不同取值在两个特定频率点间切换时，这种调制方式被称为 2FSK。

假设 2FSK 信号为输入 $s(t)$ 的已调波形，其中“0”对应载频 ω_1，“1”对应载频 ω_2（$\omega_1 \neq \omega_2$），这两种载频之间的切换是瞬时完成的。产生 2FSK 信号的方法有两种，一种是利用模拟调频来实现数字调频，即通过矩形脉冲序列对正弦载波进行调频；另一种是键控法，通过受矩形脉冲序列控制的开关电路，分别选通两个不同且独立的频率源。2FSK 信号的产生及输出波形如图 4-9 所示。

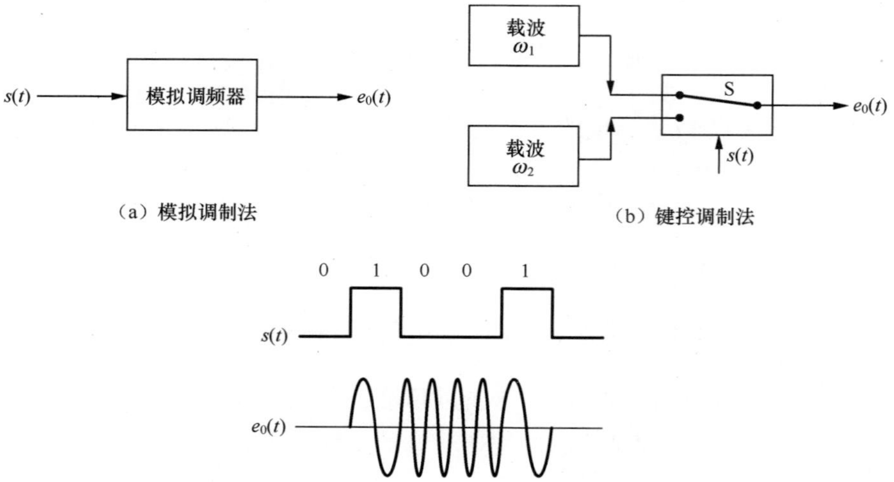

（a）模拟调制法　（b）键控调制法

（c）2FSK信号的输出波形

图 4-9　2FSK 信号的产生及输出波形

根据 2FSK 信号的产生原理，可以将 2FSK 信号表示为

$$e_0(t) = \sum_{n=-\infty}^{\infty} a_n g(t - nT_s)\cos(\omega_1 t + \varphi_n) + \sum_{n=-\infty}^{\infty} \overline{a}_n g(t - nT_s)\cos(\omega_2 t + \theta_n) \tag{4-11}$$

其中，$g(t)$ 为矩形脉冲，其脉宽为 T_s，φ_n、θ_n 分别是第 n 个信号码元的初始相位，$\overline{a_n}$ 是 a_n 的反码，满足

$$a_n = \begin{cases} 0, & 概率为P \\ 1, & 概率为(1-P) \end{cases} \qquad \overline{a}_n = \begin{cases} 0, & 概率为(1-P) \\ 1, & 概率为P \end{cases} \tag{4-12}$$

通过键控法得到的 φ_n、θ_n 通常与序列 n 无关，即 ω_1 与 ω_2 发生改变时，$e_0(t)$ 的相位是不连续的。但是在模拟调制中，ω_1 与 ω_2 发生改变时，$e_0(t)$ 的相位是连续的，故 φ_n、θ_n 应当保持一定关系，且与第 n 个信号码元相关。

2FSK 信号的常用解调方法包括非相干检测法和相干检测法，如图 4-10 所示。在解调过程中，抽样判决器的作用是判断输入样值的大小，从而确定信号对应的二进制码元是“0”还是“1”。

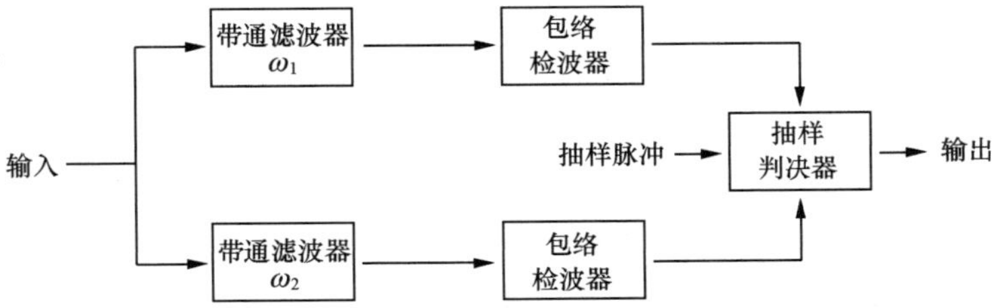

（a）非相干检测法

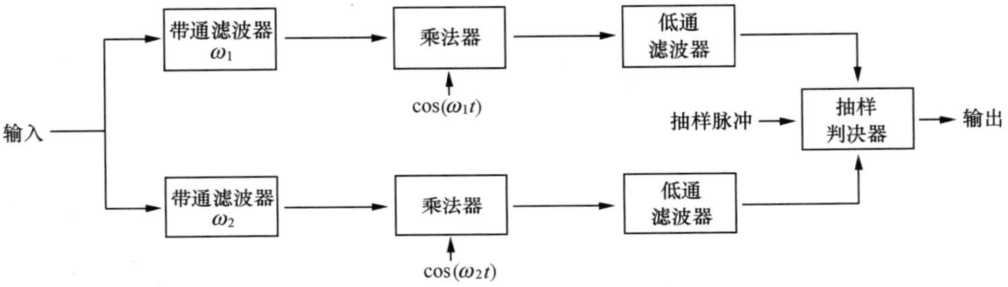

（b）相干检测法

图 4-10　2FSK 信号的常用解调方法

此外，2FSK 信号还可以通过鉴频法、过零检测法、差分检波法等方法进行解调。

过零检测法的原理是：数字调频信号的过零点数量会随着载波频率的变化而变化。因此，通过检测过零点的数量，可以得到频率的变化信息，从而恢复原始的数字信号。过零检测法的原理及各位置的波形如图 4-11 所示。首先，输入信号经过限幅器转换为矩形波序列；然后，矩形波序列经过微分电路和整流电路，形成一系列与频率变化相关的脉冲序列，这些脉冲序列代表了调频信号的过零点；最后，这些脉冲序列通过宽脉冲发生器转换为具有一定宽度的矩形波，并通过低通滤波器去除高次谐波。经过滤波后，得到的信号即与原始数字信号对应的基带脉冲信号。

差分检波法的原理是输入信号与其经过时延 τ 后的信号进行比较。这种方法涉及信号的自相关处理，信道中的时延失真虽然会影响相邻信号，但并不会直接干扰最终的鉴频结果。差分检波法的原理如图 4-12 所示，输入信号经带通滤波器后分成两路，一路直接送到乘法器，另一路经过时延 τ 送到乘法器，与直接送入乘法器的调制信号相乘后，再经低通滤波器得到解调信号。

设输入信号为 $A\cos[(\omega_0+\omega)]t$，它与时延 τ 后的信号相乘可得

$$\begin{aligned}&A\cos[(\omega_0+\omega)t]\cdot A\cos[(\omega_0+\omega)(t-\tau)]\\&=\frac{A^2}{2}\cos[(\omega_0+\omega)\tau]+\frac{A^2}{2}\cos[2(\omega_0+\omega)t-(\omega_0+\omega)\tau]\end{aligned}\tag{4-13}$$

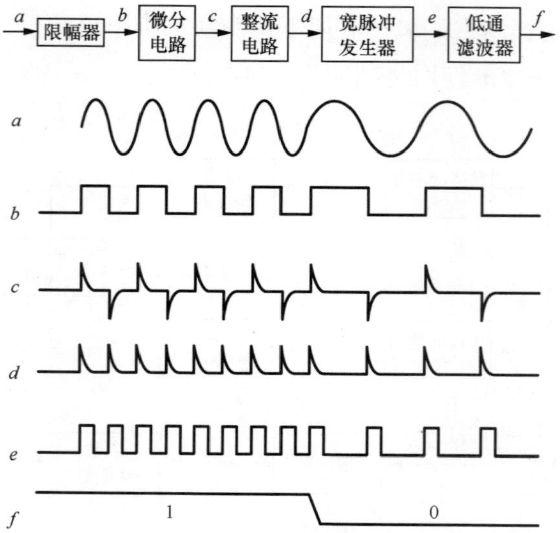

图 4-11 过零检测法的原理及各位置的波形

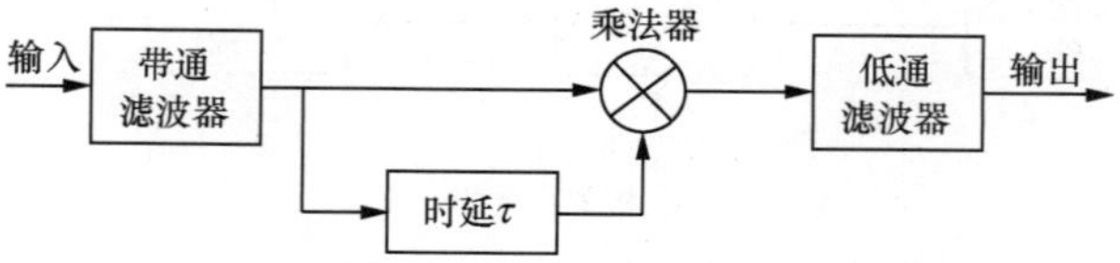

图 4-12 差分检波法的原理

经过低通滤波器滤除倍频分量，则输出 V 可表示为

$$V=\frac{A^2}{2}\cos[(\omega_0+\omega)\tau]=\frac{A^2}{2}[\cos(\omega_0\tau)\cos(\omega\tau)-\sin(\omega_0\tau)\sin(\omega\tau)] \tag{4-14}$$

由此可知，V 是角频率偏移 ω 的函数，但 V 与 ω 不是简单的线性关系。若选择 τ 使 $\cos(\omega_0\tau)=0$，则 $\sin(\omega_0\tau)=\pm1$，可得

$$V=-\frac{A^2}{2}\sin(\omega\tau),\qquad \omega_0\tau=\frac{\pi}{2}\text{时}$$

或

$$V=\frac{A^2}{2}\sin(\omega\tau),\qquad \omega_0\tau=-\frac{\pi}{2}\text{时}$$

当 $\omega\tau\ll1$ 时，可得

$$V=-\frac{A^2}{2}\omega\tau,\qquad \omega_0\tau=\frac{\pi}{2}\text{时}$$

或

$$V=\frac{A^2}{2}\omega\tau,\qquad \omega_0\tau=-\frac{\pi}{2}\text{时}$$

可以看到，若满足 $\cos(\omega_0\tau)=0$ 及 $\omega\tau \ll 1$，则输出电压 V 与角频率偏移呈线性关系，这恰好满足鉴频所需。

当信道时延失真为零时，差分检波法的检测性能不如鉴频法。然而，在信道时延失真较为严重的情况下，差分检波法的检测性能优于鉴频法。不过，差分检波法的实现受到 $\cos(\omega_0\tau)=0$ 条件的限制。无论是哪种解调方法，最终都需要对低通滤波器的输出波形进行抽样判决，从而还原出原始的调制信号。

若将相位不连续的 FSK 信号视为两个 ASK 信号的叠加，那么 FSK 的功率谱可表示为这两个 ASK 信号的功率谱之和，即

$$
\begin{aligned}
P_E(f)=\frac{T_s}{16}\{&Sa^2[\pi(f+f_1)T_s]+Sa^2[\pi(f-f_2)T_s]+\\
&Sa^2[\pi(f+f_2)T_s]+Sa^2[\pi(f-f_2)T_s]\}+\\
&\frac{1}{16}[\delta(f+f_1)+\delta(f-f_1)+\delta(f+f_2)+\delta(f-f_2)]
\end{aligned}
\tag{4-15}
$$

则 FSK 信号的带宽可表示为

$$B=|f_2-f_1|+2f_s \tag{4-16}$$

4.2.3 2PSK 调制

1. 2PSK

PSK 是一种数字调制方式，其正弦载波的相位根据数字基带信号的变化而离散变化。对于 2PSK，其载波的相位由二进制数字基带信号控制，具有两个相位状态。例如，二进制数字基带信号的 1 和 0 分别对应载波相位的 0 和 π。

设载波为 $\cos(\omega_c t)$，则 2PSK 信号的一般形式可表示为

$$e_0(t)=\left[\sum_{n=-\infty}^{\infty}a_n g(t-nT_s)\right]\cos(\omega_c t) \tag{4-17}$$

其中，$g(t)$ 是单个矩形脉冲，其脉宽为 T_s，a_n 服从以下概率分布

$$a_n=\begin{cases}+1, & 概率为P\\ -1, & 概率为(1-P)\end{cases} \tag{4-18}$$

$a_n g(t)$ 就成为双极性矩形脉冲，对应的脉宽为 T_s，2PSK 信号在一个码元持续时间 T_s 可表示为

$$e_0(t)=\begin{cases}\cos(\omega_c t), & 概率为P\\ -\cos(\omega_c t), & 概率为(1-P)\end{cases} \tag{4-19}$$

发送二进制符号 0 时（$a_n=+1$），$e_0(t)$ 取 0 相位；发送二进制符号 1 时（$a_n=-1$），

$e_0(t)$ 取 π 相位。这种利用载波的不同相位来表示信息的方法被称为绝对移相，其信息与相位之间的关系可以表示为

$$\begin{cases} 0\text{相}, & \text{数字信息“1”} \\ \pi\text{相}, & \text{数字信息“0”} \end{cases}$$

或

$$\begin{cases} \pi\text{相}, & \text{数字信息“1”} \\ 0\text{相}, & \text{数字信息“0”} \end{cases}$$

2PSK 信号的典型波形如图 4-13 所示。

2PSK 信号的调制如图 4-14 所示，2PSK 信号的调制可以通过相干调制法和键控法两种方法实现。

在采用绝对移相调制方式的系统中，由于发送端以某一个固定相位为基准进行调制，因此接收端也需要一个对应的固定相位为参考相位来进行解调。如果接收端的参考相位发生改变（例如，0 相位变为 π 相位或者 π 相位变为 0 相位），那么恢复的数字信息就会出现误判，即 0 可能被误判为 1，1 可能被误判为 0。这种现象被称为 2PSK 调制方式的“倒 π”或“相位模糊”现象，有时也称为反相工作。

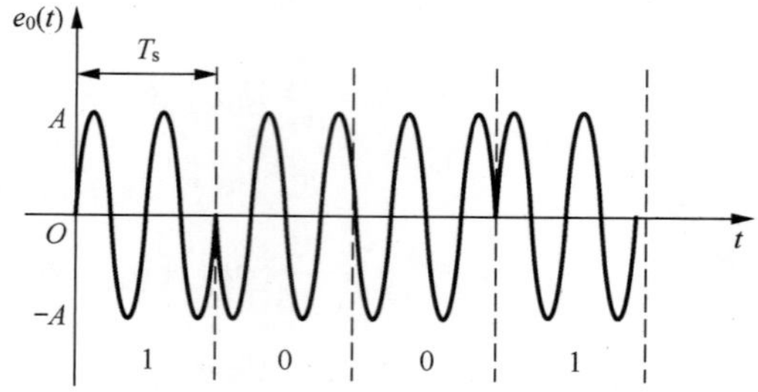

图 4-13 2PSK 信号的典型波形

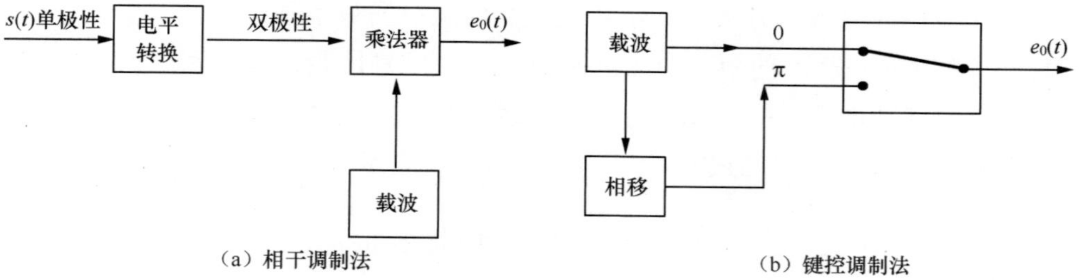

图 4-14 2PSK 信号的调制

2PSK 信号的解调通常采用相干解调法，其原理如图 4-15（a）所示。在相干解调中，2PSK 信号经过带通滤波器后，与本地载波相乘，通过低通滤波器恢复出基带信号。极性比较法的原理如图 4-15（b）所示，其本质是对 2PSK 信号与本地载波的相位进行比较。相干解调的作用与鉴相器相似，因此，相干解调中的“乘法器-低通滤波器”部分可以用鉴相器替代。在解调过程中，输入信号经过带通滤波器后与本地载波进行极性比较，通过判断它们的极性关系来恢复原始的数字信息。

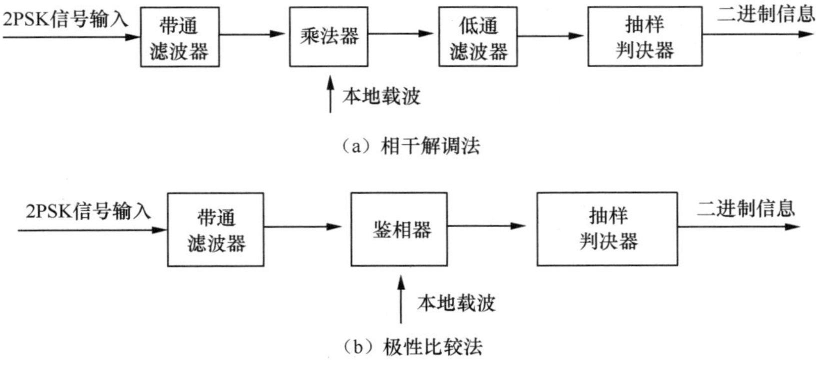

图 4-15　2PSK 信号的解调原理

若信码 a_n 为 10110100111，本地载波相位为 0，且使用 0 相位表示 1，π 相位表示 0，则 2PSK 信号调制和解调过程的波形如图 4-16 所示。

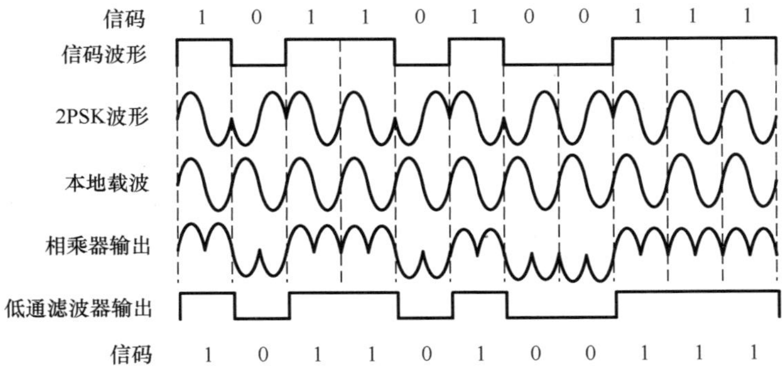

图 4-16　2PSK 信号调制和解调过程的波形

2. 2DPSK

由于 2PSK 信号在解调过程中可能会发生倒 π 现象，因此在实际通信系统中更多采用 2DPSK 方式。2DPSK 利用前后相邻码元的载波相对相位变化来表示数字信息，因此也被称为相对相移键控。若 $\Delta\varphi$ 为前后相邻码元的载波相位差，则定义数字信息与 $\Delta\varphi$ 之间的关系为

$$\Delta\varphi=\begin{cases}0, & \text{数字信息0}\\ \pi, & \text{数字信息1}\end{cases}$$

或

$$\Delta\varphi=\begin{cases}0, & \text{数字信息1}\\ \pi, & \text{数字信息0}\end{cases}$$

表 4-1 所示为数字信息序列与 2DPSK 信号相位的关系。

表 4-1　数字信息序列与 2DPSK 信号相位的关系

数字信息		0	0	1	1	1	0	0	1	0	1
2DPSK 信号相位	0	0	0	π	0	π	π	π	0	0	π
或	π	π	π	0	π	0	0	0	π	π	0

图 4-17 和图 4-18 分别展示了 2DPSK 信号生成的原理和 2DPSK 信号调制过程的波形。2DPSK 信号生成的过程主要包括两个步骤：第一步对输入的二进制数字基带信号进行差分编码处理，将原来以绝对码表示的二进制信息转换为以相对码表示的信息；第二步根据差分编码后的相对码进行绝对相位调制，最终生成 2DPSK 信号。

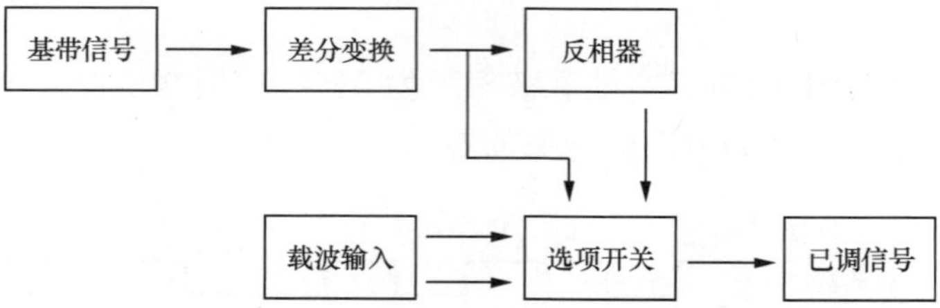

图 4-17　2DPSK 信号生成的原理

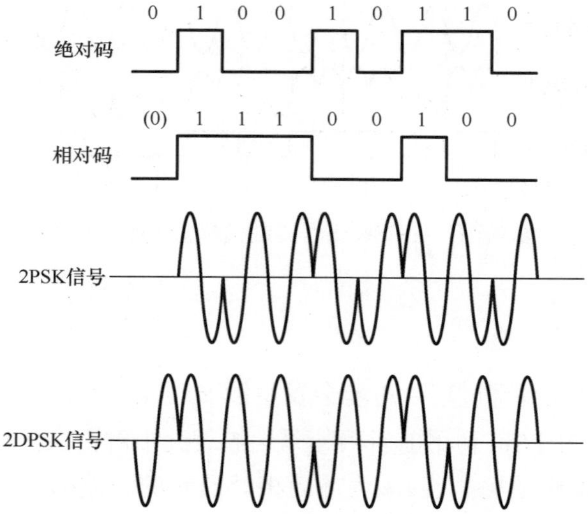

图 4-18　2DPSK 信号调制过程的波形

2DPSK 信号可以通过相干解调法进行解调。首先对 2DPSK 信号实施相干解调，以恢复相对码。随后利用码反变换器将相对码转换为绝对码，还原出原始的二进制数字信息。2DPSK 信号解调的原理及 2DPSK 信号解调过程各位置波形分别如图 4-19 和图 4-20 所示。

2DPSK 信号的显著特征是，其数字信息不是通过相位，而是通过前后码元的相对相位差来唯一确定的。这表明，在解调 2DPSK 信号时，无须依赖一个固定的载波相位参考值。只要相邻码元的相对相位关系保持稳定，通过识别相位差关系，就可以准确地恢复数字信息，从而避免 2PSK 方式中的“倒 π”现象的发生。

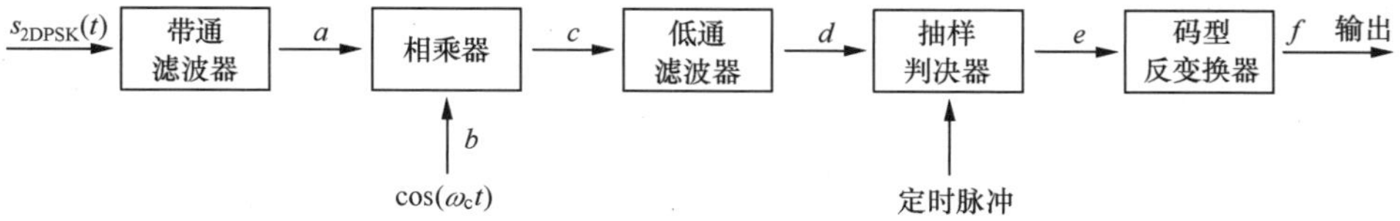

图 4-19　2DPSK 信号解调的原理

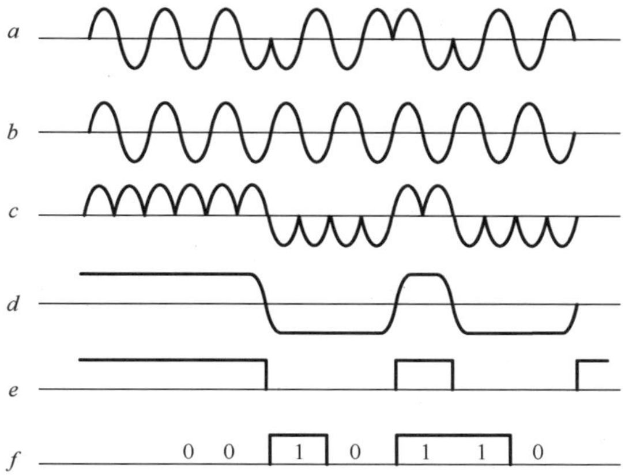

图 4-20　2DPSK 信号解调过程各位置波形

从波形上看，2PSK 信号和 2DPSK 信号是难以区分的，两者的功率谱密度也相同。这表明，只有在明确相移键控方式是绝对的还是相对的情况下，才能准确判定原始信息。从本质上讲，2DPSK 信号可以被视为先将数字信息（绝对码）转换为相对码（差分码），再根据相对码进行绝对移相而形成。2DPSK 的相干解调与 2PSK 的相干解调过程相似，区别在于 2DPSK 相干解调中包含一个码型反变换器，用于执行差分译码。这与调制端的差分编码相对应。

任务 4.3　多进制数字调制

任务目标

通过本任务的学习，学生需要知道多进制数字调制是二进制数字调制的推广，掌握多进制幅移键控（MASK）调制、多进制频移键控（MFSK）调制、多进制相移键控（MPSK）调制的基本原理。

任务分析

本任务主要介绍常见的多进制数字调制方式。在本任务中，我们将在二进制数字调制的基础上引出多进制数字调制；我们将介绍 MASK 调制的基本原理，帮助学生认识对应调制信号的时间波形；我们将分析 MFSK 调制的基本原理，引导学生分析相应调制信号的时间波形；此外，我们还将阐述 MPSK 调制的基本原理，使学生认识相应调制信号的时间波形，并了解其调制解调方式。

4.3.1 MASK 调制

虽然实际通信系统中很少直接采用 MASK 调制方式，但对其分析仍具有一定意义。因为通过 MASK 信号可以衍生出 MPSK 信号和 QAM 信号，所以对 MASK 的分析方法同样适用于 MPSK 和 QAM。

MASK 调制是 2ASK 调制的扩展形式，其载波振幅有多种不同的取值。在 M 进制幅移键控调制的每个符号间隔 T 内，载波振幅会在 M 个可能的离散电平中选择一个，每个电平对应 K 个二进制符号，即 $M=2^K$ 。MASK 信号的产生原理如图 4-21 所示。

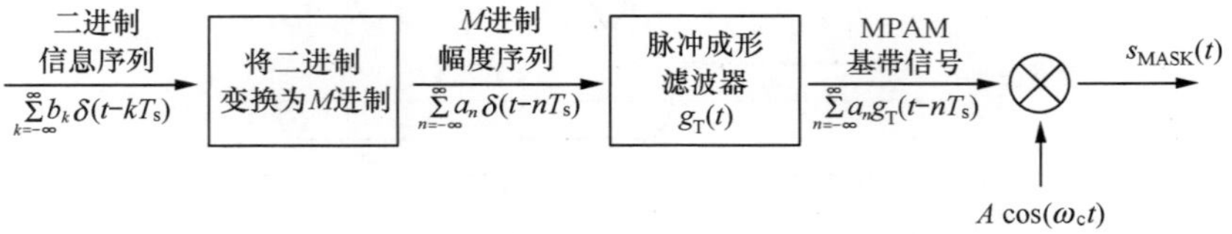

图 4-21　MASK 信号的产生原理

在图 4-21 中，$\{b_k\}$ 为二进制信息序列，$\{a_n\}$ 为 M 进制振幅序列，每 K 比特为一组，构成一个 M 进制符号，即 $M=2^K$ 。M 进制振幅序列通过冲激响应为 $g_T(t)$ 的脉冲成形滤波器，产生 MPAM 基带信号 $b(t)$ 。

M 进制数字振幅调制信号可表示为 M 进制数字基带信号与正弦载波的乘积，其表达式为

$$s_{MASK}(t)=s(t)\cos(\omega_0 t)=\left[\sum_{n=-\infty}^{\infty} a_n g(t-nT_b)\right]\cos(\omega_0 t) \tag{4-20}$$

其中，$g(t)$ 为基带信号，T_s 为符号时间间隔，振幅值 a_n 满足以下概率分布

$$a_n=\begin{cases}0, & 发送概率 p_0 \\ 1, & 发送概率 p_1 \\ \vdots & \vdots \\ M-1, & 发送概率 p_{M-1}\end{cases} \tag{4-21}$$

其中，$\sum_{i=0}^{M-1} p_i=1$ 。

如图 4-22 所示为 $M=4$ 时对应的四进制数字振幅调制信号的时间波形，它可看成 2ASK 信号 $s_1(t)$ 、$s_2(t)$ 和 $s_3(t)$ 的叠加。

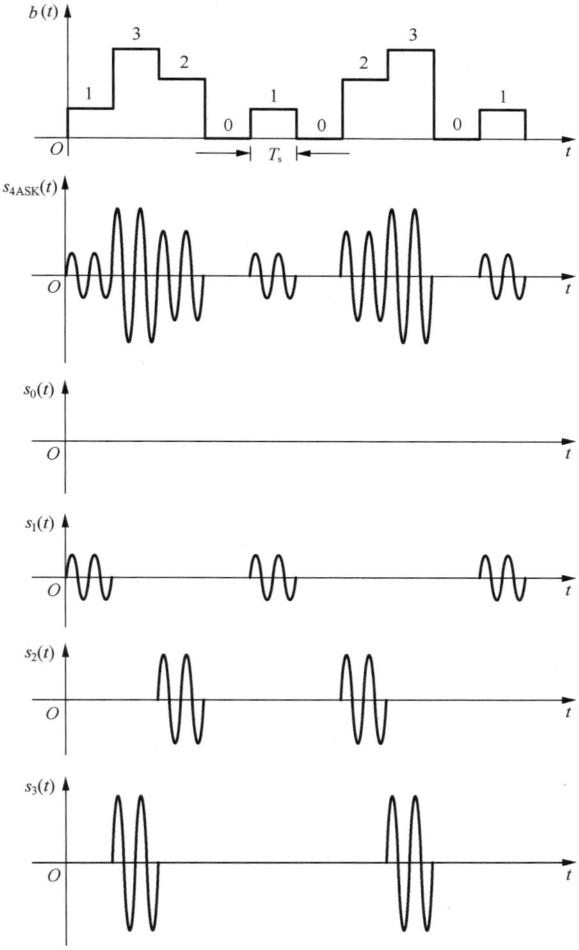

图 4-22 四进制数字振幅调制信号的时间波形

将 MPAM 基带信号的平均功率谱密度搬移到载频，即可得到 MASK 信号的平均功率谱密度，具体表示为

$$P_s(f)=\frac{A^2}{4}[P_b(f-f_c)+P_b(f+f_c)] \tag{4-22}$$

若 $g_T(t)$ 为不归零矩形脉冲，$\{a_n\}$ 振幅序列的各电平等概率出现，符号间互不相关、具有正负极性，满足均值 $E\{a_n\}=0$，则 MPAM 基带信号的平均功率谱密度可表示为

$$P_b(f)=\sigma_n^2 A_b^2 T_s \operatorname{sinc}^2(fT_s) \tag{4-23}$$

MPAM 信号及 MASK 信号的平均功率谱密度如图 4-23 所示。

MASK 信号平均功率谱密度的主瓣宽度主要取决于 M 进制符号的速率 $R_s=\frac{1}{T_s}$，由于 $R_s=\frac{R_b}{K}$，因此 MASK 信号的功率谱主瓣宽度满足 $2R_s=\frac{2R_b}{K}$。

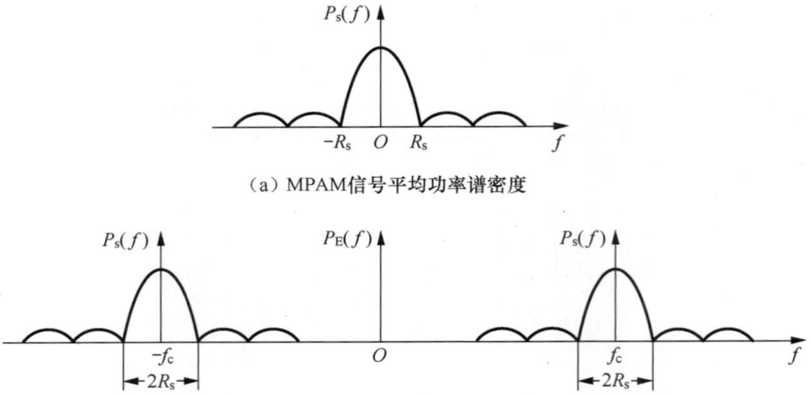

（a）MPAM信号平均功率谱密度

（b）MASK信号平均功率谱密度

图 4-23　MPAM 及 MASK 信号的平均功率谱密度

对于 2ASK 信号和 MASK 信号，其带宽分别为 $B_{2ASK}=2f_b$、$B_{MASK}=2f_b'$，其中 f_b、f_b' 分别代表对应的码元速率。当两者码元速率相等时，它们的带宽满足 $B_{2ASK}=B_{MASK}$；当两者信息速率相等时，它们的码元速率满足 $B_{MASK}=\dfrac{B_{2ASK}}{\log_2 M}$。通常情况下，频带利用率 r 是基于信息速率来考虑的，因此有

$$r=\frac{(\log_2 M)f_b'}{B_{MASK}}=\frac{\log_2 Mf_b'}{2f_b'}=\frac{\log_2 M}{2} \tag{4-24}$$

在 M 进制数字振幅调制系统中，误码率 P_e 随着 M 的增加而增大。为了达到与二进制系统相同的误码率，通常需要提高信噪比。例如，当四电平系统（M=4）的信噪比约为二电平系统（M=2）的 5 倍时，两者的误码率才相同。这表明，尽管 MASK 信号的传输效率较高，但其抗衰落能力相对较弱。在输入信噪比相等的情况下，MASK 系统的误码率会高于 2ASK 系统的误码率，且随着 M 的增加，系统的复杂度也会显著提高，因此，M 值不宜过高。在实际通信系统中，M 通常选择 4 或 8，以平衡传输效率和系统的复杂性。

4.3.2　MFSK 调制

MFSK 调制是 2FSK 调制的自然扩展。以 4FSK 为例，系统使用 4 个不同的频率来分别表示四进制的码元，每个码元携带 2 比特的信息。在这种情况下，4FSK 仍然需要满足与 2FSK 类似的条件，即各个载频之间的间隔必须足够大，以确保不同频率码元的频谱可以通过滤波器分离，或者使不同频率的码元保持正交性。

MFSK 信号可表示为

$$s_{MFSK}(t)=s(t)\cdot\cos(\omega_i t)=\sum_{i=-\infty}^{\infty}a_i g(t-nT_S)\cos(\omega_i t) \tag{4-25}$$

其中，$a_i = \begin{cases} A, & \text{当} 0 \leqslant t \leqslant T_s\text{，发送符号为}i\text{时} \\ 0, & \text{当} 0 \leqslant t \leqslant T_s\text{，发送符号不为}i\text{时} \end{cases}$

ω_i 为载波角频率，对应 M 种取值。通常载波频率可设定为 $f_i = \dfrac{n}{2T_s}$，则 M 种发送信号相互正交。

MFSK 信号的解调方法主要包括相干解调和非相干解调。相干解调的性能通常略优于非相干解调，但随着 M 的增加，两者的性能差异逐渐缩小。此外，相干解调需要精确的相位参考信号，实现更为复杂。因此，在正交 MFSK 系统中，非相干解调更为常用。

图 4-24（a）和图 4-24（b）分别表示 MFSK 调制器和 MFSK 非相干解调器的原理。调制器通过频率选择法实现，M 种频率由 $\log_2 M$ 位输入信息确定。非相干解调器由 M 个带通滤波器（MPF）和 M 个包络检波器组成，每个带通滤波器对应一个可能的载频，用于分离不同频率的信号；包络检波器则用于检测每个频率分量的振幅，从而恢复出原始的数字信息。当一个码元输入时，在 M 个 MPF 的输出中，仅有一个滤波器的输出包含信号和噪声，其余各路的输出则只有噪声。由于信号的存在会使对应滤波器的输出电压显著高于其他滤波器的输出电压，因此在判决过程中，通常会选择检波输出电压最大的一路作为判决依据。

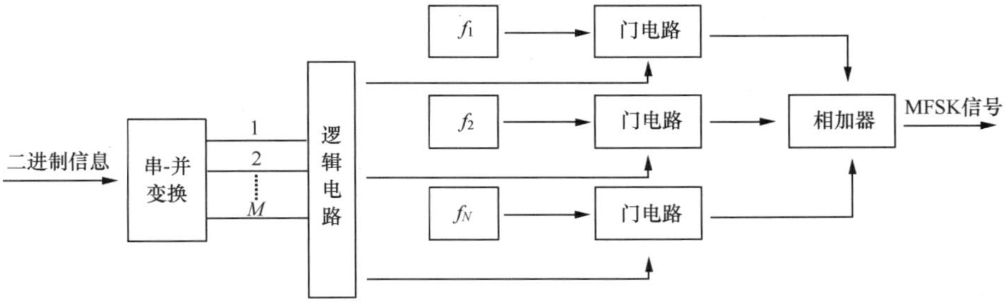

（a）MFSK调制器的原理

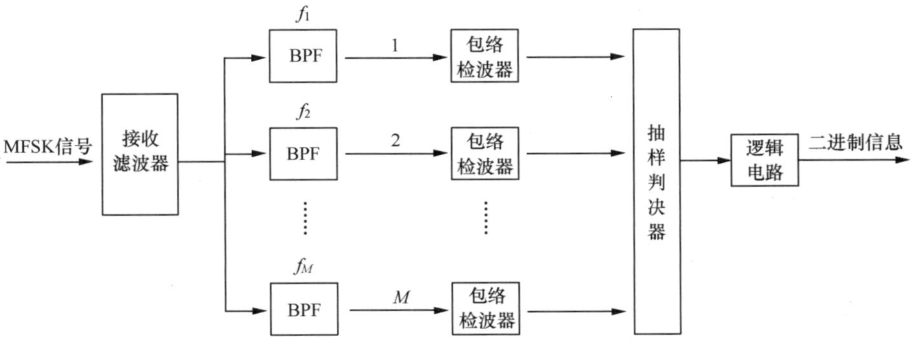

（b）MFSK非相干解调器的原理

图 4-24　MFSK 调制器和 MFSK 非相干解调器的原理

由于 MFSK 信号使用 M 个不同频率的载波来表示码元，因此它需要占用较宽的频带。其带宽可近似表示为 $B=|f_M-f_1|+\frac{2}{T_s}$。由于需要较宽的频带来容纳多个频率分量，其频带利用率较低，通常更适用于调制速率要求不高的场合。

4.3.3 MPSK 调制

多进制相位调制是通过载波的多种不同相位来表示数字信息的调制方式，主要分为 MPSK 和 MDPSK 两种类型。其中，MDPSK 因其在抗相位模糊和实现复杂度方面的优势，应用更为广泛。

在 MPSK 调制中，符号间隔 T_s 内的已调信号，其载波相位可在 M 个离散相位中选择，每个相位对应 K 个二进制符号 ($M=2^K$)。

MPSK 信号可以表示为

$$s_i(t)=g_T(t)\cos\left[2\pi f_c t+\frac{2\pi(i-1)}{M}\right],\quad i=1,2,\cdots,M,\quad 0\leqslant t\leqslant T_s \tag{4-26}$$

其中，$T_s=(\log_2 M)T_b=KT_b$，表示 M 进制符号间隔，T_b 为二进制符号间隔，$g_T(t)$ 为滤波器冲激响应。

将式（4-26）展开，可得

$$\begin{aligned}s_i(t)&=g_T(t)\left\{\left[\cos\frac{2\pi(i-1)}{M}\right]\cos(\omega_c t)-\left[\sin\frac{2\pi(i-1)}{M}\right]\sin(\omega_c t)\right\}\\&=g_T(t)[(a_{i_c}\cos(\omega_c t)-a_{i_s}\sin(\omega_c t)],\quad 0\leqslant t\leqslant T_s\end{aligned} \tag{4-27}$$

其中，$a_{i_c}=\cos\frac{2\pi}{M}(i-1)=\cos(\varphi_n)$，$a_{i_s}=\sin\frac{2\pi}{M}(i-1)=\sin(\varphi_n)$。$g_T(t)$ 为信号波形，通常为振幅为 1 的矩形波；T_s 为码元时间宽度；ω_c 为载波角频率；φ_n 为第 n 个码元对应的相位，共有 M 种取值。对 4PSK 而言，φ_n 可取 0、$\frac{\pi}{2}$、π 和 $\frac{3\pi}{2}$；对 8PSK 而言，φ_n 可取 $\frac{\pi}{8}$、$\frac{3\pi}{8}$、$\frac{5\pi}{8}$、$\frac{7\pi}{8}$、$\frac{9\pi}{8}$、$\frac{11\pi}{8}$、$\frac{13\pi}{8}$、$\frac{15\pi}{8}$。

1. MPSK 信号的调制

在 MPSK 调制中，4PSK 是一种常用的调制方式，也被称为 QPSK。图 4-25 所示为 QPSK 正交调制器，它可以被视为由两个 BPSK 调制器组合而成。输入的串行二进制信息序列经串-并变换，形成两路速率减半的序列，然后经过电平发生器分别产生双极性二电平信号 $I(t)$ 和 $Q(t)$，再使用 $\cos(\omega_c t)$ 和 $\sin(\omega_c t)$ 进行调制，最后相加得到 QPSK 信号。

8PSK 是另一种常用的 MPSK 调制方式，其正交调制器如图 4-26 所示。输入的二进制信息序列经过串-并变换后，每次生成一个 3 位的码组 $b_1b_2b_3$，因此符号率是比特率的$\frac{1}{3}$。在$b_1b_2b_3$控制信号的作用下，同相支路和正交支路分别生成两个四电平基带信号$I(t)$和$Q(t)$。其中，b_1用于决定同相支路信号的极性，正交支路信号的极性由b_2决定，b_3则用于确定同相支路和正交支路信号的振幅。

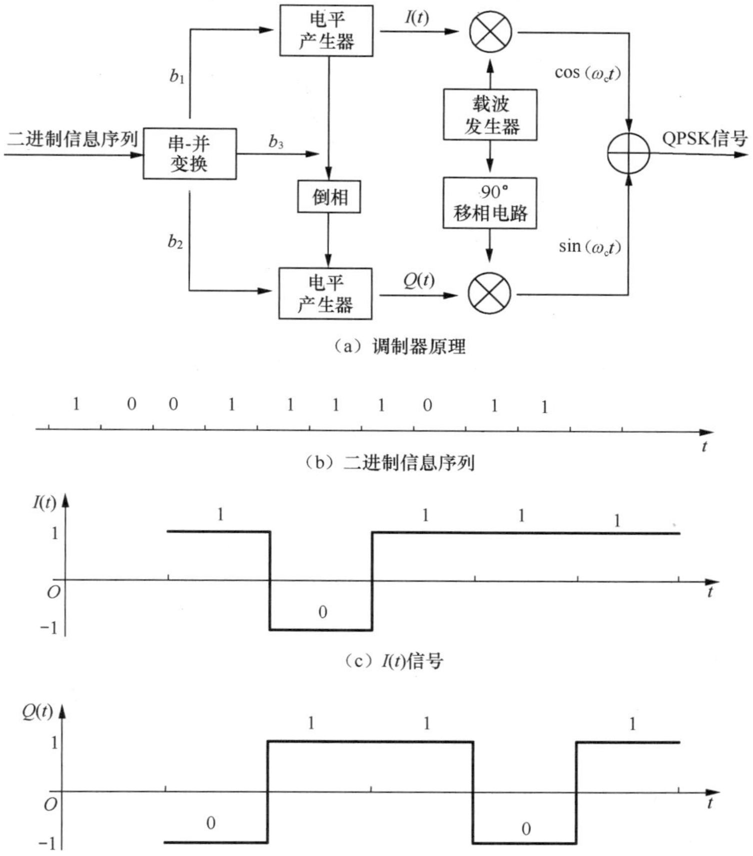

（a）调制器原理

（b）二进制信息序列

（c）I(t)信号

（d）Q(t)信号

图 4-25　QPSK 正交调制器

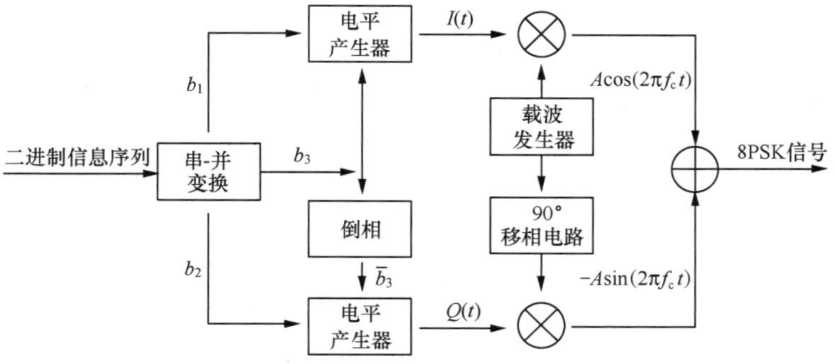

（a）调制原理

图 4-26　8PSK 正交调制器

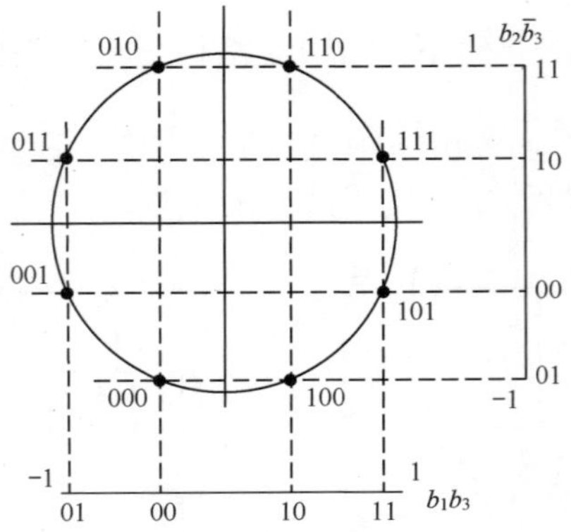

（b）矢量图

图 4-26　8PSK 正交调制器（续）

MPSK 调制可以通过多种方式实现。图 4-27（a）展示了相位选择法。载波发生器产生 4 种不同相位的载波，这些载波通过逻辑选相电路，根据输入的二进制信息序列，每次选择其中一种相位的载波作为输出，随后通过带通滤波器滤除高频分量，从而得到所需的 QPSK 调制信号。

脉冲插入法是另一种调制方式，如图 4-27（b）所示。该方法使用一个频率为 4 倍载频的定时信号，经过两级二分频处理后输出。输入的二进制信息序列经过串-并变换和逻辑控制电路后，产生两种推动脉冲：$\frac{\pi}{2}$推动脉冲和 π 推动脉冲。在$\frac{\pi}{2}$推动脉冲的作用下，第一级二分频电路会多分频一次，相当于分频的输出相位提前$\frac{\pi}{2}$；而在 π 推动脉冲的作用下，第二级二分频电路会多分频一次，相当于相位提前 π。通过控制这两种推动脉冲，可以实现不同相位的载波输出。

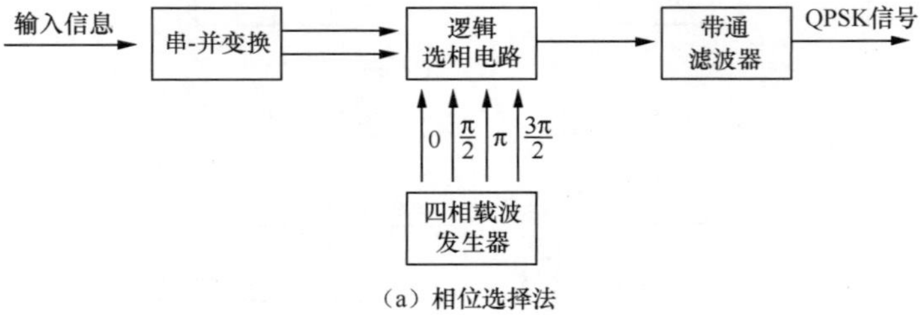

（a）相位选择法

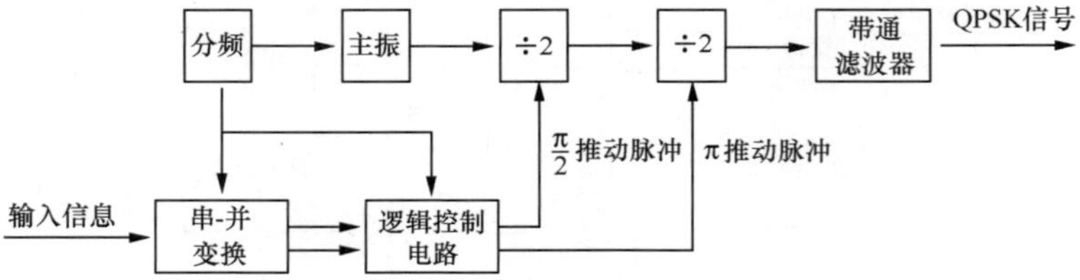

（b）脉冲插入法

图 4-27　MPSK 其他调制方式

2. MPSK 信号的解调

MPSK 信号的相干解调可以通过两个相互正交的载波来实现。以 QPSK 为例，其相干解调器如图 4-28 所示。在解调器中，正交支路和同相支路分别配置两个相关器，用于提取信号分量 $I(t)$ 和 $Q(t)$ 。经过电平判决和并-串变换后，即可恢复原始的二进制信息序列。

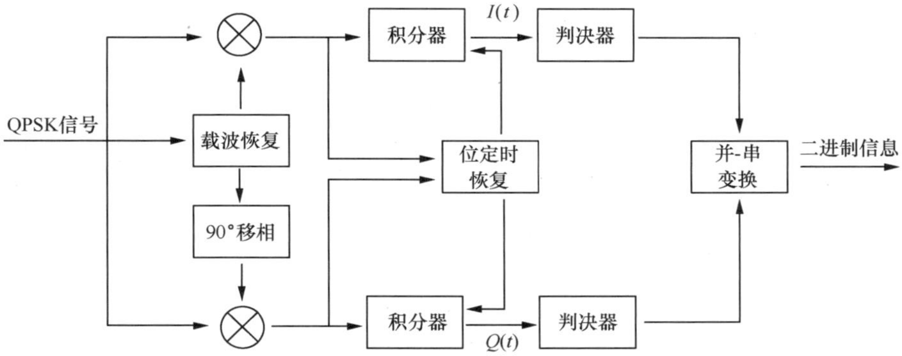

图 4-28 QPSK 相干解调器

8PSK 信号同样可以使用图 4-28 所示的相干解调器进行解调，但与 QPSK 解调的主要区别在于电平判决方式。由于 8PSK 信号的每个符号携带 3 比特信息，其电平判决需要从二电平判决改为四电平判决。图 4-29 所示为 8PSK 信号的另一种相干解调器，即双正交相干解调器，由两组正交相干解调器组成。第一组参考载波的相位分别为 0 和 $\frac{\pi}{2}$，第二组参考载波的相位分别为 $-\frac{\pi}{4}$ 和 $\frac{\pi}{4}$ 。每个相干解调器连接一个二电平判决器，共 4 个二电平判决器。通过对二电平判决器的输出进行逻辑运算，可以恢复出原始的码组 $b_1b_2b_3$ 。

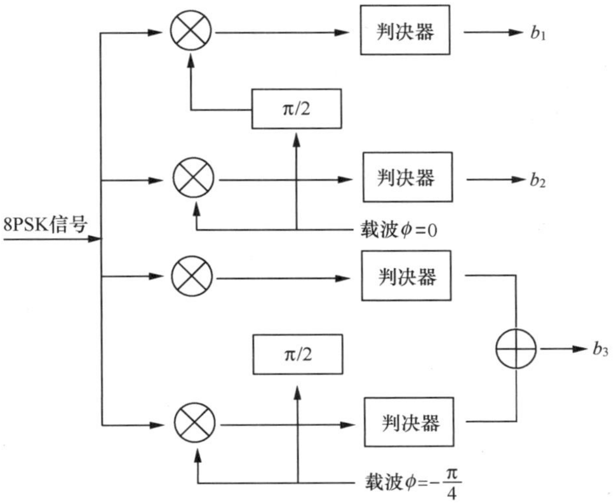

图 4-29 8PSK 的双正交相干解调器

在 MPSK 相干解调过程中，载波恢复时可能遇到相位模糊问题，可以采用与 BPSK 类似的差分调相方法来解决这一问题。通常的做法是在将输入的二进制信息进行串-并变换的同时，通过逻辑运算将其转换为多进制差分码。随后，利用绝对调相调制器完成调制过程。虽然调制方式是绝对调相，但实际上传输的是相对相位信息，从而避免了相位模糊度问题。如图 4-30 所示，在解调端，也可以采用差分相干解调进行解调。

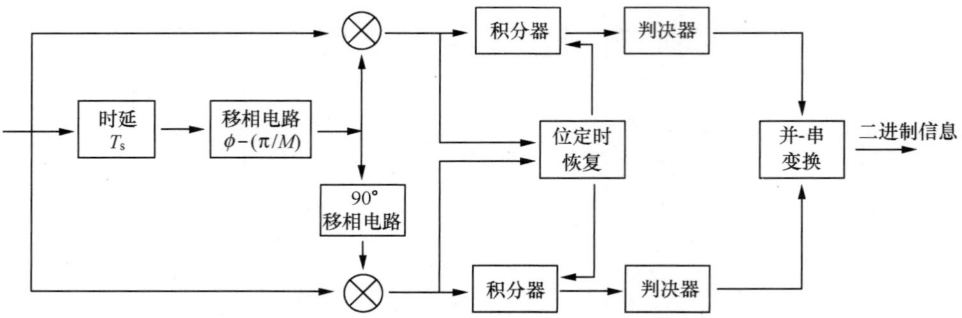

图 4-30　MDPSK 差分相干解调

任务 4.4　QAM 技术

任务目标

通过本任务的学习，学生需要掌握 QAM 的基本原理，知道如何产生 QAM 信号，此外，学生还需要掌握星座图的基本概念。

任务分析

本任务旨在介绍 QAM 的基本原理和实现方法。通过学习本任务，学生将能够理解 QAM 是一种结合振幅和相位的调制技术。在本任务中，我们将讲解 QAM 信号的基本原理，并介绍 QAM 信号的产生及特点。此外，我们将介绍星座图的基本概念，知道方形星座图和星形星座图的差异，并通过分析 MQAM 信号对应的星座图，让学生初步学会使用星座图这一分析工具。

4.4.1　QAM 的基本原理

QAM 是一种将振幅与相位相结合进行键控的调制方式，它具备较强的抗噪声能力，并且实现技术较为简单，频谱利用率高，这些特性使其在高速数字传输领域表现出色。相较于 PSK，QAM 的星座点分布更分散，星座点之间的距离也更大，这使得其传输性能更为优异。正因如此，QAM 在大容量数字微波通信系统、有线电视网络高速数据传输及卫星通信系统等诸多领域得到了广泛的应用。

在前文介绍的多进制键控调制里，PSK 在带宽占用及功率占用两个方面都展现出显著的优势，具体表现为带宽占用量较小，对比特信噪比的要求较低，因此 MPSK 和 MDPSK 受到了人们的青睐。然而，在 MPSK 调制中，随着 M 的不断增大，相邻相位之间的距离会逐渐缩小，噪声容限也随之降低，导致误码率难以得到有效保障。

为了解决上述问题，QAM 调制应运而生。QAM 利用两路相互独立的数字基带信号，分别对两个正交且同频的载波实施抑制载波的双边带调制。借助已调信号在相同带宽内频谱正交的特性，实现两路数字信息的并行传输。由于调制信号借助电平振幅及载波相位来承载比特信息，不同的振幅与相位组合对应不同的编码，因此 QAM 能够支持较高的调制阶数。

在 QAM 调制中，信号的振幅和相位被当作两个相互独立的参数，同时接受调制。QAM 信号的一个码元可以表示为

$$e_k(t) = A_k(\omega_c t + \theta_k), \quad kT_B \leqslant t \leqslant (k+1)T_B \tag{4-28}$$

其中，k 为整数，A_k 和 θ_k 可以取多个离散值。

式（4-28）可以展开为

$$e_k(t) = A_k \cos\theta_k \cos(\omega_c t) - A_k \sin\theta_k \sin(\omega_c t) \tag{4-29}$$

令 $X_k = A_k \cos\theta_k$，$Y_k = -A_k \sin\theta_k$，则式（4-28）变为

$$e_k(t) = X_k \cos(\omega_c t) + Y_k \sin(\omega_c t) \tag{4-30}$$

其中，X、Y 为离散的振幅值，其具体数值由输入数据决定，而（X_k，Y_k）则决定了已调 QAM 信号在信号空间中的坐标点，k=1,2,⋯,M，这里的 M 表示 X 和 Y 所具有的离散振幅值的总数。从式（4-28）可以清晰地看出，QAM 信号可以被视为两个相互正交的幅移键控信号的叠加。

若将式（4-28）中的 θ_k 值取 $\frac{\pi}{4}$ 和 $-\frac{\pi}{4}$，A_k 值仅可以取 $-A$ 和 A，则 QAM 信号就转变为 QPSK 信号。因此，QPSK 信号可以被视为一种最简单的 QAM 信号。

常见的 QAM 调制阶数包括 4QAM、16QAM、32QAM 和 64QAM，它们统称为 MQAM 调制。由于其矢量图呈现出类似星座的分布形态，因此也被称作星座调制。星座图直观地展示了矢量端点的分布情况，是用于描绘 QAM 信号在信号空间分布状态的一种常用工具。若 QAM 的同相支路和正交支路均采用二进制信号，则信号空间中的坐标点数目（即状态数）M=4，这种调制方式被称为 4QAM。若同相支路和正交支路都采用四进制信号，则得到 16QAM 信号。以此类推，如果两条支路都采用 L 进制信号，那么将得到 MQAM 信号，其中 $M = L^2$。图 4-31 展示了 MQAM 信号的星座图。

对于 16QAM 而言，其信号星座图存在多种不同的分布形式。在图 4-32 中，信号点呈方形分布，因此称为方形 16QAM 星座图，也被称作标准型 16QAM。而在图 4-33 中，信号点的分布呈星形，因此称为星形 16QAM 星座图。

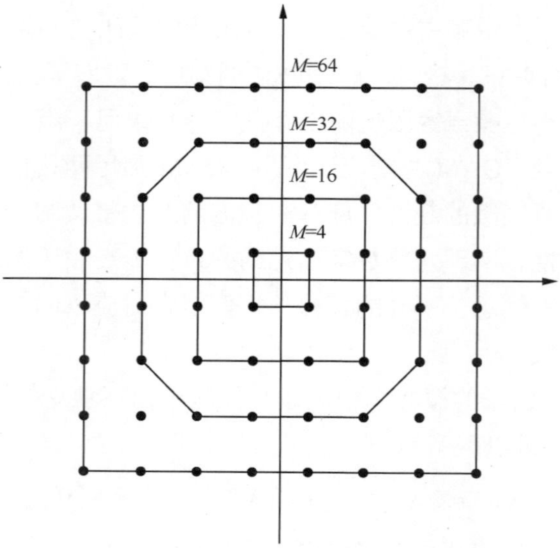

图 4-31　MQAM 信号的星座图

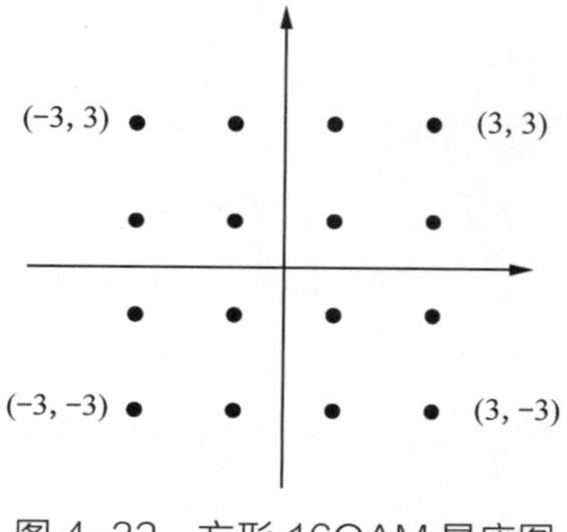

图 4-32　方形 16QAM 星座图

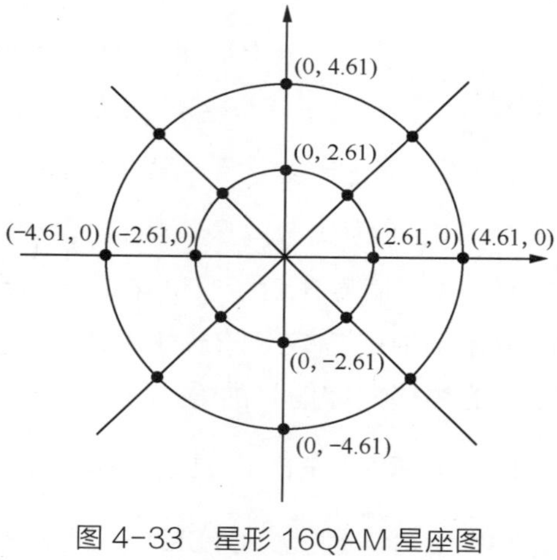

图 4-33　星形 16QAM 星座图

当信号点之间的最小距离为 2，所有信号点的出现概率相等时，平均发射信号功率可以表示为

$$P_s = \frac{1}{M}\sum_{k=1}^{M}(X_k^2 + Y_k^2) \tag{4-31}$$

方形 16QAM 的信号平均功率可表示为

$$P_s = \frac{1}{M}\sum_{k=1}^{M}(X_k^2 + Y_k^2) = \frac{1}{16}(4\times 2 + 8\times 10 + 4\times 18) = 10 \tag{4-32}$$

星形 16QAM 的信号平均功率可表示为

$$P_s = \frac{1}{M}\sum_{k=1}^{M}(X_k^2 + Y_k^2) = \frac{1}{16}(8\times 2.61^2 + 8\times 4.61^2) \approx 14.03 \tag{4-33}$$

两种 16QAM 星座图的平均功率存在差异，且它们的星座结构也有显著区别。在方形 16QAM 星座图中，信号点有 3 种不同的振幅值和 12 种相位值；而在星形 16QAM 星座图中，信号点有 2 种振幅值和 8 种相位值。在无线移动通信环境中，存在多径效应和各种干扰，信号的振幅和相位取值种类越多，越容易受到影响，接收端恢复原始信号的难度就越大。因此，在衰落信道中，星形 16QAM 的性能优于方形 16QAM。

4.4.2 QAM 信号的产生

以 16QAM 信号为例，16QAM 信号的产生主要有两种方法，一种是正交调幅法，即通过将两路独立的正交 4ASK 信号进行叠加，从而形成 16QAM 信号，如图 4-34（a）所示；另一种是复合相移法，即利用两路独立的 QPSK 信号进行叠加，从而生成 16QAM 信号，如图 4-34（b）所示。

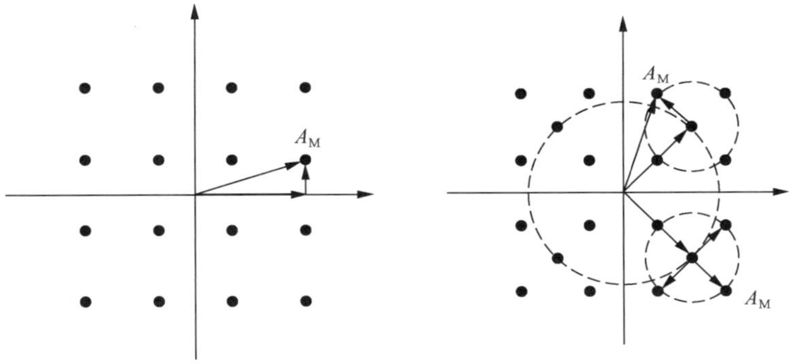

（a）正交调幅法 （b）复合相移法

图 4-34 16QAM 信号产生

为了对 16QAM 信号和 16PSK 信号的性能进行比较，我们绘制它们的星座图，如图 4-35 所示。

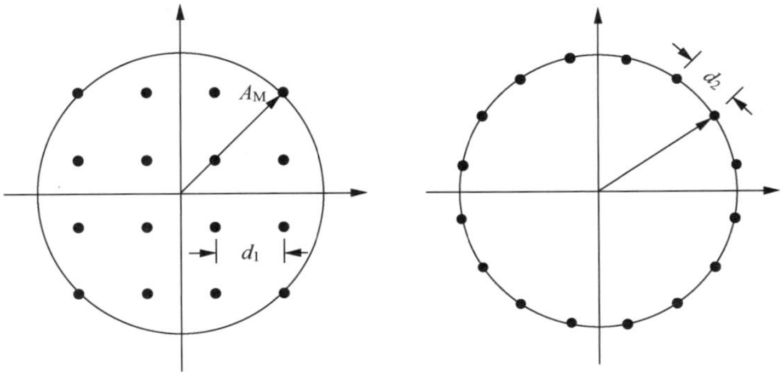

（a）16QAM （b）16PSK

图 4-35 16QAM 信号和 16PSK 信号的星座图

假设两种信号的最大振幅均为 A_M，则有 16QAM 信号的相邻点欧几里得距离为

$$d_1 = \frac{\sqrt{2}A_M}{3} \approx 0.471A_M \tag{4-34}$$

16PSK 信号的相邻点欧几里得距离为

$$d_2 = A_M\left(\frac{\pi}{8}\right) \approx 0.393A_M \tag{4-35}$$

相邻点的欧几里得距离直接反映了噪声容限的大小。因此，16QAM 信号和 16PSK 信号的噪声容限之比可以通过它们的相邻点欧几里得距离之比来表示。根据式（4-34）和式（4-35）的计算结果，16QAM 信号的噪声容限比 16PSK 信号的噪声容限高 1.57 dB。然而，这是在最大功率（振幅）相等的条件下得出的，尚未考虑两种调制的平均功率差异。

QAM 适合在频带资源有限的场景中应用。以电话信道为例，其带宽通常被限制在话音频带（300 ~ 3400 Hz）范围内。如果希望在有限的频带中通过调制解调器提高数字信号的传输速率，那么 QAM 是一种非常合适的调制方式。图 4-36 展示了一种 16QAM 调制解调器方案，其传输速率为 9.6kbit/s，载频为 1650 Hz，滤波器带宽为 2400 Hz，滚降系数为 10%。

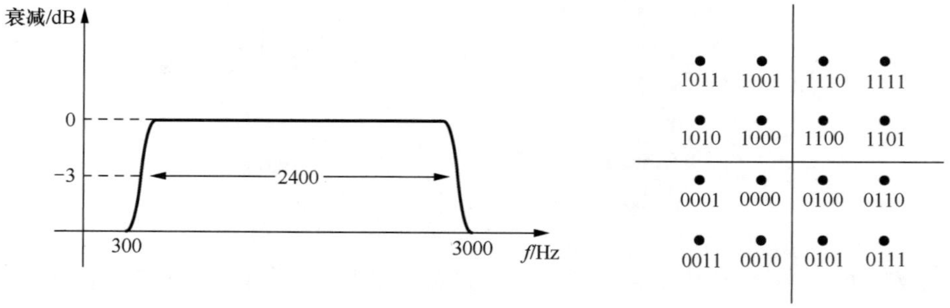

（a）传输频带　　（b）16QAM星座

图 4-36　16QAM 调制解调器方案

实际上，QAM 的星座形状并非正方形最佳，而是边界越接近圆形越好。例如，图 4-37 所示的改进的 16QAM 方案中，星座各点的振幅分别取 ± 1、± 3 和 ± 5。与图 4-36 相比，改进方案中星座各点的最小相位差更大，因此能够容忍更大的相位抖动。

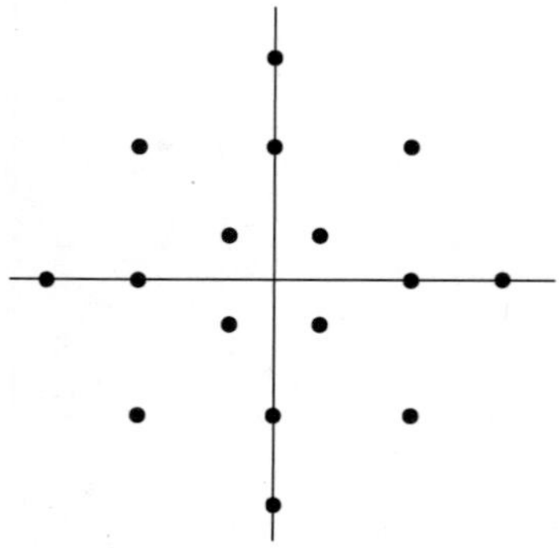

图 4-37　改进的 16QAM 方案

任务 4.5 OFDM 多载波调制技术

任务目标

通过本任务的学习，学生需要了解 OFDM 多载波调制技术的基本原理和对应的数字实现方式，知道 OFDM 系统的基本应用。

任务分析

本任务主要介绍 OFDM 的基本概念、实现、特点等内容。在本任务中，我们将深入了解 OFDM 的特点，并且明确它与其他类似系统的主要区别。我们还将详细分析 OFDM 的基本原理，让学生了解其并行传输的优势，并让学生熟悉 OFDM 的数字实现，了解其调制解调的基本过程。此外，我们还将讲解保护间隔的概念，分析采用循环前缀的目的，并让学生了解载波频率偏移对子载波间干扰的影响是如何产生的。

4.5.1 OFDM 多载波调制技术的基本原理

OFDM 信号采用多进制、多载频、并行传输，显著延长了传输码元的持续时间，增强了信号的抗多径传输能力，特别适合移动通信环境中的高速数据传输。OFDM 调制的核心原理是将串行的高速信息数据流分解为多个并行的低速数据流，并分别在多个相互正交的子载波上进行并行传输，最终所有子载波叠加形成发送信号。OFDM 调制能够显著降低每个子载波的码元速率，延长码元周期，这不仅增强了系统对抗频率选择性衰落和干扰的能力，还提高了频带利用率。

在一个有 N 个子信道的 OFDM 系统中，其子载波可表示为

$$x_k(t) = B_k(2\beta\pi f_k t + \varphi_k), \quad k = 0,1,\cdots,N-1 \tag{4-36}$$

其中，B_k、f_k、φ_k 分别为第 k 路子载波的振幅、频率、初始相位。此系统中的 N 路子信号之和可以表示为

$$e_k(t) = \sum_{k=0}^{N-1} x_k(t) = \sum_{k=0}^{N-1} B_k(2\pi f_k t + \varphi_k) \tag{4-37}$$

若将式（4-37）改写为复数形式，则

$$\mathrm{e}_k(t) = \sum_{k=0}^{N-1} B_k \mathrm{e}^{\mathrm{j}(2\pi f_k t + \varphi_k)} \tag{4-38}$$

其中，B_k 为复数，表示第 k 路子载波中的复输入数据。

由于式（4-38）的右侧是一个复函数，而物理信号 $e(t)$ 是实函数，因此若要使用式（4-38）的形式来表示一个实函数，B_k 应使式（4-38）右侧的虚部为零。

为确保接收端能够准确分离这 N 路子载波，任意两个子载波须满足正交条件。在

码元持续时间 T_B 内，正交条件可以表示为

$$\int_0^{T_B}\cos(2\pi f_k t+\varphi_k)\cos(2\pi f_i t+\varphi_i)\mathrm{d}t=0 \tag{4-39}$$

式（4-39）用三角公式可改写为

$$\begin{aligned}&\int_0^{T_B}\cos(2\pi f_k t+\varphi_k)\cos(2\pi f_i t+\varphi_i)\mathrm{d}t\\&=\frac{1}{2}\int_0^{T_B}\cos[2\pi(f_k-f_i)t+\varphi_k-\varphi_i]\mathrm{d}t+\\&\frac{1}{2}\int_0^{T_B}\cos[2\pi(f_k+f_i)t+\varphi_k+\varphi_i]\mathrm{d}t=0\end{aligned} \tag{4-40}$$

对应的积分结果为

$$\begin{aligned}&\frac{\sin[2\pi(f_k+f_i)T_B+\varphi_k+\varphi_i]}{2\pi(f_k+f_i)}+\frac{\sin[2\pi(f_k-f_i)T_B+\varphi_k-\varphi_i]}{2\pi(f_k-f_i)}-\\&\frac{\sin(\varphi_k+\varphi_i)}{2\pi(f_k+f_i)}+\frac{\sin(\varphi_k-\varphi_i)}{2\pi(f_k-f_i)}=0\end{aligned} \tag{4-41}$$

若使式（4-41）等于 0，则需满足

$$(f_k+f_i)T_B=m\,,\quad (f_k-f_i)T_B=n \tag{4-42}$$

即子载频需满足

$$f_k=\frac{k}{2T_B} \tag{4-43}$$

其中，k 为整数。

且要求子载频间隔为

$$\Delta f=f_k-f=\frac{n}{T_B} \tag{4-44}$$

故满足条件的最小子载频间隔为

$$\Delta f_{\min}=\frac{1}{T_B} \tag{4-45}$$

在一个子信道中，设子载波的频率为 f_k，码元持续时间为 T_B，则此码元的波形和频谱密度如图 4-38 所示。

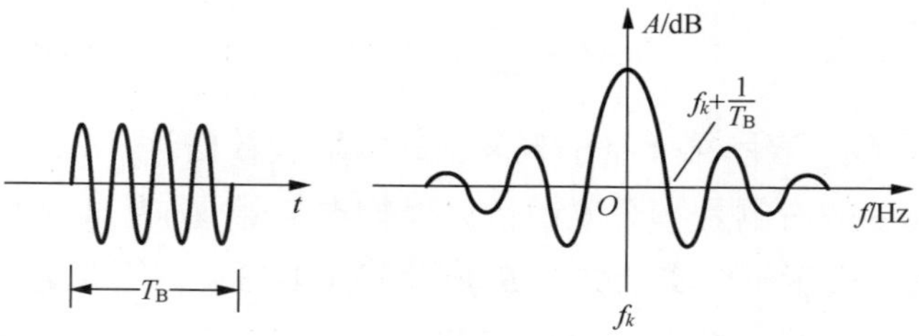

图 4-38　子载波码元的波形和频谱密度

在 OFDM 中，相邻子载波的频率间隔被设定为最小允许间隔，即

$$\Delta f = \frac{1}{T_B} \tag{4-46}$$

图 4-39 所示为各子载波合成后的频谱密度曲线。虽然从图中可以看出，各子载波的频谱存在重叠，但在一个码元持续时间内，它们实际上是正交的。因此接收端可以利用正交特性轻松分离各子载波。采用如此密集的子载频，并且在子信道之间不需要保护频带间隔，能够充分利用频带资源。

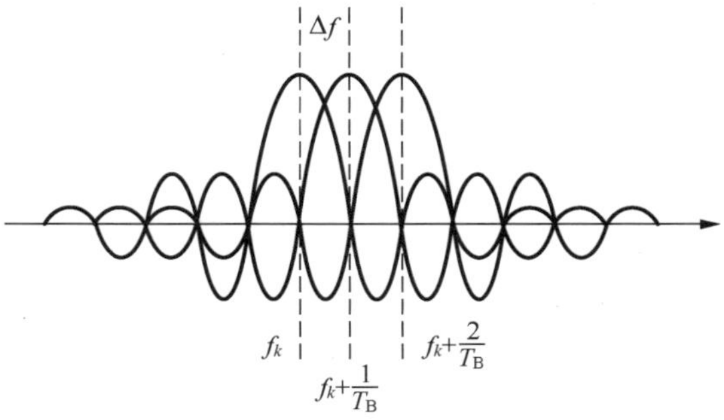

图 4-39 各子载波合成后的频谱密度曲线

由于 φ_k 和 φ_i 可以取任意值而不会影响正交性，因此各子载波可以采用不同的调制方式，并且能够根据信道特性的变化对调制方式进行动态调整，展现出较高的灵活性。例如在子载波完成调制后，可采用诸如 BPSK、QPSK、4QAM、64QAM 等调制方式，各频谱的位置和形状保持不变，仅振幅和相位发生改变，仍然可以保持正交性。

假设一个 OFDM 系统中共有 N 路子载波，子信道码元持续时间为 T_B，每路子载波均采用 M 进制的调制，则该系统占用的频带宽度可以表示为

$$B_{OFDM} = \frac{N+1}{T_B} \tag{4-47}$$

频带利用率可定义为单位带宽内能够传输的比特率，即

$$\eta_{h/OFDM} = \frac{N\log_2 M}{T_B} \cdot \frac{1}{B_{OFDM}} = \frac{N}{N+1}\log_2 M \tag{4-48}$$

通过对比式（4-47）和式（4-48）可以发现，与串行的单载波调制相比，并行的 OFDM 调制的频带利用率大约可以提高到 2 倍。

4.5.2 OFDM 调制的数字实现

模拟实现的 OFDM 虽然能够借助频谱混叠提升频带利用率，但其所需的设备极为复杂。随着现代数字信号处理器的广泛应用，OFDM 调制解调的实现发生了变化。通过采用快速傅里叶逆变换（IFFT）和快速傅里叶变换（FFT），可以将多载波系统转化为单载波系统，从而显著降低系统实现的复杂度。在 OFDM 信号的产生过程中，发送信号的处理基于 IFFT 变换实现；而在接收端，则利用 FFT 对信号进行处理。

由于 OFDM 信号的表达式（4-38）与离散傅里叶逆变换（IDFT）的形式相似，因此可以利用计算 IDFT 和离散傅里叶变换（DFT）的方法来实现 OFDM 的调制和解调。

设信号$s(t)$的抽样函数为$s(k)$，其中$k=0,1,2,\cdots,K\text{-}1$，则$s(k)$的DFT为

$$S(n)=\frac{1}{\sqrt{K}}\sum_{k=0}^{K-1}s(k)\mathrm{e}^{-\mathrm{j}\left(\frac{2\pi}{K}\right)nk},\quad n=0,1,3,\cdots,K-1 \tag{4-49}$$

$S(n)$的IDFT为

$$s(k)=\frac{1}{\sqrt{K}}\sum_{n=0}^{K-1}S(n)\mathrm{e}^{-\mathrm{j}\left(\frac{2\pi}{K}\right)nk},\quad n=0,1,3,\cdots,K-1 \tag{4-50}$$

若抽样函数$s(k)$为实函数，则其K点DFT的值$S(n)$应满足对称性条件，即

$$S(K-k)=S^{*}(k),\quad k=0,1,2,\cdots,K-1 \tag{4-51}$$

其中，$S^{*}(k)$为$S(k)$的复共轭。

令OFDM信号的$\varphi_k=0$，则式（4-38）变为

$$e(t)=\sum_{k=0}^{N-1}B_k\mathrm{e}^{\mathrm{j}2\pi f_k t} \tag{4-52}$$

式（4-52）和式（4-50）在形式上确实非常相似。如果暂时忽略两式中常数因子的差异及求和项数的不同，那么可以将式（4-50）中的K个离散值$S(n)$视为K路OFDM并行信号的子信道中的信号码元取值B_k。相应地，式（4-50）的左侧可以被视为类似于式（4-52）左侧的OFDM信号$e(t)$。这意味着，OFDM信号可以通过计算IDFT的方法来生成。

OFDM调制原理如图4-40所示。

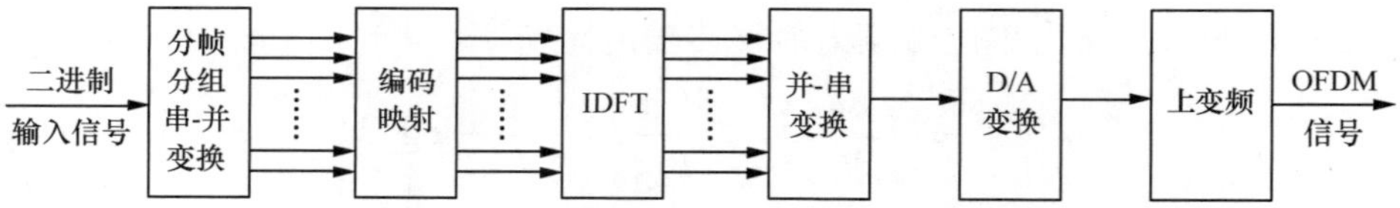

图4-40 OFDM调制原理

4.5.3 循环前缀

1. 保护间隔

为了应对多径信道的时延扩展，OFDM信号可以由频率间隔为Δf的N个子载波组成，这些子载波在符号间隔$T_s=\frac{1}{\Delta f}$内保持正交。若给定系统带宽，子载波的数量应选择得当，以确保符号持续时间T远大于信道的均方根时延扩展σ_τ。此外，还需采取措施消除相邻两个OFDM信号之间的码间干扰。

一种常用的方法是在相邻的两个OFDM信号之间插入保护间隔，如图4-41所示。

保护间隔的长度 T_g 应比信道的最大多径时延更大，确保前一个 OFDM 信号的拖尾不会干扰下一个符号。在加入保护间隔后，OFDM 的周期变为

$$T = T_g + T_s = T_g + \frac{1}{\Delta f} \tag{4-53}$$

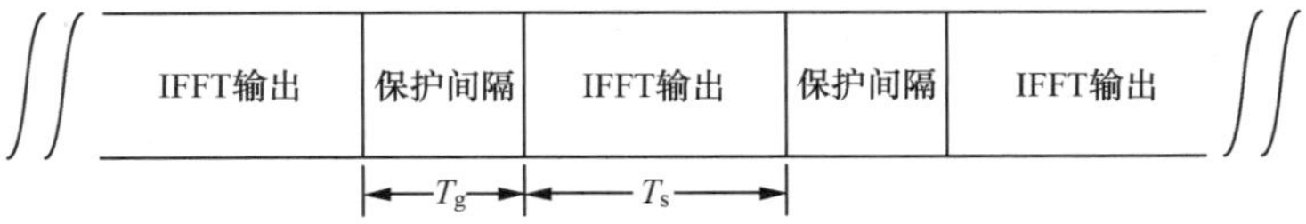

图 4-41　加入保护间隔的 OFDM 信号周期

在保护间隔期间，可以不发送任何信号，使 T_g 成为一段无信号传输的空白时段。然而，在这种情况下，多径传输可能会破坏在 T_g 时间段内子载波之间的正交性，导致产生子载波间干扰，如图 4-42 所示。

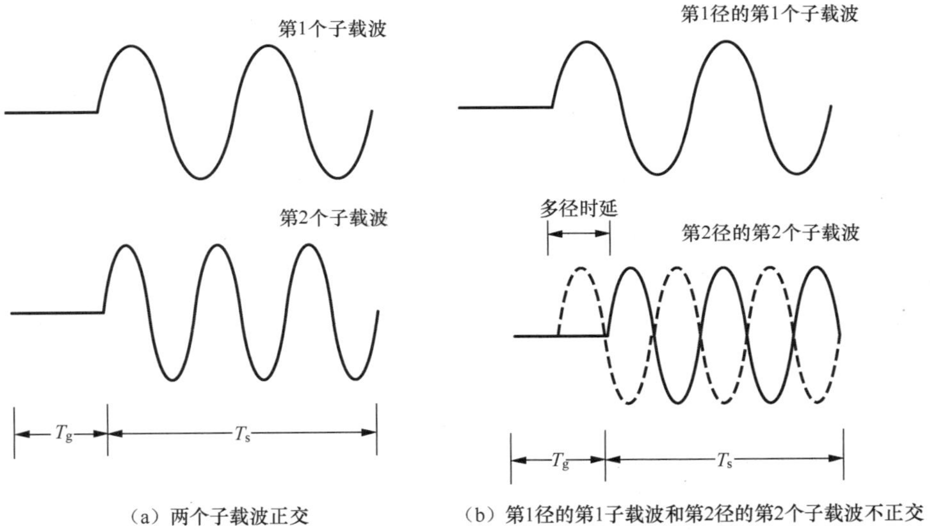

图 4-42　加入空闲保护间隔后，OFDM 信号的两个子载波的波形

图 4-42（a）所示为 OFDM 信号的两个子载波正交。在区间[0，T_s]内，它们的乘积积分等于零，即内积为零。然而，如图 4-42（b）所示，经过多径信道传输后，第 1 径的第 1 个子载波和第 2 径的第 2 个子载波，其内积不再为零，失去了正交性，导致信号之间相互干扰。这种干扰被称为子载波间干扰（ICI）。

2. 循环前缀

采用循环前缀的方法可以解决由空闲保护间隔所引发的 ICI 问题。循环前缀是将每个 OFDM 信号波形在最后时间段内的波形复制到前面原本空闲的保护间隔位置。具

有循环前缀的 OFDM 复包络序列如图 4-43 所示，在通过 IFFT 实现时，相当于将最后几个样值复制到前面形成前缀。

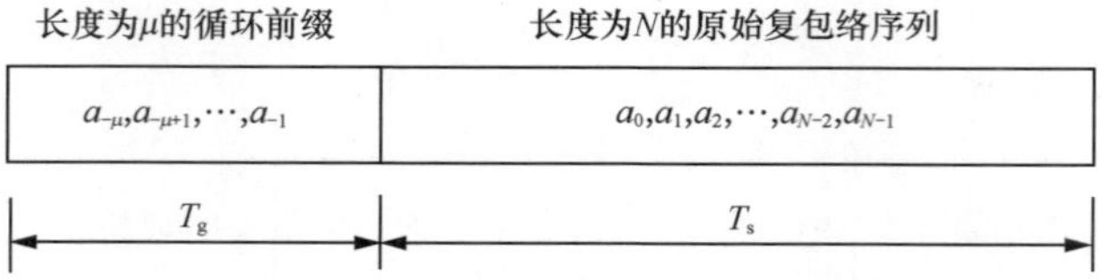

图 4-43 具有循环前缀的 OFDM 复包络序列

其中，N 表示 OFDM 复包络 $a(t)$ 在时间 T_s 内的样值总数，μ 表示循环前缀内的样值数。μ 必须大于多径信道的等效基带冲激响应在离散时间表示下的样值数。将空闲保护间隔使用循环前缀替代后，OFDM 信号的周期仍为 $T=T_g+T_s$。每个信号周期包含编号从 $-\mu$ 到（$N-1$）的（$\mu+N$）个样值。

循环前缀满足以下循环关系

$$a(-k)=a(N-k),\quad k=1,2,\cdots,\mu \tag{4-54}$$

当接收端进行采样时，每个 OFDM 信号周期内会得到（$\mu+N$）个样值。在这些样值中，前 μ 个是循环前缀位置的样值，它们受到前一个 OFDM 信号拖尾产生的干扰。鉴于此，接收端必须去除循环前缀，利用剩下的 N 个未受码间干扰影响的样值来进行 FFT 处理，以恢复发送序列。

从连续时间的角度看，加入循环前缀后 OFDM 信号的两个子载波的波形如图 4-44 所示。在图 4-44（a）中，T_g 时间内的波形是将 T_s 时间内的最后一部分复制到前面。经过多径信道传输后的两个子载波如图 4-44（b）中的实线所示。T_g 对这两个子载波而言均为其周期的整数倍，尽管多径传输后第 2 径出现了时延，但在 T_g 时间内相乘积分的结果依然是 0，即它们仍然保持正交性。

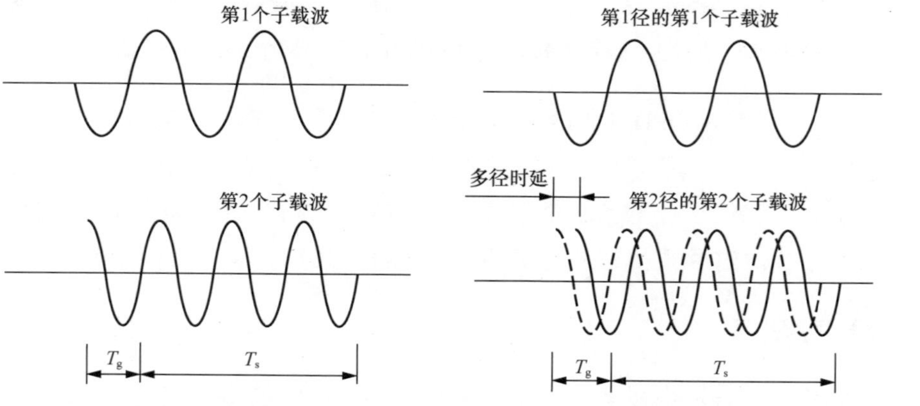

（a）两个子载波正交　（b）第1径的第1个子载波和第2径的第2个子载波仍然正交

图 4-44 加入循环前缀后 OFDM 信号的两个子载波的波形

从离散时间的角度看，多径信道可以被看作一个有限冲激响应线性系统。在这种情况下，信道的输出是发送序列与信道冲激响应的线性卷积结果。然而，当采用循环前缀后，信道输出的后 N 个样值则变成发送序列与信道冲激响应的循环卷积。循环卷积能够确保各子载波上的发送时间序列经过多径信道传输后，在去除循环前缀的情况下，依然保持正交性。

4.5.4　载波频率偏移对子载波间干扰的影响

在实际应用中，如果接收机的载频同步存在误差，即接收机本地载波与接收到的载波之间存在频率偏移，那么在解调过程中，T_s 间隔内的解调器的任意子载波与其他子载波的内积将不为零，即会产生子载波间干扰。

对于矩形脉冲成形，不考虑噪声，接收信号的复包络为

$$a(t)=\sum_{i=0}^{N-1}A_i \mathrm{e}^{\frac{\mathrm{j}2\pi it}{T_s}},\qquad i=0,1,\cdots,N-1 \tag{4-55}$$

假设接收端本地载波频率的偏移为 f_{off}，其与子载波频率间隔 Δf 的相对值为 $\delta=\dfrac{f_{\mathrm{off}}}{\Delta f}$。在等效基带中，第 i 个子载波的发送载频是 $f_i=i\Delta f=\dfrac{i}{T_s}$。然而，由于接收端存在频偏，因此解调第 i 个子载波的本地载波变为

$$c_i(t)=\mathrm{e}^{\mathrm{j}2\pi(f_i+f_{\mathrm{off}})t}=\mathrm{e}^{\frac{\mathrm{j}2\pi(i+\delta)t}{T_s}} \tag{4-56}$$

第 i 个子信道上的解调结果是 $c_i(t)$ 与 $a(t)$ 的内积，即

$$\tilde{A}_i=\int_0^{T_s}a(t)c_i^*(t)\mathrm{d}t=A_iT_s\mathrm{e}^{-\mathrm{j}\pi\delta}+I_i \tag{4-57}$$

其中，$I_i=\sum\limits_{m\neq 0}A_mT_s e^{\mathrm{j}\pi(m-\delta)}\operatorname{sinc}(m-\delta)$ 表示第 i 个子信道受到的其他子信道的干扰。当 $\delta=0$ 时，$I_i=0$，即没有 ICI；当 $\delta\neq 0$ 时，第 i 个子载波受到的干扰总功率为

$$\begin{aligned}P_{\mathrm{ICI}_i}&=E\left[\sum_{m\neq 0}|A_mT_s\mathrm{e}^{\mathrm{j}\pi(m-\delta)}\operatorname{sinc}(m-\delta)|^2\right]\\&=\sigma_A^2T_s^2\sum_{m\neq 0}\operatorname{sinc}^2(m-\delta)\end{aligned} \tag{4-58}$$

其中，$\sigma_A^2=E[|A_m|^2]$。当 δ 很小时，有

$$\operatorname{sinc}^2(m-\delta)=\frac{\sin^2[\pi(m-\delta)]}{\pi^2(m-\delta)^2}=\frac{\sin^2(\pi\delta)}{\pi^2(m-\delta)^2}\approx\frac{\delta^2}{m^2} \tag{4-59}$$

于是

$$P_{\mathrm{ICI}_i}\approx K(T_s\delta)^2=K\frac{f_{\mathrm{off}}^2}{(\Delta f)^4}=K\frac{f_{\mathrm{off}}^2N^4}{B^4} \tag{4-60}$$

当信道带宽 B 和载波数 N 给定时，子载波间干扰会随着相对频偏 δ 的平方增大。当 B 和绝对频偏 f_{off} 确定时，子载波间干扰会随着载波数 N 的 4 次方增大。因此，OFDM 系统的载波数越多，对载频同步的精度要求就越高。

4.5.5 OFDM 技术的应用

OFDM 多载波调制技术已经在高速无线通信领域广泛应用，涵盖数字用户线（DSL）、数字音频广播（DAB）、数字视频广播（DVB）、无线局域网（WLAN）、无线城域网（WMAN）等。在音频广播（AB）领域，为了提高广播质量，数字系统正逐渐替代现有的模拟系统。许多国家（地区）都制定了相关标准。欧洲在 1995 年通过了第一版本的 ETS 300401 DAB 标准，并于 1997 年通过了第二版本。

欧洲 DAB 标准规定了 4 种传输模式，每种传输模式有特定的频带和应用场景。大多数模式采用 OFDM 多载波调制方式，每个子载波上的调制方式均为 $\frac{\pi}{4}$DQPSK。由于发送端使用了差分调制，因此接收端可以采用非相干解调，不需要提取载波相位或进行信道估计。

DAB 中 4 种传输模式的 OFDM 参数如表 4-2 所示。

表 4-2　DAB 中 4 种传输模式的 OFDM 参数

参数	传输模式 1	传输模式 2	传输模式 3	传输模式 4
子载波数	1536	384	192	768
子载波间隔	1kHz	4kHz	8kHz	2kHz
信号时间长度	1.246ms	311.5μs	155.8μs	623μs
保护间隔	246μs	61.5μs	30.8μs	123μs
载波频率	< 375MHz	< 1.5GHz	< 3GHz	< 1.5GHz
发射机距离	< 96km	< 24km	< 12km	< 48km

项目测试

一、单项选择题

1. 2ASK 信号的带宽 B、调制信号频率 f_s 和码元间隔 T_s 之间的关系为（　　）。

A. $B = f_s = \frac{1}{T_s}$　　B. $B = 2f_s = \frac{2}{T_s}$

C. $B = 0.5f_s = \frac{1}{2T_s}$　　D. $B = 4f_s = \frac{4}{T_s}$

2. 以下关于数字频率调制的说法错误的是（　　）。

A. 差分检波法基于输入信号与其时延 τ 的信号相比较，故信道的时延失真不影响最终鉴频结果

B. 当信道时延失真为零时，差分检波法的检测性能不如鉴频法

C. 当信道时延失真较为严重时，差分检波法的检测性能优于鉴频法

D. 差分检波法必须要对低通滤波器的输出波形进行抽样判决，才能还原原始信码；鉴频法则无须如此

3. 2DPSK 调制是利用前后相邻两个码元载波相位的变化来表示所传送的数字信息，能够唯一确定其波形所代表的数字信息符号的是（　　）。

A. 前后码元各自的相位　　B. 前后码元的相位之和

C. 前后码元之间的相位之差　　D. 前后码元之间相位差的 2 倍

4. 关于 MASK，以下说法错误的是（　　）。

A. MASK 在原理上可以看成 OOK 方式的推广

B. MASK 在单位频带内的信息速率较高

C. MASK 的最大信道频带利用率大于 2bit/(s·Hz)

D. 在相同的码元速率下，MASK 调制信号的带宽大于二电平的带宽

5. 假设 2ASK 信号和 MASK 信号的带宽分别为 $B_{2\text{ASK}}=2f_b$、$B_{\text{MASK}}=2f_b'$，其中 f_b、f_b' 是相应的码元速率。当两者码元速率相等时，它们的带宽相等，即 $B_{\text{MASK}}=B_{2\text{ASK}}$；而当两者信息速率相等时，其码元速率的关系为

A. $B_{\text{ASK}}=\dfrac{B_{\text{MASK}}}{\log_2 M}$　　B. $B_{\text{MASK}}=\dfrac{2B_{2\text{ASK}}}{\log_2 M}$

C. $B_{\text{MASK}}=\dfrac{B_{2\text{ASK}}}{\log_2 M}$　　D. $B_{\text{MASK}}=\dfrac{B_{2\text{ASK}}}{2\log_2 M}$

二、多项选择题

1. 使信号与信道的频谱特性相匹配的过程就是数字频带调制。基本的数字频带调制就是分别利用数字脉冲序列控制正弦载波的振幅、频率或相位，即（　　）调制方式。

A. ASK　　B. FSK　　C. PSK　　D. 正交相位

2. 4DPSK 信号的解调可以采用（　　）方式。

A. 相干解调　　B. 极性比较

C. 差分相干解调　　D. 相干解调加码型反变换

3. 与二进制数字调制相比，多进制数字调制具有以下（　　）特点。

A. 在相同的码元速率下，多进制系统的信息速率比二进制系统的高

B. 在相同的码元速率下，多进制系统的信息速率比二进制系统的低

C. 在相同的信息速率下，多进制信号码元的持续时间比二进制的长

D. 在相同的信息速率下，多进制信号码元的持续时间比二进制的短

4. 以下说法正确的是（　　）。

A. 在相同码元速率下，多进制调制比二进制调制信息速率更高

B. 在相同信息速率下，多进制调制码元宽度比二进制调制码元宽度大

C. 多进制码元的抗干扰能力比二进制码元强

D. 多进制调制的应用比二进制调制更广泛

三、判断题

1. 二进制幅度键控信号由于始终有一个信号的状态为零，即处于断开状态，故常称之为 OOK 信号。（　　）

2. 相对调相以载波的不同相位直接表示相应数字信息。（　　）

3. 绝对调相最致命的弱点就是相位模糊，只有通过相对调相才能够解决这个问题。（　　）

4. 四相相位调制时，首先把输入二进制序列每两个码元编为一组；再用四种不同的载波相位去表示它们。（　　）

5. 4PSK 信号的相干解调同 2PSK 一样，也会产生相位模糊。因此，在实际中一般更多地采用四相相对相位调制，即 4DPSK。（　　）

6. MASK 系统的误码率随 M 增加而减小。因此，二进制系统常常需要增加信噪比。（　　）

7. 多电平系统与二进制系统的最大信道频带利用率都是 2bit/（s·Hz）。（　　）

8. 使用 OFDM 时，若需要使某个位置没有某一频率的载波，就令其相应的数据为“1”即可。（　　）

9. 原则上多频制同样具有多进制调制的优点，但由于占据频带较宽，因此信道频带利用率不高，一般仅用在调制速率不高的场合。（　　）

项目五
探索信道复用和多址技术

05

项目概要

本项目主要包括 4 个任务，通过 4 个任务的学习，学生能够掌握频分复用（FDM）、时分复用（TDM）、码分复用（CDM）、多址技术的基本原理和应用。本项目预计需要 8 学时完成。

任务 5.1 主要介绍 FDM 的基本原理，预计 2 学时完成。

任务 5.2 主要介绍 TDM 的基本原理、准同步数字系列（PDH）和同步数字系列（SDH），预计 2 学时完成。

任务 5.3 主要介绍 CDM 的基本原理、正交码、伪随机码，预计 2 学时完成。

任务 5.4 主要介绍多址技术的基本原理，以及常见的多址技术，如频分多址（FDMA）、时分多址（TDMA）、码分多址（CDMA）等，预计 2 学时完成。

知识准备

在学习本项目前，希望您已经具备以下知识。

1. 掌握信号的基本表示方式。
2. 掌握概率论与数理统计的相关基础知识。
3. 掌握基本数字电路的识别。

知识图谱

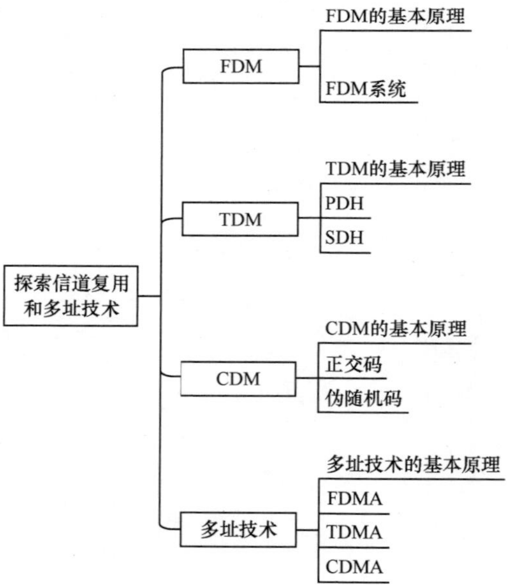

任务 5.1　FDM

任务目标

通过本任务的学习，学生需要掌握信道 FDM 的基本原理，并通过常见的 FDM 系统应用来加深对 FDM 原理的理解。

任务分析

本任务主要介绍 FDM 的基本原理和常见的 FDM 系统。在本次任务中，我们将详细讲解信道复用的基本原理，让学生了解常见的信道复用方法有按频率来区分信号和按时间区分信号两种。我们将讲解 FDM 系统的组成，分析 FDM 信号的频谱结构及其优点。此外，我们将讲解常见的 FDM 系统应用，如多路载波电话、立体声广播等，通过具体的例子来强化对 FDM 的理解。

5.1.1 FDM 的基本原理

在通信系统里，信道的可用带宽一般远超传输一路信号所需的带宽。随着通信技术的持续进步，各种通信方式不断涌现，频率资源愈发紧张，一个信道仅传输一路信号无疑是极大的浪费。而 FDM 复用率高，能够容纳大量的复用路数，而且分路操作十分便捷，是当前模拟通信系统中最主要的信道复用方式，在有线通信和微波通信系统中得到广泛应用。

所谓“信道复用”指的是将若干个彼此独立的信号合并成一个复合信号，以便在同一信道上传输的一种方法或技术，其基本原理如图 5-1 所示。在发送端，n 个独立的信号通过多路复用器按特定规则合并为一个信号，然后通过一条链路传输。在接收端，接收到的合路信号经过带通滤波器、多路译码器等分路设备进行分割还原，恢复为 n 个信号，分别由相应的接收者接收。

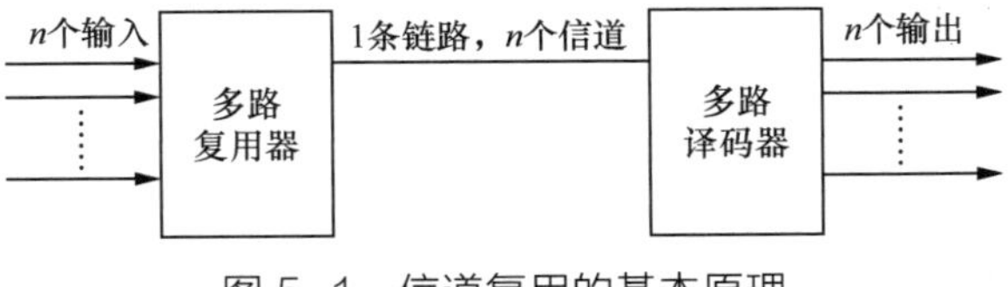

图 5-1　信道复用的基本原理

当基带信号对正弦载波进行振幅调制时，基带信号的频谱会在频域中被搬移到载频 f_c 处。若要在通信信道中同时传输多个基带信号，由于通信信道的带宽通常远大于单个基带信号的已调信号带宽，因此可以通过将各个基带信号调制到不同载频上来实现。通过这种方式，不同基带信号的已调信号各自占据信道频带的一部分，从而在同一信道中实现多路信号的同时传输且互不干扰。

以电话通信系统为例，每路语音信号的频带宽度均为 300 ~ 3400Hz。将若干路信号分别调制到不同的频段，再将它们合并在一起，通过同一个信道进行传输，接收端根据不同的载波频率将它们彼此分离，进而进行解调还原。这个过程采用的正是 FDM。

图 5-2 所示为 FDM 系统组成。系统中共有 n 路复用信号，每路信号先通过低通滤波器（LPF）以限制其最高频率 f_m，接着分别由不同频率的载波进行调制，然后调制

后的信号经单边带滤波器（SBF）滤波，最后相加器将各路调制信号叠加并发送出去。

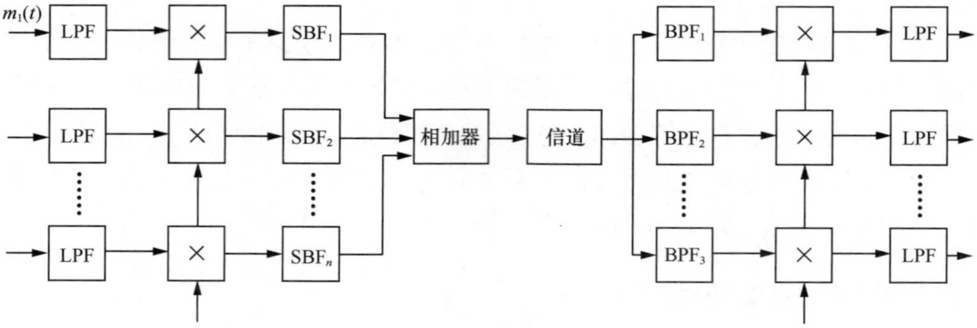

图 5-2　FDM 系统组成

假设各路信号的最高频率 f_m 均为 3400 Hz。在实际的多种调制电路中，单边带调制因其节约频带而被广泛采用。因此，图中乘法器的输出信号被送入 SBF。在选择载频时，不仅要考虑边带频谱的宽度，还要留出一定的保护频带，以防止邻路信号之间的相互干扰。因此，载频的选择应满足

$$f_{c(i+1)} = f_{ci} + (f_m + f_g),\quad i = 1,\ 2,\ 3,\ \cdots,\ n \tag{5-1}$$

其中，$f_{c(i+1)}$ 与 f_{ci} 分别为第（i+1）路与第 i 路信号的载频频率，f_m 是每一路的最高频率，f_g 是邻路间隔防护频带。

在邻路信号干扰相同的情况下，f_g 越大，对 SBF 的技术指标要求就越低，但每一路信号占用的总频带宽度也越大。在信道带宽固定不变的情况下，能够复用的信号路数就会减少，从而降低信道的利用率。因此，在实际应用中，通常会提高 SBF 的技术指标来尽可能减小 f_g。

经过单边带调制处理后，各路信号因载频不同而被分布在不同的频率区间，彼此互不重叠。此时，这些信号可以通过相加器进行叠加，形成一个 FDM 信号，其频谱结构如图 5-3 所示。

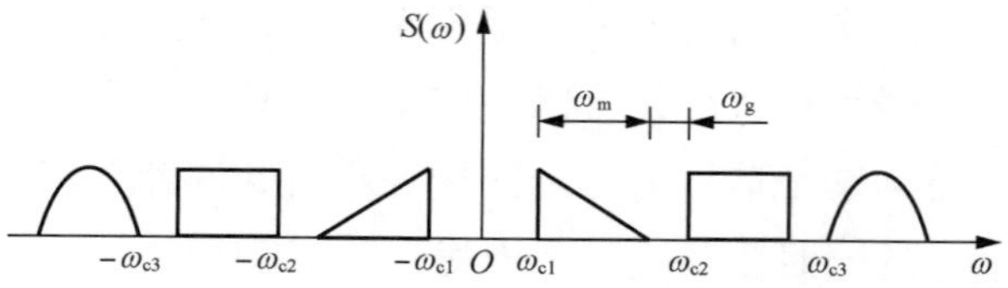

图 5-3　FDM 信号的频谱结构

尽管各路信号的 f_m 相同，但它们的频谱结构可能各不相同。对于 n 路单边带信号，其总频带宽度的最小值应为

$$B_n = nf_m + (n-1)f_g = (n-1)(f_m + f_g) + f_m = (n-1)B_1 + f_m \tag{5-2}$$

其中，$B_1 = f_m + f_g$，指一路信号占用的带宽。

合并后的 FDM 信号在理论上是可以直接在信道中传输的，但为了更充分地利用信道的传输特性，有时还会再进行一次调制，这种调制通常被称为主调制。

FDM 系统的接收端先进行主解调，接着通过使用中心频率与发送端各调制载波频率一致的带通滤波器（BPF）将各路信号的频谱分离，然后各路信号分别经过相应的相干解调器进行相干解调，最终恢复出各路调制信号。

5.1.2　FDM 系统

1. 多路载波电话

多路载波电话是应用 FDM 技术最典型的案例之一。它通过一条物理线路传输多路语音信号，采用单边带调制频分复用技术，以实现频带资源的最大化；并且采用分层结构，将 12 路电话信号复用为一个基群（Basic Group）。5 个基群复用为一个超群（SuperGroup），包含 60 路电话；10 个超群复用为一个主群（Master Group），涵盖 600 路电话。若需传输更多电话信号，可将多个主群复用，形成巨群（Jumbo Group）。每路电话信号的频带限制为 300 ~ 3400 Hz。为了确保各路已调信号之间有足够的防护频带，每路电话信号的标准带宽被设定为 4kHz。

图 5-4 所示为多路载波电话的基群频谱结构示意。该基群由 12 个 LSB 组成，其频率范围为 60 ~ 108kHz，每路电话信号的标准带宽为 4 kHz。在复用过程中，所有载波均由一个振荡器合成，起始频率为 64 kHz，载波间隔为 4 kHz。因此，各载波频率可表示为

$$f_{cn} = 64 + 4(12 - n) \tag{5-3}$$

式中，f_{cn} 为第 n 路信号的载波频率，n =1,2,3,⋯,12。

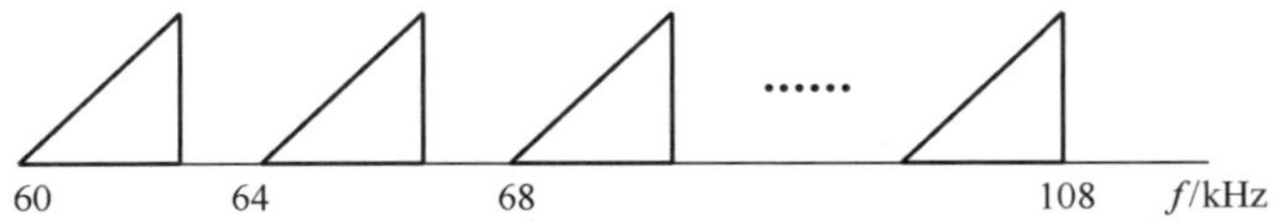

图 5-4　多路载波电话的基群频谱结构

2. 立体声广播

许多 FM 广播电台使用立体声播放音乐节目，调频是立体声广播在发送过程中最常用的技术。在调频前，先通过双边带抑制载波（DSB-SC）调制将左右声道的差信号（$L-R$）与左右声道的和信号（$L+R$）进行 FDM。立体声广播调制信号的频谱如图 5-5 所示。

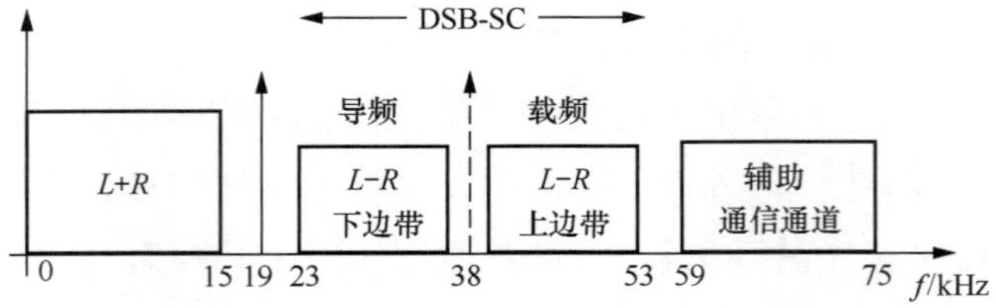

图 5-5　立体声广播调制信号的频谱

在图 5-5 中，0 ~ 15kHz 的频段用于传输和信号，23 ~ 53kHz 的频段用于传输差信号，59 ~ 75kHz 的频段则用于辅助通信。差信号的载波频率为 38kHz。此外，19kHz 处还有一个用作立体声指示的单频信号，这是接收端提取同频同相相干载波的依据。调频立体声广播与调频普通广播是兼容的。在调频普通广播中，仅发送 0 ~ 15kHz 的和信号。

由于调频广播占用频段为 88 ~ 108MHz，因而只能用于视距传输。多径传输及建筑物阻挡对传输质量的影响较大，在汽车等移动物体上接收调频立体声广播时，接收质量不稳定等问题尤为明显。近年来出现的调幅立体声广播可以解决这个问题，虽然其信噪比低于调频立体声广播，但受衰落影响小，传播距离远，且接收机结构简单、价格低廉。调幅立体声广播的发送端如图 5-6 所示，调幅立体声广播信号的解调如图 5-7 所示。左声道和右声道分别采用相移 ±15° 的载波进行双边带抑制载波调幅，每个声道的已调信号均可分解为正交分量和同相分量。

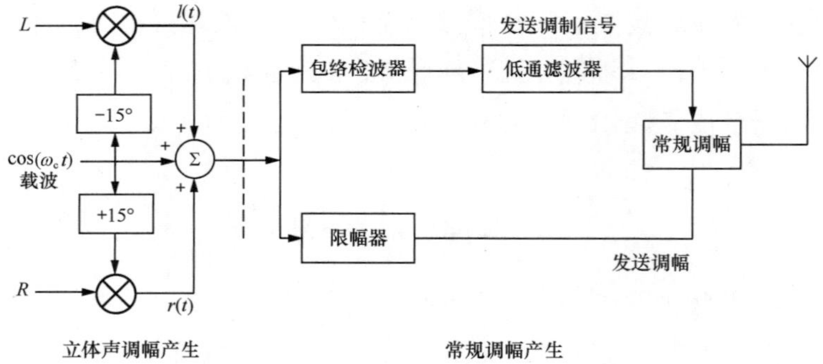

图 5-6　调幅立体声广播的发送端

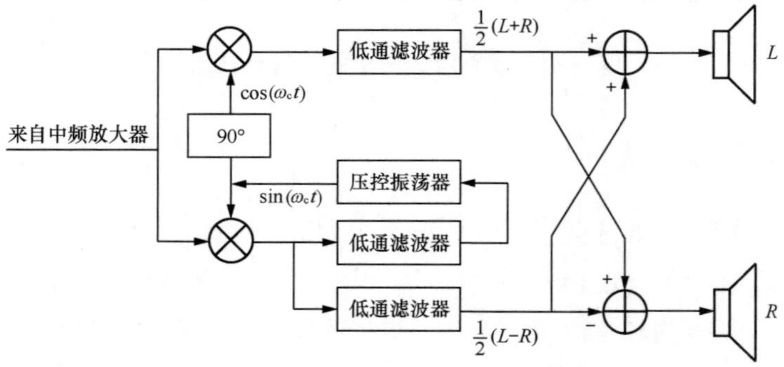

图 5-7　调幅立体声广播信号的解调

任务 5.2 TDM

任务目标

通过本任务的学习，学生应当掌握 TDM 信号在时域上的表现，了解 PDH 和 SDH 相应的概念、结构、特点等。

任务分析

本任务主要介绍 TDM 的基本原理，以及 PDH 和 SDH 相关的概念。在本任务中，我们将了解 TDM 的基本原理，并分析 TDM 信号在时域上的表现，TDM 的系统组成、时隙分配等内容；我们将讲解 PDH 的结构，以及对应的帧结构特点；我们还将分析 SDH 的特点、帧结构、同步复接原理等相关内容。

5.2.1 TDM 的基本原理

TDM 在通信领域中被广泛应用，特别是在数字语音信号传输方面。其量化编码方法可以选择 PAM 方式或增量调制方式。针对小容量、短距离的脉码调制多路数字电话，国际上有两种标准制式，即 PCM30/32 路（A 压缩律压扩特性）制式和 PCM24 路（μ 压缩律压扩特性）制式。在国际通信中，通常以 A 压缩律压扩特性为标准。

TDM 是基于抽样定理实现的。抽样过程将取值连续的模拟信号转换为一系列在时间上离散的抽样脉冲值，从而在一路信号的各抽样脉冲之间产生时间空隙。其他各路信号的抽样值可以利用这些空隙进行传输，实现在同一个信道中同时传送多路信号。TDM 的基本原理如图 5-8 所示。

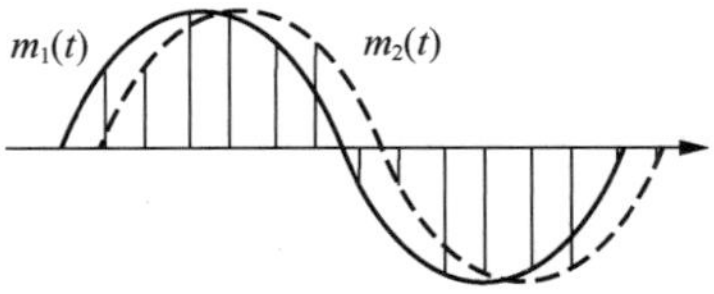

图 5-8 TDM 的基本原理

在图 5-8 中，$m_1(t)$ 与 $m_2(t)$ 信号的抽样频率相同，但抽样脉冲交替出现。处理这种 TDM 信号要求接收端必须能够精确地在时间上将这些脉冲分离，并分别进行解调，最后可以准确地恢复出各个原始信号。

上述概念可以拓展到 n 路信号（$n \geqslant 2$）的 TDM 场景。图 5-9 所示为 n 路 TDM 系统的结构。发送端的转换开关 S 以一个固定的旋转周期 T_1 依次在各路信号之间切换，产生的 n 路 TDM 信号的时隙分配关系如图 5-10 所示。

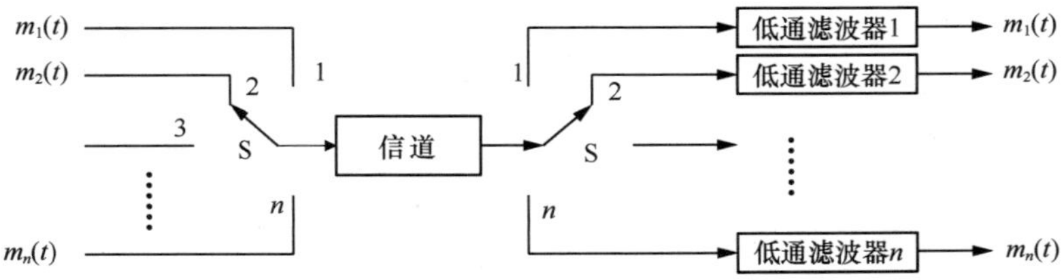

图 5-9 n 路 TDM 系统的结构

通常将开关转换的固定时间间隔 T_1 称为时隙。在图 5-10 中，时隙 1 分配给第一路信号，时隙 2 分配给第二路信号，依此类推，时隙 *n* 分配给第 *n* 路信号。*n* 个时隙的总时间称为一个帧周期。抽样频率决定帧周期的值。例如，语音信号的最高频率通常为 4000Hz，根据抽样定理，可将抽样频率取为 8000Hz。这意味着在 1s 内，该信号将被抽样 8000 次，则帧周期为 $\frac{1}{8000}=125\mu s$。信号经过信道传输后，接收端采用与发送端完全同步的转换开关 S，将信号分别接向相应的信号通路，从而分离出 *n* 路信号。分离后的各路信号再通过低通滤波器，即可恢复出原始信号。

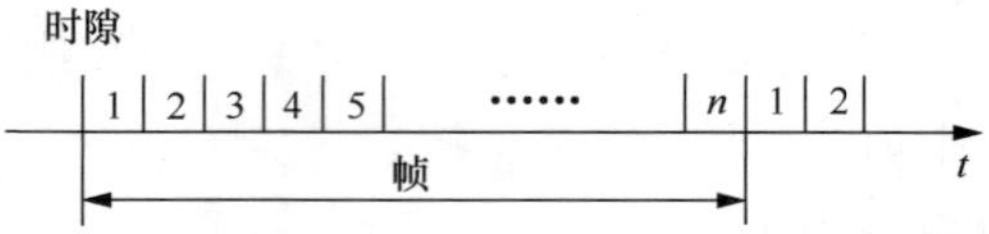

图 5-10 *n* 路 TDM 信号的时隙分配关系

在 TDM 的过程中，如果各路信号在每一帧中占据的时隙位置是预先确定且始终不变的，这种复用方法被称作同步时分多路复用（STDM）。不过，各路信号的数据量存在差异，不同取样时刻的状态各不相同。当采用 STDM 时，若某路信号在某个时刻没有数据或数据已完成传输，那么该路信号对应的时隙就会处于空闲状态，造成资源浪费。

为了提高信道利用率，数字通信系统经常采用另一种时分多路复用方法，即异步时分多路复用（ATDM）。ATDM 通过动态分配时隙来进行数据传输，即对信息量大的信号分配更多的时隙，对信息量小的信号分配较少的时隙。在这种情况下，发送端需要同时发送地址码，接收端则通过各路信号的不同地址码来进行识别和分离。

5.2.2 PDH

ITU 提出了两种 PDH 的建议，即 E 体系和 T 体系。E 体系被我国、欧洲国家（地区）等广泛采用；T 体系则主要被北美、日本及其他少数国家和地区采用，且北美和日本采用的标准存在差异。表 5-1 所示为 PDH 在两种体系中层次、比特率和路数的规定。

表 5-1 PDH

体系	层次	比特率（$Mbit \cdot s^{-1}$）	路数（每路 64kbit/s）
E 体系	E-1	2.048	30
	E-2	8.448	120
	E-3	34.368	480
	E-4	139.264	1920
	E-5	565.148	7680
T 体系	T-1	1.544	24
	T-2	6.312	96
	T-3	32.064（日本）	480
		44.736（北美）	672

续表

体系	层次	比特率（Mbit · s⁻¹）	路数（每路 64kbit/s）
T 体系	T-4	97.728（日本）	1440
		274.176（北美）	4032
	T-5	397.200（日本）	5760
		560.160（北美）	8064

图 5-11 所示为 E 体系的结构。其基本层（E-1）是 30 路 PCM 数字电话信号的复用设备，每路 PCM 信号的比特率为 64kbit/s。由于需要添加群同步码元和信令码元等额外开销，实际占用 32 路 PCM 信号的比特率，因此输出总比特率为 2.048Mbit/s，此输出被称为一次群信号。4 个一次群信号进行二次复用，得到比特率为 8.448Mbit/s 的二次群信号。同理，可得到比特率为 34.368Mbit/s 的三次群信号和比特率为 139.264Mbit/s 的四次群信号等。可以发现，相邻层次群之间的路数呈 4 倍关系，但比特率之间并不遵循严格的 4 倍关系。与一次群类似，高次群也需要额外开销，因此其输出比特率略高于相应的输入比特率的 4 倍。

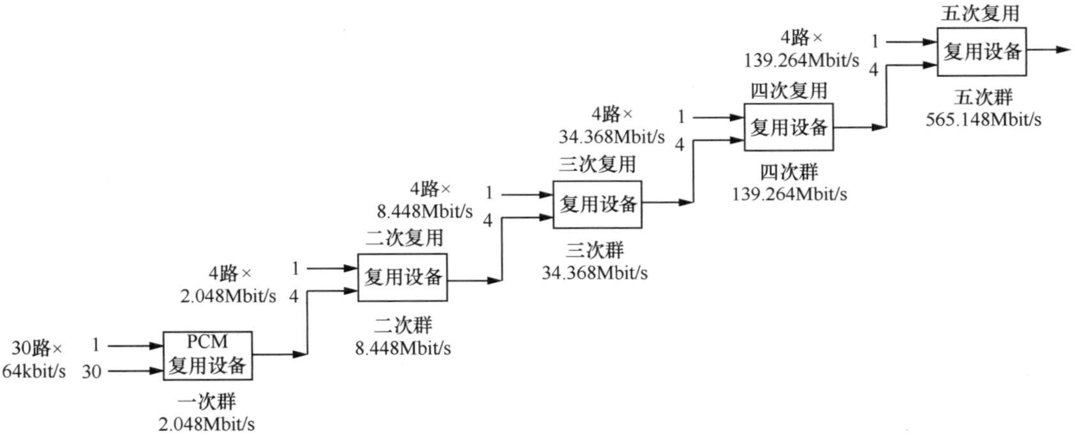

图 5-11　E 体系的结构

在 E 体系结构中，一次群是基础。以 1 路 PCM 电话信号为例，其抽样频率设定为 8000Hz，由此可得抽样周期为 125μs，这恰好对应一帧的时长。将 125μs 分为 32 个时隙（TS），每个时隙能够容纳 8 比特的数据量。如此划分后，每个时隙便能够精准地传输一个 8 比特的码组。在这 32 个时隙中，有 30 个时隙专门用于传输 30 路语音信号，而剩下的两个时隙则用于传输信令及同步码。

图 5-12 所示为 PCM 一次群的帧结构，其中 TS_0 和 TS_{16} 被明确规定用于传输帧同步码、信令等关键信息；其余的 30 个时隙，即 $TS_1 \sim TS_{15}$ 和 $TS_{17} \sim TS_{31}$，承担着传输 30 路语音抽样值的 8 比特码组的任务。TS_0 的功能在偶数帧和奇数帧中呈现出明显的差异。在偶数帧中，TS_0 被指定用于发送帧同步码；在奇数帧中，TS_0 的功能则被设定

为告警等。

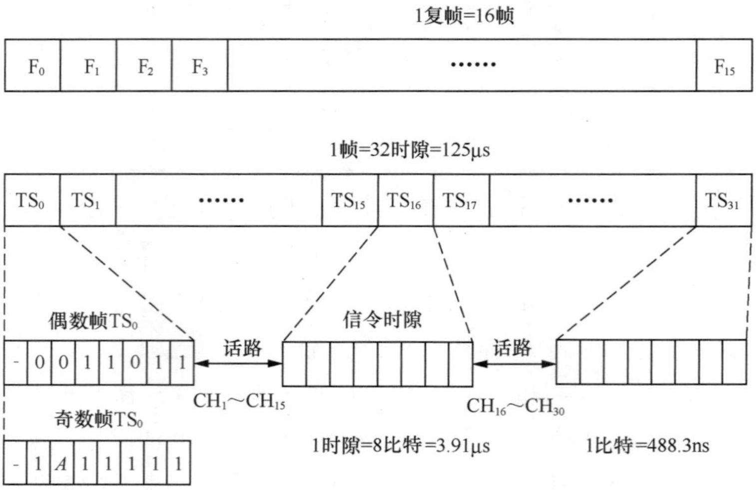

图 5-12　PCM 一次群的帧结构

TS_{16} 具备传输信令的功能，然而在无须承担信令传输任务时，它也能与其余 30 路一样用于语音信号的传输。电话网存在两种信令传输方法：共路信令和随路信令。共路信令是将各路信令通过一个独立的信令网集中传输；随路信令则是将各路信令与各路信息一同在传输信道中传输。

根据 ITU 的相关建议，采用随路信令时，需将 16 帧组成 1 个复帧，TS_{16} 依次分配给各路使用，如图 5-12 第一行所示。在 1 个复帧中，按照表 5-2 所示的随路信令结构共用此信令时隙。在 F_0 帧中，前 4 比特“0000”作为复帧同步码组；后 4 比特“*xyxx*”为备用位，无用时全置为“1”。其中“*y*”位用于向远端指示告警，在正常工作状态下为“0”，在告警状态下为“1”。在其余帧中，该时隙的 8 比特用于传输 2 路信令，每路 4 比特。由于复帧的速率为 500 帧/秒，因此每路信令的传输速率为 2kbit/s。

表 5-2　随路信令结构

帧	比特							
	1	2	3	4	5	6	7	8
F_0	0	0	0	0	*x*	*y*	*x*	*x*
F_1	CH_1				CH_{16}			
F_2	CH_2				CH_{17}			
F_3	CH_3				CH_{18}			
……	……				……			
F_{15}	CH_{15}				CH_{30}			

5.2.3 SDH

1. SDH 的特点

SDH 是一种在光纤上实现同步信息传输、复用及交叉连接的网络，具有以下特点。

① 在全世界范围内首次统一了体系中各级信号的传输速率，成功建立了数字传输体制的世界标准。SDH 所定义的速率为 $N\times155.520$ Mbit/s（N=1,2,3…）。

② 制定了全世界通用的光接口标准。这一标准的制定使不同厂商生产的设备能够依据统一的接口标准实现互通互用，有效降低网络建设成本。

③ 采用模块化结构设计，便于网络的构建与扩展。

④ 采用字节复用技术，适应交换技术的发展需求。

⑤ 在帧结构中安排较多的富余比特，专门用于网络中的管理控制，极大地增强网络检测故障、监测传输性能等方面的能力。

⑥ 采用指针调整技术，有效解决节点之间因时钟差异而引发的问题。

⑦ 对复接和分接技术进行简化。在 PDH 中，若要在容量为 1920 路、传输速率为 140Mbit/s 的系统中对较低速率信号进行复接或分接，需要先经过 8Mbit/s 复接、34Mbit/s 复接，再复接入 140Mbit/s，过程较为烦琐。而 SDH 可以将 2Mbit/s 的信号直接复接（或分接）入 140Mbit/s 的系统，不必逐级进行，如图 5-13 所示。这不仅使复接、分接操作更加方便，还大大提高通信网的灵活性和可靠性。

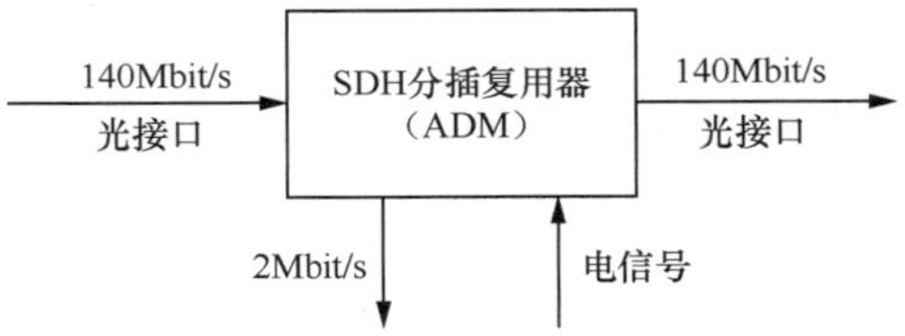

图 5-13　SDH 复接信号流程

⑧ 完全兼容 PDH，还能容纳各种新业务信号。

⑨ 在信号结构设计方面，充分兼顾网络传输和交换应用的需求，极大地提升网络的运营效率和资源利用率。

⑩ 与交叉连接技术结合应用，显著增强通信网的灵活性，使其能够更好地适应各种业务类型的需求。

SDH 是一个十分重要的标准，它不仅适用于光纤通信，微波和卫星通信也同样适用。

2. SDH 帧结构

与 PDH 不同，SDH 采用的是一种独特的页面式帧结构，如图 5-14 所示。其帧长度仍为 125μs，由 270×N 列及 9 行的字节构成，其中 N 对应 SDH 中 STM-1、STM-4、STM-16 的 1、4、16。字节的传输顺序是从左上角第一个开始，按从左到右、从上到下的顺序依次传送，直到整个 9×270×N 字节全部传送完毕后，再进入下一帧。以这种方式，每秒可传送 8000 帧。对于 STM-1，每秒的传输速率可以达到 155.52Mbit/s。

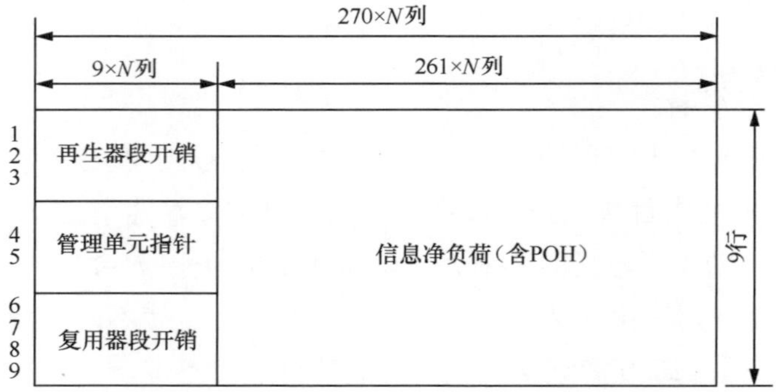

图 5-14　SDH 的帧结构

在图 5-14 中，整个 SDH 帧结构划分为 3 个主要区域，即段开销（SOH）、管理单元指针和信息净负荷，其中 SOH 包括再生器 SOH 和复用器 SOH。

SOH 是 STM 帧结构中用于确保信息能够正常且灵活传输的附加字节，包含一系列与维护管理相关的比特。以 STM-1 为例，分配给 SOH 的容量为 9×8×8×8000 = 4.608Mbit/s。这表明 SDH 的 SOH 资源十分丰富，其主要用途涵盖了帧定位、数据通信链路、标志信号、电话专线链路、用户链路、误码监视链路、自动保护切换链路及备用字节等多个方面。

管理单元指针的作用是精确指示信息负载的第一个字节在 STM-*N* 帧内的具体位置，从而确保接收端能够准确地进行信号的分接处理。

信息净负荷是网络节点接口码中专门用于承载电信业务的部分，也就是用于存放各种信息业务容量的区域。

3. SDH 的同步复接原理

CCITT G.709 建议为 SDH 规定了复用原理与结构，如图 5-15 所示。可以看到，无论采用何种复用路径，最多只需要进行两次指针调整。下面我们对图中各单元的名称及功能进行逐一介绍。

C_{-n}：C 表示容器，C_{-11}、C_{-12}、C_{-2}、C_{-3} 和 C_{-4} 分别接收 PDH 对应的 1.544Mbit/s、2.048Mbit/s、6.312Mbit/s、34.368Mbit/s 或 44.736Mbit/s 及 139.264Mbit/s 支路信号，实现速率适配等功能。

VC_{-n}：VC 表示虚容器，包括标准容器 C_{-n} 和本级使用的通道开销（POH）。POH 主要用于通道的维护与管理，它能够实现虚容器的组装点与拆卸点之间的通信。具体而言，POH 涵盖通路功能监视信号、维护功能信号及告警状态指示信号等内容。VC_{-1}、VC_{-2} 称为基本包装，包含一个 C_{-n}(n = 1、2)及与等级相应的 POH；VC_{-3}、VC_{-4}

为高阶虚包装，包含一个单一的 C_{-n}(n=3、4)或一个支路单元群 TUG_{-n}(n = 3、4)及与相应的 POH。

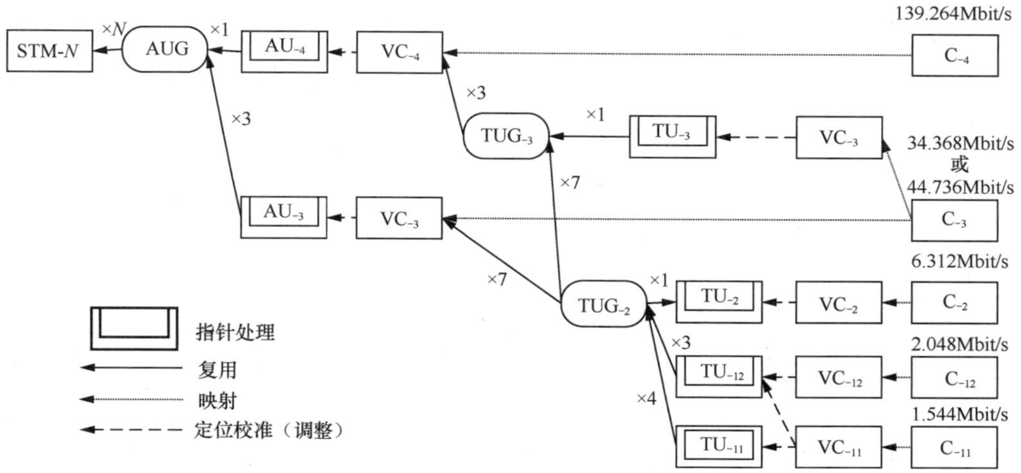

图 5-15 SDH 的复用原理与结构

TU_{-n}：TU 表示支路单元，由 VC_{-n} 与指示 VC_{-n} 起点的单元指针组成。支路单元指针用于指示虚容器相对于其承载的高一级虚容器 POH 的相位偏移量，且该偏移量相对于上一级 POH 是固定配置的。

TUG_{-n}(n=2、3)：TUG 表示支路单元组，包含若干相等的支路单元，与高阶容器 C_{-3}、C_{-4} 地位相同。

AU_{-n}(n = 3、4)：AU 表示管理单元，包含高阶虚容器 VC_{-n}(n = 3、4)和指示 VC_{-n}(n = 3、4)起点的管理单元指针。管理单元指针指示高阶虚容器在 STM-1 帧中的相位偏移量，其位置相对于 STM-1 帧是固定的。

在 SDH 复接过程中，两个系列的每种码流都进入相应容器 C_{-n} 并完成速率适配后，基本虚容器 VC_{-n}(n=1、2)（由基本包装 C_{-n}(n=1、2)和 POH 构成）进入支路单元进行指针调整，形成 TU_{-n}(n=1、2)。若干个 TU 组成支路单元组 TUG_{-2}，它与高阶容器 C_{-n}(n=3、4)处于平等地位，可以进入相应的高阶虚容器 VC_{-n}(n = 3、4)，经过码速调整等处理，最终经 AU 指针调整和 AUG 构成 STM-1。

我们以四次群信号复用到 STM-1 为例来具体说明复接过程。

① 四次群信号进入 C_{-4} 后，将 125μs 的帧按行分为 9 个子帧，每个子帧有 260 字节。

② 每个子帧进一步划分为 20 个块，每个块包含 13 字节。第一字节用于传输子帧定位信号、固定填充比特、调整控制比特及调整机会比特等信息。

③ 在子帧内完成正码速调整，调整后的 9 个子帧组成 C_{-4} 帧，速率为 149.760kbit/s。

④ C_{-4}与 POH 构成 VC_{-4}，速率为 150.336kbit/s。POH 共 9 字节，速率为 576kbit/s，这 9 字节的作用如表 5-3 所示。

⑤ 通过码速调整，将 VC_{-4} 装入 AU_{-4}：若 VC_{-4} 的速率 < AU_{-4} 的速率，则进行正码速调整，即在 AU_{-4} 内某指定字节不写入 VC_{-4} 信息；反之则进行负码速调整，即在 AU_{-4} 有效负荷以外的指定字节临时写入 VC_{-4} 信息。

⑥ 通过 AU_{-4} 指针指定 VC_{-4} 第一字节的位置，确定 VC_{-4} 的位置，从而解决节点之间的时钟差异问题。

⑦ AU_{-4}加上 8 行 9 字节的 SOH 后，构成 STM-1，速率为 155.520Mbit/s。

表 5-3　POH 的 9 字节的作用

序号	表示符号	作用
1	J1	通路标识，表示 VC_{-4} 开始
2	B3	通路奇偶校验码，实现误码监测功能
3	C2	信号标记，用于指示 VC_{-4} 码流的完整性
4	G1	通路状态
5	F2	通路用户链路
6	H4	复帧指示
7	Z3	备用字节
8	Z4	
9	Z5	

上述复接过程需要注意以下几点。

① 上述各级复接均以字节为单位进行。

② 所有码流最终汇聚到 STM-1，它是网络中极为关键的节点，具有固定的帧结构，标准速率为 155.520 Mbit/s。

③ 不同速率等级和不同码流可以进入各自的节点，并且不同系列在相应的节点上能够实现互通。

④ 在每一级复用过程中，码速调整既可以采用异步方式，也可以采用同步方式。

⑤ 在 STM-1 的基础上，可以通过同步字节复用的方式构建更高等级的 STM-*N*，其速率为 STM-1 速率的整数倍。例如，STM-4 的速率可达 622.080Mbit/s。

⑥ 为了便于将微波、卫星等无线通信融合 SDH 网络，CCITT 已新增一个子等级 SubSTM-1，速率为 51840 kbit/s。

⑦ 对于一次群信号、二次群信号，还需要经过 TU 和 TUG 两个包装步骤。在 TU 中也设有指针（即 TU-PTR），用于调整正/负码速。

SDH 显著提升了通信网的利用率，然而与 PDH 相比，SDH 的系统容量略有缩小。例如，PDH 的 140Mbit/s 能够容纳 64 个 2Mbit/s 的信号，而 SDH 的 155Mbit/s 仅能容纳 63 个 2Mbit/s 的信号；PDH 的 140Mbit/s 可以容纳 4 个 34Mbit/s 的信号，而 SDH 的 155Mbit/s 则只能承容纳 3 个 34Mbit/s 的信号。尽管如此，SDH 在提高通信网的整体可靠性、灵活性及对多种业务的适应性方面发挥了重要作用，这些特性在现代化通信网中日益重要。

任务 5.3　CDM

任务目标

通过本任务的学习，学生需要掌握 CDM 的实现原理，了解正交码、超正交码、双正交码等，知道伪随机码的基本概念。

任务分析

本任务主要介绍 CDM 的基本原理，以及正交码和伪随机码的相关概念。在本任务中，我们将分析 CDM 的基本原理、实现方式、接收处理方式等。我们将介绍正交码的基本概念，分析其编码方法，并引出超正交码、双正交码等概念。此外，我们还将了解伪随机码的基本概念，并通过 m 序列来具体分析，我们将讲解 m 序列的产生方式，并了解其均衡性、游程分布、移位相加特性、自相关函数、功率谱密度、伪噪声特性等。

5.3.1　CDM 的基本原理

通常情况下，实际信道的容量远远大于一路信号的信息速率。为了高效利用信道资源，在同一信道中会传输多路相互独立的信号，即信道复用。为了在接收端能够准确区分各路信号，必须使不同路信号具备某种特征。如果根据波形特征对信号进行区分，则称为 CDM。

令 m 为第 k 路数据的第 n 个符号，其可以是数据符号，也可以是模拟信号的采样结果。第 k 路对应的信号可表示为

$$\mathrm{s}_k(t)=\sum_{k=-\infty}^{\infty} m_n^{(k)} c_k(t-nT) \tag{5-4}$$

其中，T 为符号间隔，$c_k(t)$ 为第 k 路特征信号，定义区间为（0，T）。

经 L 路信号合并组成群信号，即

$$s(t)=\sum_{k=1}^{L} s_k(t) \tag{5-5}$$

该信号可以进行基带传输，也可以经过调制处理后在带通信道中进行传输。为了能够从复合信号中准确区分多路信号，必须保证特征信号 $\{c_k(t)\}$ 线性不相关。通常采用正交设计来实现这一目标，即

$$\int_0^T c_i(t)c_j(t)\mathrm{d}t = \begin{cases} A, & i = j \\ 0, & i \neq j \end{cases} \quad (5\text{-}6)$$

在 TDM 中，$\{c_k(t)\}$是时间正交；在 FDM 中，$\{c_k(t)\}$是频率正交；而在 CDM 中，$\{c_k(t)\}$则采用正交码来实现。

接收端可采用图 5-16 所示的相关接收机。

可以看出

$$y_n^{(k)} = \int_{(n-1)T}^{nT} s(t)g_k(t)\mathrm{d}t = Am_n^{(k)} \quad (5\text{-}7)$$

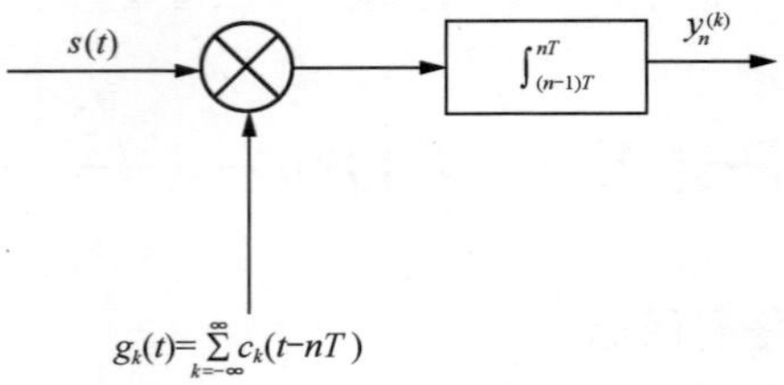

图 5-16　相关接收机

5.3.2　正交码

若两个模拟信号 $s_1(t)$ 和 $s_2(t)$ 互相正交，则需满足

$$\int_0^T s_1(t)s_2(t)\mathrm{d}t = 0 \quad (5\text{-}8)$$

若 M 个模拟信号 $s_1(t)$，$s_2(t)$，…，$s_M(t)$ 构成一个正交信号集合，则需满足

$$\int_0^T s_i(t)s_j(t)\mathrm{d}t = 0,\quad i \neq j; i,j = 1,2,\cdots,M \quad (5\text{-}9)$$

对于二进制数字信号，同样存在正交性。将离散的数字信号视为一个码组，然后使用一个数字序列来表示码组。若二进制采用码长相同的编码，那么可以通过互相关系数来描述两个码组的正交性。

设 x 和 y 是长度为 n 的编码中的两个码组，其码元取值为 ± 1，即

$$x = (x_1, x_2, x_3, \cdots, x_n)$$

$$y = (y_1, y_2, y_3, \cdots, y_n)$$

其中，$x_i, y_i \in (+1,-1)$，且 i=1,2,⋯,n。

定义 x 和 y 的互相关系数为

$$\rho(x,y) = \frac{1}{n}\sum_{i=1}^{n} x_i y_i \quad (5\text{-}10)$$

如果 $\rho(x,y) = 0$，则码组 x 和 y 正交。将图 5-17 所示的 4 个数字信号看作以下 4 个码组

$$\begin{cases} s_1(t):(+1,+1,+1,+1) \\ s_2(t):(+1,+1,-1,-1) \\ s_3(t):(+1,-1,-1,+1) \\ s_4(t):(+1,-1,+1,-1) \end{cases} \quad (5\text{-}11)$$

通过式（5-10）计算可知，任意两个码组的相关系数均为 0，这意味着码组之间

是两两正交的。这种编码被称为正交码。

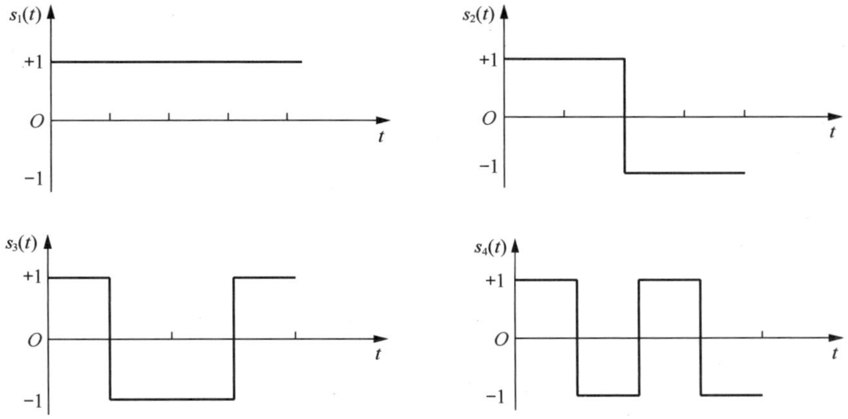

图 5-17　正交码信号

对于一个长度为 n 的码组 x，其自相关系数可以定义为

$$\rho_x(j)=\frac{1}{n}\sum_{i=1}^{n}x_i x_{i+j},\quad j=0,1,\cdots,(n-1) \tag{5-12}$$

其中，x 的下标按模 n 运算，即满足 $x_{n+k}\equiv x_k$。

对于以下码组

$$x=(x_1,x_2,x_3,x_4)=(+1,-1,-1,+1) \tag{5-13}$$

计算可得

$$\begin{aligned}
&\rho_x(0)=\frac{1}{4}\sum_{i=1}^{4}x_i^2=1\\
&\rho_x(1)=\frac{1}{4}\sum_{i=1}^{4}x_i x_{i+1}=\frac{1}{4}(x_1x_2+x_2x_3+x_3x_4+x_4x_1)=\frac{1}{4}(-1+1-1+1)=0\\
&\rho_x(2)=\frac{1}{4}\sum_{i=1}^{4}x_i x_{i+2}=\frac{1}{4}(x_1x_3+x_2x_4+x_3x_4+x_4x_2)=-1\\
&\rho_x(3)=\frac{1}{4}\sum_{i=1}^{4}x_i x_{i+3}=\frac{1}{4}(x_1x_4+x_2x_1+x_3x_2+x_4x_3)=0
\end{aligned} \tag{5-14}$$

在二进制编码中，通常以二进制数字“0”和“1”来表示码元的取值。若把码组中的“+1”用“0”来替代，把“−1”用“1”来替代，那么式（5-10）可以改写为

$$\rho(x,y)=\frac{A-D}{A+D} \tag{5-15}$$

其中，A 和 D 分别为 x 和 y 中对应码元的相同个数和不同个数。

例如，式（5-11）中的例子可以改写为

$$\begin{cases} s_1(t):(0,0,0,0) \\ s_2(t):(0,0,1,1) \\ s_3(t):(0,1,1,0) \\ s_4(t):(0,1,0,1) \end{cases} \quad (5\text{-}16)$$

将其代入式（5-15）进行计算，所得的互相关系数依然为 0。

在式（5-15）中，若以 x 的 j 次循环移位来代替 y，便可以得到 x 的自相关系数 $\rho_x(j)$。令

$$\begin{aligned} x &= (x_1, x_2, x_3, \cdots, x_n) \\ y &= (x_{1+j}, x_{2+j}, x_{3+j}, \cdots, x_n, x_1, x_2, \cdots, x_j) \end{aligned} \quad (5\text{-}17)$$

代入（5-15），可以得到自相关系数 $\rho_x(j)$。

我们将正交码的概念拓展到超正交码和双正交码。相关系数 ρ 的取值范围通常为[−1, 1]。如果两个码组之间的相关系数 ρ 接近于 0 但不为 0，则称这两个码组为超正交。如果一种编码中任意两个码组之间均为超正交，那么这种编码为超正交码。例如，在式（5-16）中，如果只取后 3 个码组，并且去掉它们的第一个元素，可以构成一个新的编码，即

$$\begin{cases} s_1'(t):(0,1,1) \\ s_2'(t):(1,1,0) \\ s_3'(t):(1,0,1) \end{cases} \quad (5\text{-}18)$$

可以验证，这 3 个码组构成的编码为超正交码。

基于正交码及其反码，可以构建双正交码。以式（5-16）中的正交码为例，其反码为

$$\begin{cases} (1,1,1,1) \\ (1,1,0,0) \\ (1,0,0,1) \\ (1,0,1,0) \end{cases} \quad (5\text{-}19)$$

将式（5-16）和式（5-19）中的码组合并，便可以得到以下双正交码。

$$(0,0,0,0)\ (1,1,1,1)\ (0,0,1,1)\ (1,1,0,0)$$
$$(0,1,1,0)\ (1,0,0,1)\ (0,1,0,1)\ (1,0,1,0)$$

在该编码中，共有 8 种不同的码组，每个码组的长度为 4。任意两个码组之间的相关系数要么为 0，要么为−1。

5.3.3 伪随机码

1. 基本概念

在通信领域，随机噪声不仅会导致模拟信号失真，还会导致数字信号出现误码，且对信道容量有一定限制。因此，人们通常期望减少或消除通信系统中的随机噪声。

不过，在特定情境下，人们也需要随机噪声。例如，为了测试系统的抗干扰能力，通常需要人为加入噪声。因此必须能够生成符合要求的随机噪声。然而，随机噪声难以重复产生和处理。直到 20 世纪 60 年代，伪随机噪声的出现才解决了这一问题。

伪随机噪声具有类似随机噪声的统计特性，且可重复产生。它既保留了随机噪声的优点，又克服了随机噪声难以重复的缺点，因此在实际应用中越来越广泛。目前，常见的伪随机噪声是通过对周期性数字序列进行滤波等处理得到的。这种周期性数字序列被称为伪随机序列，也被称为伪随机信号或伪随机码。

2. *m* 序列的产生

最长线性反馈移位寄存器序列简称为 *m* 序列，它是由具有线性反馈功能的移位寄存器生成的一种周期最长的序列。图 5-18 所示为一个 4 级线性反馈移位寄存器，初始状态为 $(a_3,a_2,a_1,a_0)=(1,0,0,0)$。在进行一次移位操作时，新的输入位是通过将 a_3 和 a_0 进行模 2 加法运算得到的，即 $a_4=1\oplus 0=1$，此时新的状态变为 $(a_4,a_3,a_2,a_1)=(1,1,0,0)$。按照这样的规则，经过 15 次移位操作后，寄存器的状态重新回到初始状态（1,0,0,0）。如果初始状态为全“0”，那么在移位操作后，寄存器的状态仍然会保持全“0”。因此在使用反馈移位寄存器时，应当避免出现全“0”的状态。一个 4 级移位寄存器共有 $2^4=16$ 种可能的状态，除了全“0”状态，还有 15 种状态可供使用。因此，通过 4 级反馈移位寄存器产生的序列，其周期最长为 15。*m* 序列的产生示例如表 5-4 所示。

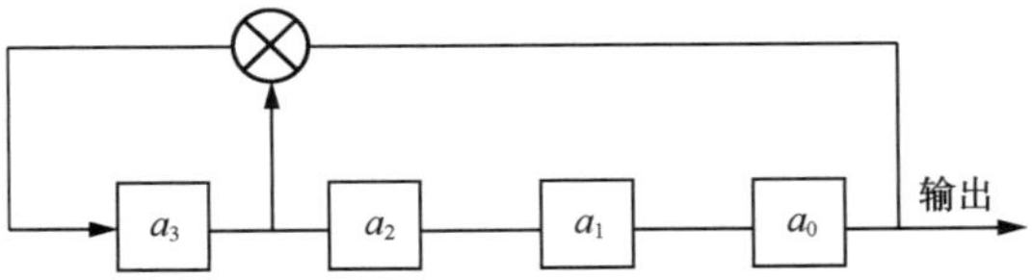

图 5-18　4 级线性反馈移位寄存器

表 5-4　*m* 序列的产生示例

a_3	a_2	a_1	a_0
1	0	0	0
1	1	0	0
1	1	1	0
1	1	1	1
0	1	1	1
1	0	1	1
0	1	0	1
1	0	1	0
1	1	0	1
0	1	1	0
0	0	1	1
1	0	0	1
0	1	0	0
0	0	1	0
0	0	0	1

3. *m* 序列的性质

m 序列具有以下性质。

（1）移位相加特性

m 序列 M_p 与其经过任意次延迟移位后产生的另一个不同序列 M_r 进行模 2 相加，其结果仍为该序列的延迟移位序列 M_s，即

$$M_p \oplus M_r = M_s \tag{5-20}$$

（2）均衡性

在一个完整的 *m* 序列周期内，“1”和“0”的数量基本相等。具体而言，“1”的数量比“0”的数量多一个。

（3）游程分布

将一个序列中连续的、取值相同的元素合称为一个游程。其中包含的元素数量称为游程长度。通常情况下，在 *m* 序列中，长度为 1 的游程占游程总数的比例为 1/2；长度为 2 的游程占游程总数的比例为 1/4；长度为 3 的游程占游程总数的比例为 1/8；依此类推，长度为 k 的游程占游程总数的比例为 2^{-k}，其中 $1 \leqslant k \leqslant (n-1)$。而且在长度为 k 的游程中，$1 \leqslant k \leqslant n-2$，连续“1”的游程和连续“0”的游程各占一半。

（4）自相关函数

由式（5-15）得知，*m* 序列的自相关函数可以定义为

$$\rho(j) = \frac{A-D}{A+D} = \frac{A-D}{m} \tag{5-21}$$

其中，A 和 D 分别表示 *m* 序列与其 j 次移位序列在一个周期内对应的相同元素数量和不同元素数量；m 为周期长度。自相关函数仅能取 0 和 $1/m$ 这两个值。对于自相关函数仅有两种取值的序列，称为双值自相关序列。

（5）功率谱密度

由于信号的功率谱密度与自相关函数互为傅里叶变换对，因此对 *m* 序列的自相关函数进行傅里叶变换得到其功率谱密度。当 $T_0 \to \infty$ 和 $\dfrac{m}{T_0} \to \infty$ 时，$P_s(\omega)$ 的特性趋近于白噪声的功率谱密度特性。

（6）伪噪声特性

在对正态分布的白噪声进行抽样后，能够获得一个具备以下 3 个基本特性的随机序列。

① 均衡性：序列中“+”和“−”的出现概率是相等的。

② 游程分布：长度为 1 的游程大约占总数的 1/2；长度为 2 的游程大约占总数的 1/4；长度为 3 的游程大约占总数的 1/8；依此类推。一般来说，长度为 k 的游程大约

占总数的$1/2^k$。在长度为 k 的游程中，“+”游程和“−”游程约各占总数的 1/2。

③ 自相关特性：白噪声的功率谱密度是一个常数，其自相关函数（即功率谱密度的傅里叶逆变换）是一个冲激函数。

由于 m 序列在均衡性、游程分布及自相关特性等方面与前文所述随机序列的基本性质相似，因此通常将 m 序列称作伪噪声（PN）序列，或者伪随机序列。

任务 5.4 多址技术

任务目标

通过本任务的学习，学生需要掌握多址技术的概念和不同多址技术之间的差异；知道频分多址（FDMA）技术、时分多址（TDMA）技术、码分多址（CDMA）技术的概念和应用。

任务分析

本任务主要介绍多址技术的基本原理，以及常见的多址技术，如 FDMA、TDMA、CDMA 等。在本任务的学习中，我们将介绍各种多址技术的概念及不同多址技术之间的差异。通过学习 FDMA 技术的相关概念，学生了解其在卫星通信中的典型应用，知道 FDMA 技术中的干扰问题和解决方式；通过讲解 TDMA 技术的相关知识，学生了解其典型应用和相应帧结构，知道 TDMA 技术的特点；通过分析 CDMA 技术的相关概念，学生了解其在移动通信中的典型应用。

5.4.1 多址技术的基本原理

多址技术是无线通信领域的一项关键性技术。它主要研究如何高效地将有限的通信资源合理地分配给多个用户，以确保在保证通信质量的同时，尽可能地简化系统复杂度，并提高系统容量。在多址技术中，通信资源的分配实际上是对多维无线信号空间进行划分，不同的划分方式对应着不同的多址技术。常见的划分维度包括信号的时域、频域和空间域，此外还有信号的其他扩展维度。

在无线通信中，不同地址的多个用户之间建立通信链路需要使用某种多址接入技术。例如，在移动通信场景中，众多移动终端需要同时通过一个基站与其他终端进行通信。这就需要区分出哪些信号是由特定的移动终端发出的。多址接入方式需要解决的关键问题包括：基站如何接收、处理并转发来自移动终端的信号；基站如何构建信号结构以发送寻呼信号给各个移动终端，并使这些终端能够从众多信号中识别出针对自己的信号。

目前多用户通信系统呈现出多样化的特点，如图 5-19（a）所示的一种多用户通信系统，众多用户共同使用一个信道，将信息传输至接收机。这个共同使用的信道，可能是卫星通信系统中的上行链路，也可能是一组终端连接中心计算机的电缆，还可能是供多个用户使用的无线频谱中的某个特定频带。

广播网作为一种广泛使用的多用户通信架构，不仅涵盖了传统的无线电广播及电视广播，还包含了卫星通信系统中的下行链路等重要组成部分，如图 5-19（b）所示，其工作原理是利用单一发射装置向众多接收终端传输信息。

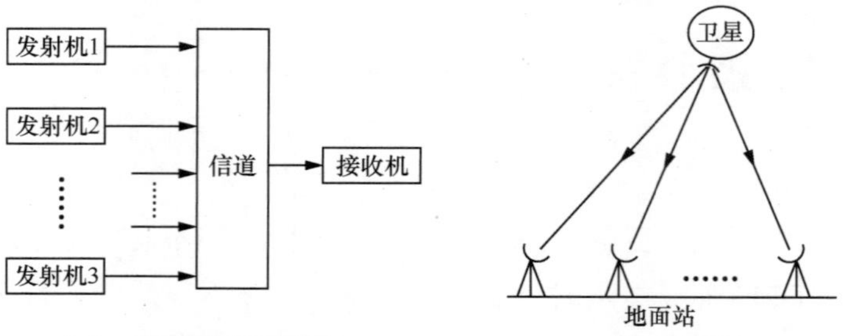

（a）一种多用户通信系统　　（b）广播网

图 5-19　常用的多用户通信系统

多址技术的数学基础是信号的正交分割原理。多址划分的本质是区分不同的用户地址，通过利用射频频段辐射的电磁波来动态识别用户地址，为每个信号赋予独有的特征，然后依据信号特征之间的差异进行区分，从而实现无干扰的通信。为了确保多址信号之间互不干扰，信号之间必须具备正交性。

相互正交的一组信号可表示为

$$x(t)=\sum_{i=1}^{n}\lambda_i x_i(t) \tag{5-22}$$

其中，λ_i为第 i 个用户的正交参量，$x_i(t)$为第 i 个用户的信号，且

$$\lambda_i\cdot\lambda_j=\begin{cases}1, & 当i=j时\\0, & 当i\neq j时\end{cases} \tag{5-23}$$

在实际应用中，实现完全的正交和不相关是非常具有挑战性的。因此，通常采用准正交方法，即信号之间的互相关性极小，允许一定程度的信号干扰，但必须将这种干扰控制在可接受的范围内。

要实现多用户信号在同一信道中传输，最简单的一种方法是将可用信道带宽细分为多个频率互不重叠的子信道，如图 5-20（a）所示。根据用户的请求，将这些子信道分配给各个用户，即为每个用户分配一个独特的地址。这种技术被称为 FDMA。FDMA 在模拟载波通信、微波通信及卫星通信系统中得到了广泛应用。

另一种生成多个子信道的方法是 TDMA，如图 5-20（b）所示，它是数字数据通信中的基础技术之一。它是将信号的帧持续时间 T_f 划分为 k 个不重叠的时隙，每个时隙的持续时间为 $\frac{T_f}{k}$。每个需要发送信息的用户被分配到一帧中的一个特定时隙。在接

收端，依据信号发送的不同时间顺序来区分并接收不同用户的信号。

在 FDMA 和 TDMA 技术中，信息主要被划分为独立的单用户子信道。单用户通信系统的设计方法可以直接应用于多用户通信场景，只需增加为用户分配可用信道这一额外任务。然而，FDMA 和 TDMA 为用户分配的子信道相对固定，而用户接入网络的数据通常具有突发性特征，这将导致信道利用率较低。

在 FDMA 中，用户信号占据不同的频率区间；TDMA 中，用户信号占据不同的时间片段。与之不同的是，在 CDMA 中，用户通过随机方式接入信道，其信号在时间和频率上完全重叠，如图 5-20（c）所示。

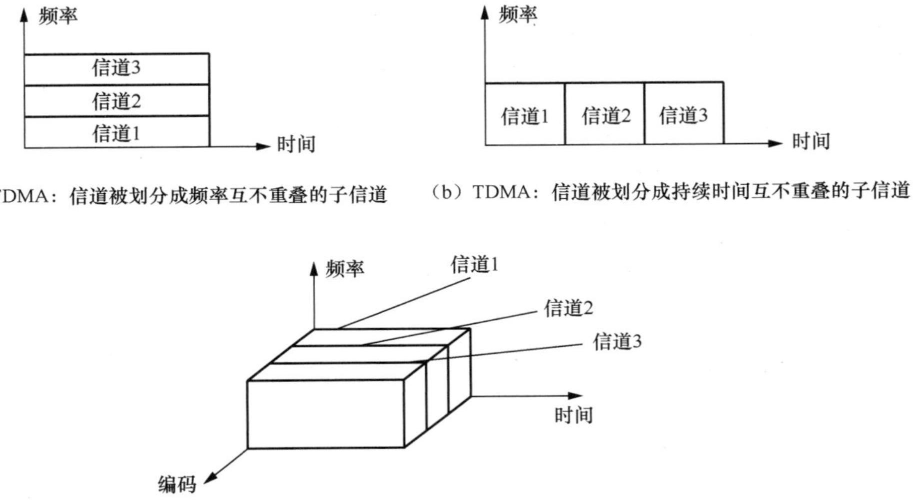

（a）FDMA：信道被划分成频率互不重叠的子信道　（b）TDMA：信道被划分成持续时间互不重叠的子信道

（c）CDMA：信号在时间、频率上完全重叠

图 5-20　3 种多址方式

多址技术对通信系统的容量和质量有着显著影响，因此寻找最优的多址方式已成为无线通信领域关键的研究方向之一。当所有用户的速率完全相同时，CDMA、TDMA 和 FDMA 系统的总容量是相同的。当 CDMA 系统中各用户速率不同但协同工作的情况下，CDMA 系统的总容量高于 FDMA 和 TDMA 系统。在实际系统中，用户速率不可能完全一致，CDMA 系统的总容量可达 FDMA 和 TDMA 系统的 4~5 倍。

5.4.2　FDMA

1. 基本概念

FDMA 是一种广泛使用的多址接入方式。它通过利用各发送端发射信号频率的差异，在发送端将这些信号组合在一起，并通过同一信道进行传输。在接收端，根据各发送信号的不同频率将它们分离。为了避免信道中各信号之间的相互干扰，信号频谱的排列必须互不重叠，并且需要预留一定的保护频带宽度。FDMA 的原理类似于不同乐器演奏。在音乐会中，小提琴和大提琴各自发出不同频率的声音，在同一时间，听众可以根据音调的高低轻松区分出小提琴和大提琴的旋律。

FDMA 通过频率将信道进行划分，各个频道在频率轴上相互独立且严格分离，但在时间和空间维度上存在重叠，此时信道的概念等同于频道。如图 5-21 所示为 FDMA 系统的工作示意。为了实现工向通信，收发双方采用不同的频率，这种技术被称为频分双工（FDD）。

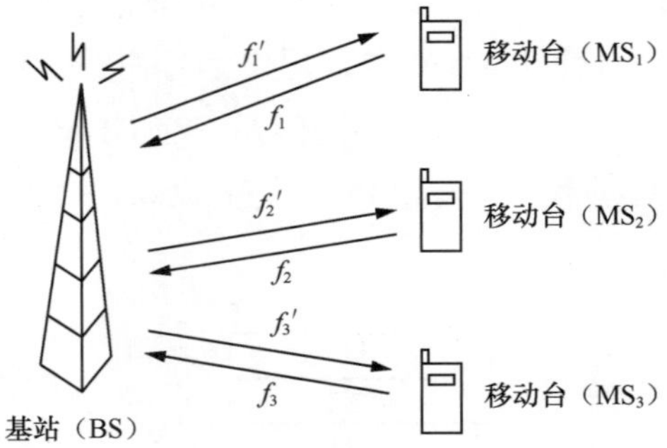

图 5-21　FDMA 系统工作示意

在 FDD 系统里，每位用户都获得两个频率互不相同的独立信道。具体而言，前向信道（由基站向移动终端传输的信道）的频率较高，而反向信道（从移动终端向基站传输的信道）的频率则相对较低。通信系统的基站必须同时处理多个不同频率的信号，既要发射又要接收。任意两个移动用户之间的通信都需要通过基站进行中转，这就意味着要实现一对用户的双向通信，必须同时占用两个信道，即一对频道。移动终端在通信时所使用的频道并非固定分配，而是在通信建立阶段由系统控制中心进行临时分配。通信结束后，移动终端会释放所占用的频道，这些频道随后可以重新分配给其他用户使用。

2. 典型应用

FDMA 在卫星通信领域应用广泛，其核心优势在于通信线路的建立过程相对便捷。该方式能够充分利用地面微波中继通信所积累的成熟技术与现有设备，且与地面微波系统实现接口的直接连接操作也十分顺畅。尽管频分多址方式存在一些难以攻克的缺点，但凭借其显著的便利性，它依然是卫星通信领域中较为常见的多址方式之一，广泛应用于国际卫星通信及部分国家（地区）的国内卫星通信。

FDMA 方式示意如图 5-22 所示。假设存在 4 个地球站，将卫星转发器的总带宽分割成 4 个不重叠的频带，分别分配给地球站作为它们的发射频段。各地球站在接收卫星信号时，可以通过载波的不同频率来识别信号的来源。例如，当 A 站接收到 f_B' 时，它能够判断出这是 B 站发来的；而接收到 f_C' 时，则可以确定该信号来自 C 站。若 B 站发送的信号既包含发往 A 站的信息，也包含发往 C 站和 D 站的信息，那么 A 站、C 站和 D 站该如何精准提取出 B 站发给自己的信号呢？这通常取决于 B 站采用的载波发射方式，一般存在两种处理策略。

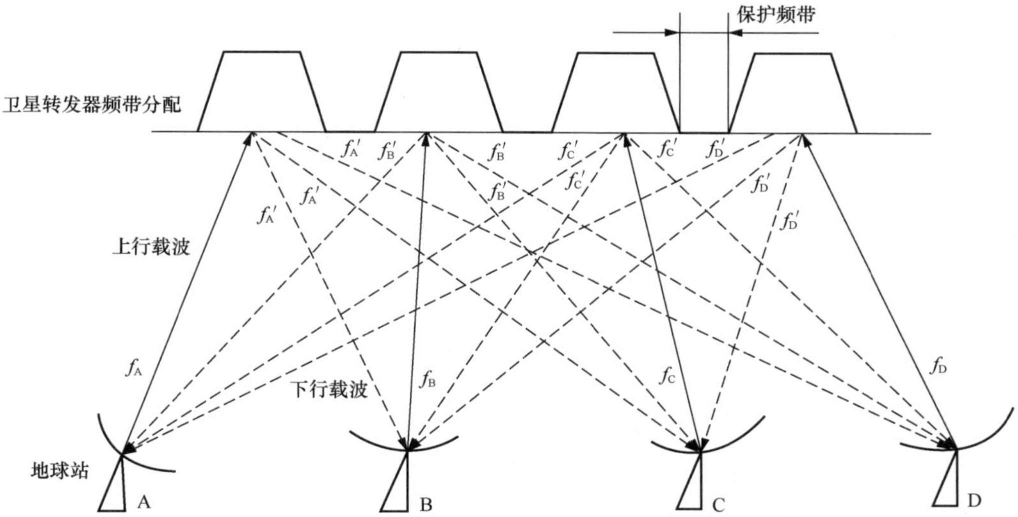

图 5-22 FDMA 方式示意

（1）每载波多路（MCPC）方式

发射信号的地球站首先将多个要发送给其他站点的信号按照某种多路复用方法进行组合，随后进行载波调制并发送出去。接收地球站接收到信号后，先进行第一次载波解调，然后依据已知的信号复用方式，利用预先分配给该站的 FDM 载波频率或 TDM 时隙数据，筛选出属于该站的信号，再进行第二次解调，从而恢复出原始信号。

当所有信号均处于工作状态时，MCPC 才具备经济合理性。若某些信号未工作，则会导致信道和发射功率的双重浪费。例如，若某个地球站的通信业务量较小，那么分配给该地球站的信道（如时间或频带）就会出现空闲。然而，发送消息的地球站和卫星转发器仍然按照最大业务量时的功率进行发射，从而导致信道和发射功率的浪费。因而这种方式更适合用于大容量和中等容量的通信系统。

（2）单路单载波（SCPC）方式

在许多场景中，通常只有部分通信线路处于活跃状态。针对在业务量较小时 MCPC 方式存在的不足，在频分多址的基础上，进一步发展出了 SCPC 方式。该方式在每个载波上仅传输一路信号，并通过“语音激活”技术将转发器的容量提升至原来的 2.5 倍。假设信道效率为 40%，在未采用语音激活技术时，能够同时工作的最大话路数为 40 条，那么采用该技术后，可同时使用的话路数将增加至 100 条。因此，对于通信站点众多、各站点间通信容量较小且总通信业务量不大的卫星系统来说，SCPC 方式是最为理想的选择。

在 SCPC 系统中，数字调制方式和模拟调制方式可以任意选择。由于各个载波独立工作，SCPC 系统还可以采用部分载波模拟调制、部分载波数字调制的数模兼容调制方式，从而实现更灵活的工作模式。此外，该系统在信道分配方面有两种模式：一种是预先分配，另一种是按需分配。通常提到的 SPADE 系统，就是采用按需分配模式的 SCPC 系统。

3. FDMA 系统中的干扰问题

FDMA系统通过频率划分信道来实现通信,每个用户在一对特定频道中进行通信。当其他信号成分意外落入某个用户接收机的频道带宽内时，会对该用户的有用信号产生干扰。FDMA 系统中的主要干扰类型包括互调干扰、邻道干扰及同频干扰。

互调干扰是由于系统内非线性器件产生的多种组合频率成分意外落入本频道接收机的通带内，从而对有用信号造成干扰。为有效应对互调干扰，需着力提升系统的线性水平，降低发射机与接收机的互调干扰程度，并挑选无互调干扰的频率集。

邻道干扰则是由于相邻波道信号中的寄生辐射成分落入本频道接收机的通带内，进而干扰有用信号。为克服邻道干扰，应严格规范收发信机的技术指标，约束发射机的寄生辐射与接收机的中频选择性，增强频道间的隔离度。

同频干扰主要出现在频率集重复使用的蜂窝系统中，由频率相同的信道信号相互干扰而产生。为了减少同频干扰，需要合理地选定蜂窝结构与频率规划，表现为在系统设计中对同频道干扰因子的选择。

5.4.3 TDMA

1. 基本概念

TDMA 是一种基于不同时间安排不同数据传输的多址方式,其工作原理类似于图书馆座位预约系统。座位在不同的时间段可以分配给不同的读者使用，同一时间每个座位只能由一位读者使用。TDMA 通过时间参数来分割信号，从而区分不同的信道。它将载波在时间上划分为周期性的帧，每个帧进一步细分为多个时隙，每个时隙作为一个独立的通信信道分配给一个用户。帧与帧之间及时隙与时隙之间在时间上是相互独立且不重叠的。

TDMA 技术凭借极为精确的时差，将信道细分为多个互不重叠的时隙，并将每个时隙分配给一个用户专用。图 5-23 展示了 TDMA 通信系统的工作原理。在接收端，可以根据发送信号的不同时间顺序，分别接收不同用户的信号。系统根据特定的时隙分配规则，确保每个移动台在每一帧中仅能在指定的时隙向基站发送信号。基站能够在各个时隙中分别接收到来自不同移动台的信

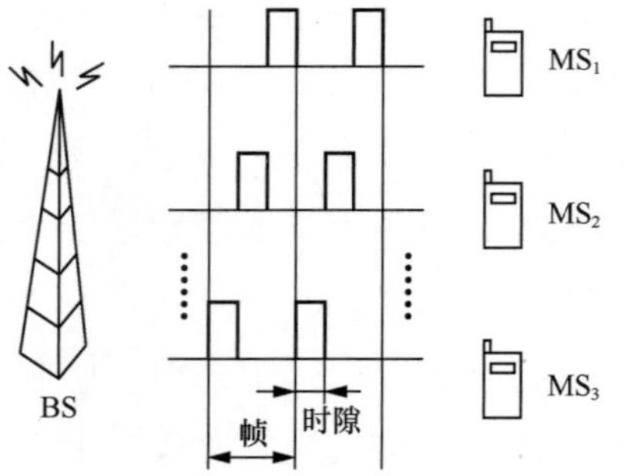

图 5-23　TDMA 通信系统的工作原理

号。与此同时，基站发送给各个移动台的信号也按照既定的顺序安排在相应的时隙中传输，各移动台只需在指定的时隙内接收信号即可。

2. 典型应用

在卫星通信领域，TDMA 将转发器的不同时隙，分配给各地球站。这使得各地球站的信号仅能在规定的时隙内通过卫星转发器传输。站在卫星转发器的视角，各地球站发来的信号按照时间顺序依次排列，各站信号在时间上不存在重叠。因此，各地球站可以共享相同的载波频率。换言之，在任意时刻，卫星行波管功率放大器所放大的仅为一个地球站的一个射频信号，从而从根本上消除了 FDMA 方式中引发交调干扰的因素。

为了确保各地球站的信号能够按照规定的时隙有序地通过卫星转发器，必须建立一个统一的时间基准。为此，需要指定一个地球站作为基准站，该基准站会周期性地向卫星发射脉冲射频信号。这些信号经卫星转发后，被其他各地球站接收，从而作为整个系统内各地球站的共同时间基准。通过这种方式，基准站控制其他各站射频信号的发射时间，确保它们在各自分配的时隙内准确通过卫星转发器。

TDMA 系统的组成如图 5-24 所示，地球站 1,2,3,…,K 发射的射频信号依次通过卫星转发器，各站所占用的时间片段即时隙分别为 $\Delta T_1,\Delta T_2,\Delta T_3,\cdots,\Delta T_k$。为了高效利用卫星信道，同时确保各站信号互不干扰，各地球站在卫星转发器中所占用的时隙应紧密排列且不相互重叠。在时分多址卫星通信系统中，每个地球站在卫星转发器中占用的时隙 $\Delta T_1,\Delta T_2,\Delta T_3,\cdots,\Delta T_k$ 被称为分帧，所有分帧之和构成了帧，一帧的时间 T_s 即为帧长。

$$T_s = \Delta T_1 + \Delta T_2 + \Delta T_3 + \cdots + \Delta T_k \tag{5-24}$$

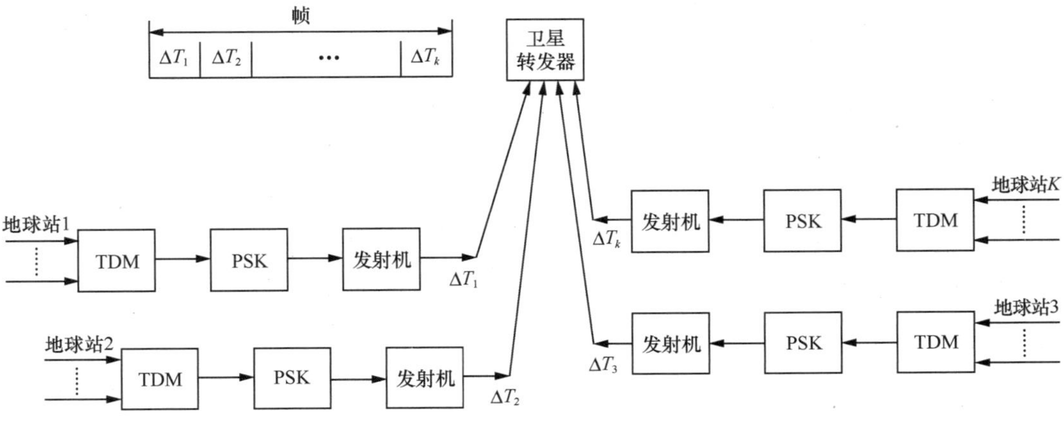

图 5-24　TDMA 系统的组成

TDMA 方式主要用于传输 TDM 数字信号，TDM/PCM/PSK/TDMA 是其中最具代表性的方式。各时隙的排列组合方式被称为该帧的帧结构，尽管不同 TDMA 系统的帧结构可能存在差异，但它们所完成的任务在本质上是相似的。TDMA 系统的典型帧结构如图 5-25 所示。

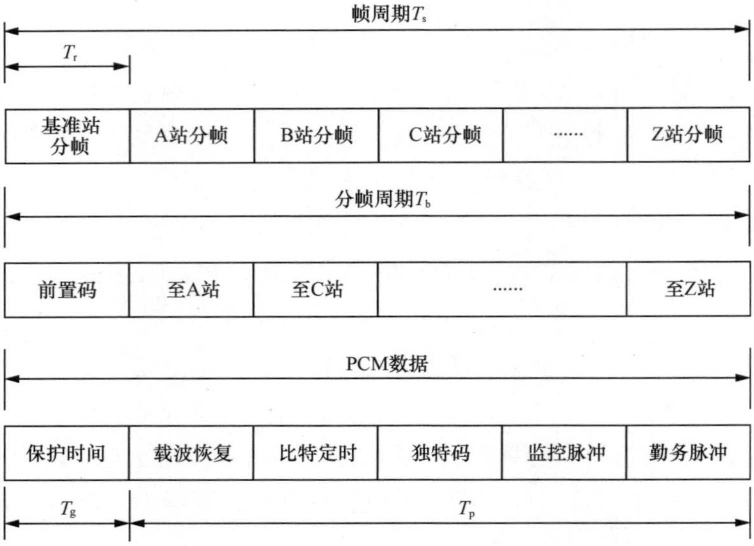

图 5-25 TDMA 系统的典型帧结构

帧长 T_s 通常取 PCM 取样周期 125μs 或其整数倍。卫星通信系统中的一帧由各个地球站及基准站的分帧共同构成。各地球站分帧的长度既可以保持一致，也可以存在差异，具体取决于各地球站所承载的业务量大小。

每个分帧由前置码和信息数据两部分组成。前置码由载波恢复与比特定时脉冲、独特码、监控脉冲及勤务脉冲等组成。载波恢复与比特定时脉冲可以为接收端提供PSK信号相干解调所需的载波和定时同步信息；独特码包含本分帧的起始时间标志及本站的站名标志，是实现分帧同步的关键；监控脉冲用于测量信道特性、指示信道分配的规律和指令；勤务脉冲则用于各地球站之间的通信联络。一旦接收站检测到前导码，便可在其控制下正确地进行 PSK 信号解调，并准确地选出与本站相关的信号。信息数据部分包括面向各个地球站的数字语音信号及多种其他数据信号。对于不同地球站的信息数据，其被分配在数据部分的各个特定时间点。若采用预分配策略，各站所分配的时间点与对方地球站的时间关联保持恒定；而若采用按需分配机制，这些时间点会随着每次电话呼叫而发生变化。

基准站的分帧仅包含一个前置码，其结构与各地球站的前置码基本一致，但不包含勤务联络信号。基准站的独特码则作为整个帧信号起始时间的基准和标识。

3. TDMA 的特点

TDMA 具有以下特点。

① TDMA 系统为每个用户分配一个独立且不重叠的时隙，用户仅在分配的时隙内工作，多个用户能够共享同一频带资源。

② 在 TDMA 系统中，N 个时分信道共用一个载波频道，占据相同的带宽，基站仅需一部收发信机即可，基站的复杂性较低。

③ TDMA 无须双工器，TDMA 通过不同的时隙来发送和接收信号。

④ 在 TDMA 系统中，用户以非连续的突发模式运行，时隙可以根据用户的具体需求进行灵活分配，甚至可以将多个时隙分配给单一用户。

⑤ TDMA 系统具有较高的发射响应速率，为有效消除码间干扰，需借助自适应均衡技术以补偿传输过程中的失真。

⑥ 同步控制开销较大，同步技术是 TDMA 系统正常运行的重要保障。

⑦ 由于 TDMA 中的移动台采用不连续的突发式传输，切换处理对用户单元而言较为容易，传输数据不会因越区切换而丢失。

5.4.4 CDMA

1. 基本概念

CDMA 利用编码的差异来区分用户，它将各用户信号用一组两两正交的序列编码分别进行调制，然后在同一信道载频上同时传输。在接收端，CDMA 利用编码的正交性，通过计算接收信号与每个可能用户特征序列的互相关，分离各用户信号。只有具有完全相同相位的地址码的接收机，才能正确解调并恢复出原始信号。CDMA 可以类比为在一个繁忙的快递分拣中心，每个包裹都贴有独特的条形码。尽管所有的包裹都在同一个传送带上移动，但只有扫描仪识别到特定条形码时，才会将包裹分拣到对应的区域。其他包裹的条形码不会产生干扰，从而确保每个包裹都能准确到达目的地。

CDMA 技术以码型结构作为信号分割的关键参数，为每个用户分配了独特的地址码。它通过公共信道传输信息，而接收端则依靠地址码的差异来区分不同的用户。CDMA 系统中的地址码相互正交，其主要作用是区分不同的用户。这些地址码在频率、时间和空间上都可能存在重叠。当某个用户发送信号时，系统的接收端必须使用与之完全一致的本地地址码来对接收到的信号进行相关检测。只有匹配的接收机才能通过相关检测成功接收信号，而其他使用不同码型的信号由于与接收机本地产生的码型不匹配，无法被解调。

2. 典型应用

图 5-26 为 CDMA 系统的工作原理示意。在 CDMA 移动通信系统中，基站承担着

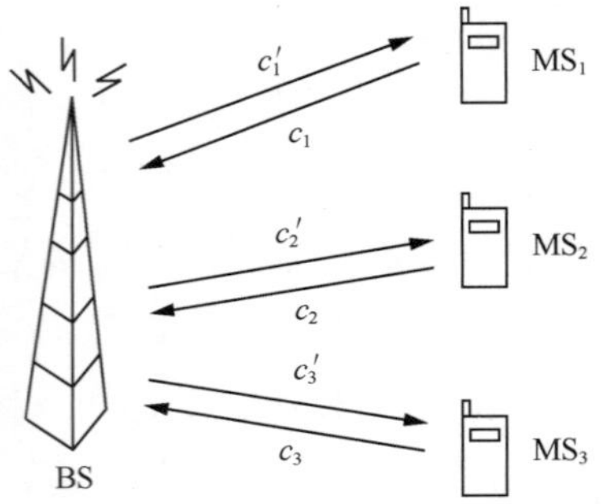

图 5-26　CDMA 系统的工作原理示意

用户间信息传输的转发和管控任务。移动用户传输信息所用的信号,通过各自独特的编码序列来实现区分。CDMA 系统可通过频分双工与时分双工两种模式实现双工通信。在频分双工码分多址模式中，每个用户均被赋予一个正交的地址码，且所有用户共享同一载波进行数据传输。此时，用户设备的接收信道与发送信道依靠不同的频率来实现双工通信。

当卫星通信系统使用 CDMA 技术时，各地球站均采用同一载波频率，并覆盖整个信道的射频带宽。此外，各地球站发射信号或占用转发器的时间是随机的，这导致各站发射信号的射频频率和时间可能会相互重叠。在这种情况下，接收端对各个站址的区分完全依赖于各站调制所使用的不同地址码，通常选用 PN 码作为地址码。在接收端，采用相关接收方式，只有具备与发送信号相同的 PN 码的相关接收机，才能检测并输出该信号。

依据扩频方式的不同，码分多址技术主要分为以下几种类型：直接序列码分多址（DS-CDMA）、跳频码分多址（FH-CDMA）、跳时扩频码分多址（TH-CDMA）等。此外，还可以将这些基本方法进行组合，进而组成多种混合码分多址技术（HCDMA）。

DS-CDMA 作为一种广泛应用的扩频多址技术，不仅在第二代移动通信中获得了成功应用，还成为第三代移动通信的核心技术之一。DS-CDMA 通过将窄带信号与高速地址码信号相乘，生成宽带扩频信号。经过 DS 扩频处理后，信号功率谱在较宽的频谱范围内均匀分布。在背景噪声保持不变的情况下，信噪比 S/N 明显降低，信号似乎被“淹没”在噪声中。因此，DS-CDMA 系统具有抗窄带干扰、抗多径衰落及高保密性等优点。

CDMA 技术的关键在于频谱扩展，即扩频技术，该领域的研究与应用已有数十年的历史。扩频通信指的是传输信息的信号带宽远超信息本身的带宽，这是一种宽带通信，其系统带宽通常是信息带宽的 100~1000 倍。在实际应用中，常采用正交码或准正交码作为扩频码对信号进行调制，从而实现码分多址功能。

项目测试

一、单项选择题

1. 按 CCITT 标准，FDM 系统的防护频带间隔不低于（　　）时，可使邻路干扰电平不高于–40dB。

A. 900Hz　　B. 1kHz　　C. 9kHz　　D. 9MHz

2. 在目前模拟通信系统中，最主要的信道复用方式是（　　）。

A. FDM　　B. TDM　　C. CMD　　D. WDM

3. 若语音信号的最高频率是 4000Hz，则按照抽样定理，取单路语音信号的抽样频率为（　　）。

A. 4000Hz　　B. 8000Hz　　C. 10kHz　　D. 16kHz

4. 对同一个信号依次进行了一次 SSB 调制、一次 FM，可将此表示为（　　）。

A. SSB/SSB　　B. SSB/FM

C. FM/FM　　D. FM/SSB

5. 信道分配技术与基带复用方式、调制方式、多址连接方式相结合，共同决定了一个通信系统的通信体制。如 FDM/FM/FDMA/PA 代表了一个（　　）方式的通信体制。

A. “时分多路复用/频率调制/频分多址/固定预分配”

B. “频分多路复用/频率调制/时分多址/固定预分配”

C. “频分多路复用/频率调制/频分多址/非固定预分配”

D. “频分多路复用/频率调制/频分多址/固定预分配”

二、多项选择题

1. 下列关于 TDM 的说法正确的是（　　）。

A. TDM 可分为 STDM 和 ATDM 两种

B. STDM 的信道利用率高于 ATDM

C. STDM 适用于复用的各路信号数据量相对固定的场合

D. ATDM 由于动态分配时隙来进行数据传输，即对传送信息量大的某路信号分配时隙多，传送信息量少的则分配时隙少，其信道利用率高于 STDM

2. FDM 技术具有（　　）的特点。

A. 复用率高　　B. 分路方便

C. 抗邻路干扰能力强　　D. 复用信号的路数较多

3. 目前常用的多址技术有（　　）。

A. FDMA　　B. TDMA　　C. CDMA　　D. SDMA

4. CDMA 技术具有（　　）特点。

A. 抗干扰与多径衰落能力强，信息传输可靠性高

B. 防截获能力强

C. 系统容量大

D. 具有软切换功能

5. CDMA 通信的核心技术是（　　）。

A. 自动功率控制　　B. 频率调制与解调

C. 信号加密与解密　　D. 分集接收技术

三、判断题

1. FDM 的复用率高，无邻路干扰，分路也很方便，但设备较为复杂。(　　)

2. TDM 的实现是以抽样定理为基础的。(　　)

3. 对一个调频信号再进行幅度调制，得到的是调幅波。(　　)

4. 信道共享实质上就是多个用户同时使用同一个信道，并且保证没有相互干扰或干扰小到不会影响各自的通信。(　　)

5. FDMA 和 TDMA 分配给用户的子信道是相对固定的，这特别适合具有突发性的用户接入网络数据。因此，在各种多址技术中，FDMA 和 TDMA 具有较高的信道利用率。(　　)

6. 在 FDM 中，邻路间隔防护频带 f_g 越大，对边带滤波器的要求就越高，但每路信号占用的总频带宽度就越小。(　　)

7. CDMA 系统的同步传输指每个用户都只有 1 个符号对理想接收信号形成干扰的情况。(　　)

8. FDMA 方式的最大优点是处理数字信号特别方便。(　　)

9. 为了使信道中各信号互不干扰，FDMA 信号的发送时间必须互不重叠，且应留有一定的保护时间间隔。(　　)

10. PN 序列对基带信号的调制可通过与 PN 序列的相乘或模 2 加来实现，这是因为信号都是数字信号。(　　)

项目六

认识数字编码技术

06

项目概要

本项目主要介绍通信系统中的数字编码技术。为了完整阐述编码的必要性，本项目从信息的度量开始，引入熵和信息量的概念，以便于进一步衡量通信系统的容量，从而对通信系统的经典定理之一——香农定理进行学习。此外，本项目将引导学生较为系统地学习信源编码和信道编码，掌握提高通信系统可靠性和有效性的重要方法和理论。对于信源编码，了解对信源的处理思路，并了解香农-范诺编码和霍夫曼编码这两种编码方法。对于信道编码，先学习差错控制的基本理论及检错、纠错能力的计算方法，最后对线性分组码、汉明码、循环码和低密度奇偶校验码（LDPC）进行系统学习。

本项目共分 7 个任务，建议安排 14 学时完成。

知识准备

在学习本项目前，希望您已经具备以下知识。

1. 掌握工程数学中的矩阵及相关运算方法。
2. 掌握概率论与数理统计中的条件概率等概率运算的相关知识。
3. 掌握代数中的多项式及计算相关方法。

知识图谱

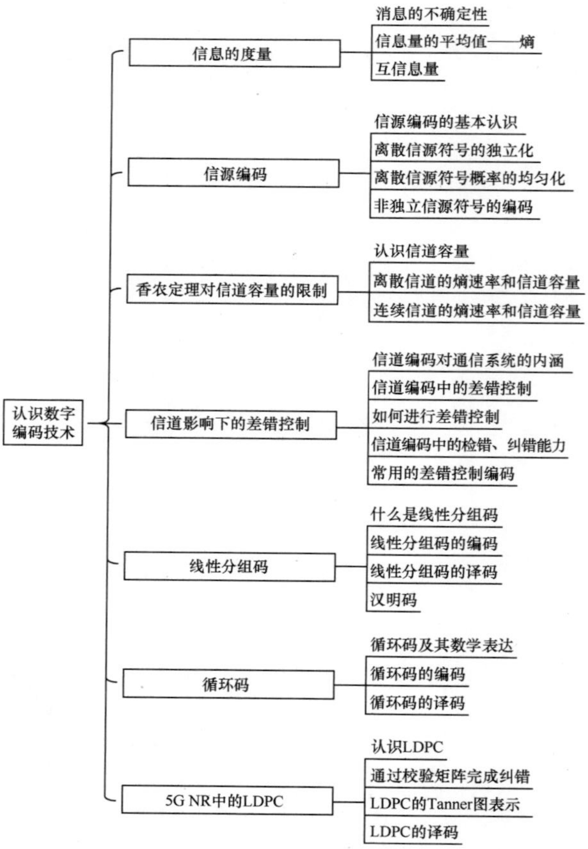

社会的不断进步强烈地刺激着无线通信技术的快速发展，同时，人们需要通信更快捷、更可靠，业务更加多元化和人性化，这迫使通信领域不断挖掘、研究和开创新技术来满足这些需求。因此，通信技术应最大限度地利用时域、频域、空域和码域等各种资源，尽量提高无线通信的频谱利用率和通信系统的容量，而编码技术正是实现这一目标的关键。

1948 年，现代信息论的奠基人香农发表了《通信的数学理论》，标志着信息与编码理论这一学科的创立。根据香农定理，在一个带宽确定而且噪声存在的信道里可靠地传送信号有两种途径：一是加大信噪比；二是构造长码，在信号编码中加入附加的纠错码。在物理实现方面，这两种途径不可兼得。因此，在设计低误码率编码系统时，主要考虑两个问题：一是构造好的长码，二是寻找易于实现的编码方法。围绕这两个问题，信道编码在近 70 年的发展历程中取得了辉煌的成绩。在内容上，由传统的分组码、循环码、卷积码、伪随机序列等发展到 Turbo 码、LDPC、空时码、跳频/跳时序列等；在性能上，由与香农极限有 2～3dB 的差距到逼近香农极限，最好的性能与香农极限值仅相差 0.0045dB；在应用上，新技术的应用周期大幅度缩短，5G 移动通信中主要应用的有 Turbo 码、LDPC 和 Polar 码。1993 年提出的 Polar 码将卷积编码和随机交织器巧妙结合，实现了随机编码思想，其译码性能逼近香农极限。受到 Turbo 码的启发，1996 年，麦凯（MacKay）等人对 LDPC 进行重新研究，发现其性能也可逼近香农极限，甚至超过 Turbo 码性能，随后 LDPC 在各通信系统中得到了广泛应用。

但信道编码技术的应用存在着一定的局限性。为了提高信号的稳定性，需要在原有的数据流信号中加入一定量的纠错码。但是这样做的代价就是降低了有效信息码的传输码率。所以信道编码技术需要根据实际情况进行选择，具体的信道编码方案也需要根据实际需求进行选择。

任何通信都是为了迅速而准确地传送各种形式的信息。因此，衡量一个通信系统质量的好坏，是从传输信息的数量和质量两方面，即有效性和可靠性来进行的。其中，有效性是指用尽可能少的信道资源来传输最多的信息，这是一个关于传送信息的数量的指标；可靠性则主要是指在信息传输过程中，系统抵抗各类自然或人为干扰的能力，它表现为在接收的信息中有多少个错误。

任务 6.1　信息的度量

任务目标

本次任务我们从消息的不确定性开始，主要学习信息量的度量方法，并探索离散信源平均信息量的衡量。

任务分析

在日常生活中，许多直观经验告诉我们，信息是可度量的。例如对于一句话，人们会产生诸如“这句话很有用，信息量很大”“这句话没有用”的评价，说明不同的信息带有不同的信息量。由于衡量通信系统的两个主要指标涉及系统所传送信息的多少，因此对信号所携带信息量的度量成了我们首先需要掌握的内容。

6.1.1 消息的不确定性

生活中的经验告诉我们，越是意外的事情带来的信息量越大。那么可以说，信息是可度量的，而且它的度量与它所依附事件的复杂度和不确定性有关。并且，我们获取信息的过程实质上就是不确定性降低的过程。也就是说，信宿要通过信道获得信息，信源发出的消息必须包含信宿事先不知道的内容，即该消息必须存在着某种程度的不确定性，只有这样，收信者得到消息后，消除了其中的不确定性，才能获得信息。

香农在《通信的数学理论》中指出："信息是用来消除随机不定性的东西。"这从理论上确定了获取信息的过程就是不确定性减少的过程。显然，消息的不确定性越大，收信者收到消息后获得的信息量就越多；消息的不确定性越小，则收信者得到的信息量也就越少。如果信源发出的全是收信者已知的消息，则收信者不能从中得到任何信息。这正如一则漫画：某人在雨中告诉他身边的同伴“现在在下雨”。这个同伴只是听到了一句废话而已，他并没有从这句话中得到任何有用的信息。由此可见，信宿获得信息的多少与信源的不确定性密切相关。因此，人们对信息度量的研究就转向对信源不确定性程度的研究。因此我们能感受到，这种信息量的大小与不确定性的大小存在着某种数学上的联系。那么如何从数学上来度量这种不确定性的大小呢？我们通过下面的例子来思考这个问题。

设有 3 个各装 100 个球的布袋，每个球的大小、手感完全一样，但有红、白两色之分。在 3 个袋子中，每种颜色球的数量不同。

第一个布袋装有 99 个红球和 1 个白球，随意从布袋中拿出一个球，猜测它是红球还是白球。首先我们可以肯定：从该布袋中拿出球的结果具有不确定性，因为拿出的一个球既可能是红的，也可能是白的。但一般会猜测它是红球，因为红球数量多，猜测是红球的正确率可以达到 99%，相应地，猜测正确的不确定程度很小。或者说，此时猜对是很正常的，而我们从猜对中获得的信息也很少。

第二个布袋装有红球 90 个、白球 10 个。这时，要猜对从布袋中随意拿出的一个球是红球还是白球的难度就比第一种情况要大，因为这时红球、白球的数量相差不像刚才那么悬殊，猜测是红球的正确率下降为 90%。在这种情况下，猜对得到的信息量就比刚才要多，显然，这是因为信源发出消息（“是红球”）的不确定性增加了。

第三个布袋装有红球、白球各 50 个。这时，要猜出拿出的是红球还是白球的难度显然更大。由于红球、白球一样多，猜测是红球的正确率只有 50%。在这 3 种情况中，此时信源发出消息的不确定程度最高，相应地，猜对是红球所获得的信息量也最大。

通过这个例子可以得出这样一个结论：信源的不确定性就是信源提供的信息量；信源的不确定性越高，信宿得到的信息量就越大。在通信系统中，信源发出的消息一般是随机的，正是这种随机性带来了不确定性。在数学上，信源发出消息的随机性可以用概率来表达，因此对消息蕴含信息量的衡量便成了与消息发生概率之间关系的研究。

设信源发出某消息 X_i 的概率为 $P(i)$，用 $I(x_i)$ 表示消息 X_i 提供的信息量，则定义

$$I(x_i)=\log_n \frac{1}{P(i)} \tag{6-1}$$

式（6-1）中的 $I(x_i)$ 又称为消息 X_i 的自信息量，它具有随机变量的性质。$I(x_i)$ 表示一个具体的消息 X_i 所具有的不确定度，但不能表示消息 X_i 所属信源的总体不确定度。

式（6-1）中的对数若取 2 为底，则信息量的单位为比特（bit）；若取 e 为底，则信息量的单位为奈特（nat）；若取 10 为底，则信息量的单位为哈特莱（Hartley）。我们以比特作为信息量的常用计量单位，即对数以 2 为底。

一般而言，20s 的广告提供的产品信息大约是 10s 广告所提供信息的 2 倍；n 页教材包含的信息量约为 1 页教材信息量的 n 倍。也就是说，信源提供的信息量与其发送消息的持续时间或发送消息的长度有关，时间延长一倍或消息长度增加一倍，信息量也相应增加一倍。

【例 6.1】 小明给小花写了一封信，这封信一共 10 页。假设每页都是 300 个字，所有字都来自 5000 个常用字，且每个字的选取独立等概率。请分析这封信所携带的信息量。

解： 对于每页而言，提供的消息状态总数为 $N=5000^{300}$，而每种状态独立等概率，因此每页的每种可能状态的概率为 $p_1=\frac{1}{5000^{300}}$。

对于这封信来讲，其所有可能状态的概率均为

$$P=p_1^{10}=\left(\frac{1}{5000^{300}}\right)^{10} \tag{6-2}$$

若同样用概率倒数的对数来表示信源的不确定性，则一页包含的不确定度 $H_1(x)$ 为

$$H_1(x)=\log_n \frac{1}{p_1}=\log_n N \tag{6-3}$$

这封信提供的不确定性为

$$H(x)=10\cdot H_1(x) \tag{6-4}$$

也可以通过这封信所有可能状态的概率计算得出，即

$$H(x)=\log_n \frac{1}{P}=\log_n \frac{1}{p_1^{10}}=10\cdot\log_n \frac{1}{p_1}=10\cdot H_1(x) \tag{6-5}$$

式（6-5）表明，10 页信的不确定度，也就是它提供的信息量为 1 页信的 10 倍，这与我们前面的直观理解是一致的，也说明用概率倒数的对数来表示信息的不确定度即信息量是合理的。当消息 X_i 的出现概率 $P(i)$ 越小时，$I(x_i)=\log_n \frac{1}{P(i)}$ 的值越大，也就是说如果消息 X_i 出现越罕见，则一旦出现，从中获得的信息量就越大。

综上所述，对于任何离散信源，输出单个消息 X_i 所提供的信息量，用 X_i 出现概率倒数的对数来表示，是十分准确精妙的。

6.1.2　信息量的平均值——熵

由有限个消息符号或状态构成的信源就是离散信源。例如，一个只能输出 26 个英文字母和 9 个常用标点符号的英文打字机，只可输出高、低两种电平来代表 0、1 两种代码的信源，都是离散信源。其中，第一个信源的消息数为 35，第二个信源的消息数为 2。

通过式（6-1）可以算出一个消息符号所包含的信息量，但在实际通信过程中，任何离散信源发出的都是一长串的消息序列而非单个的符号，因此我们更注重考虑一串消息序列中每个消息符号的平均信息量，即信源的平均信息量。显然，我们不可能针对每个具体的消息序列来计算均值，而只能从概率统计的角度出发来解决这一问题。

设某离散信源 X 可输出 N 种彼此独立的符号，各符号出现的概率分布如下。

$$\begin{array}{lcccccc} X: & x_1, & x_2, & \cdots, & x_i, & \cdots, & x_N \\ P(x): & P(x_1), & P(x_2), & \cdots, & P(x_i), & \cdots, & P(x_N) \end{array}$$

定义离散信源的平均信息量为

$$H(x)=-\sum_{i=1}^{N}P(x_i)\log_n P(x_i) \tag{6-6}$$

由于该平均信息量 $H(x)$ 的公式与热力学、统计学中关于系统熵的公式形式一样，因此也把信源输出一个消息所提供的平均信息量，即信源的不确定度 $H(x)$ 称为信源熵。在公式计算中，对数通常以 2 为底，所以它的常用单位是比特/符号。

对于二元离散信源，若出现 0、1 的概率分别为 $P(0)=P$、$P(1)=1-P$，那么，该信源的熵为

$$H_2(x)=-[P\log_2 P+(1-P)\log_2(1-P)] \tag{6-7}$$

从数学上来看，只有当 $P=\frac{1}{2}$ 时，$H_2(x)$ 取最大值，即 $H_2(x)=-\log_2 P=1$（比特/符号）。当 $P=1$ 或 $P=0$ 时，$H_2(x)$ 取最小值 0。这一数学结论蕴含的实际意义是：当一个二元信源只能发出全 0 或全 1 符号时，其消息序列不包含任何信息量；反之，当信源等概率地发出 0、1 时，该信源的不确定性最大。事实上，这一结论还可以推广到具有 N

个符号的离散独立信源中，即当 N 个符号的出现概率 $P=\frac{1}{N}$ 时，该信源的熵 $H_N(x)$ 取最大值为

$$H_N(x)=-\sum_{i=1}^{N}P(x_i)\log_2 P(x_i)=-\sum_{i=1}^{N}\frac{1}{N}\log_2\frac{1}{N}=\log_2 N \quad (6\text{-}8)$$

【例 6.2】设离散信源 X 由 0、1、2、3 这 4 个符号组成，且每个符号的出现都是独立的，它们出现的概率为

$$\begin{pmatrix} X: & 0 & 1 & 2 & 3 \\ p(x): & \frac{3}{8} & \frac{1}{4} & \frac{1}{4} & \frac{1}{8} \end{pmatrix}$$

试求消息序列 201020130213001203210100321010023102002010312032100120210 的信息量和平均信息量。

解：此消息序列共有 57 个符号，其中，0 出现了 23 次，1 出现了 14 次，2 出现了 13 次，3 出现了 7 次。

根据信息量的定义，信源发出的 4 个符号的信息量分别为 $I_0=\log_2\frac{8}{3}$、$I_1=\log_2 4$、$I_2=\log_2 4$ 和 $I_3=\log_2 8$。

因此该消息序列的信息量为

$$I=23\cdot\log_2\frac{8}{3}+14\cdot\log_2 4+13\cdot\log_2 4+7\cdot\log_2 8\approx 108 \text{（比特）}$$

从而求得该消息的平均信息量为

$$\bar{I}=\frac{I}{57}=\frac{108}{57}\approx 1.89 \text{（比特/符号）}$$

以上解答根据统计特性先求出消息的总信息量，然后根据消息的长度计算出平均信息量。该方法计算出来的平均信息量的准确度依赖于消息的长度，消息越长，得到的平均信息量越接近于信源的熵。为此，我们通过平均信息量即信源熵来重新解答【例 6.2】。

根据式（6-6）对平均信息量的定义有

$$H(x)=-\frac{3}{8}\log_2\frac{3}{8}-\frac{1}{4}\log_2\frac{1}{4}-\frac{1}{4}\log_2\frac{1}{4}-\frac{1}{8}\log_2\frac{1}{8}=1.906 \text{ (比特/符号)}$$

而【例 6.2】中所求消息的长度为 57 个符号，因此该消息蕴含的总的信息量为

$$I=57\cdot H(x)=108.642 \text{（比特）}$$

我们看到，利用信源熵的定义求解的平均信息量与消息统计特性和符号信息量相结合求解的平均信息量确实存在“误差”，但当消息比较长时，利用信源熵的定义求解将变得更为方便，两种计算“误差”也会趋近于零。

6.1.3 互信息量

在生活中，某一事件的发生会导致发生另一事件的概率有变化。例如，一些突发情况使南开大学某门课程线下授课的概率急剧下降，期末考试推迟的概率迅速上升。对通信过程而言，收信者对某一事件的了解从不确定到比较确定或完全确定，完全依赖于他获得的信息。若获得的信息量不够，则只能达到比较确定；若获得的信息量足够，则变成完全确定。因此，可以直观地将通过通信获得的信息量定义为

$$I(\text{信息量})=\text{不确定度的减小} \tag{6-9}$$

也就是说，收信者接收到一个消息所获得的信息量，就等于他获得信息前后对事件了解的不确定程度的减小。显然，不确定程度减小的原因是接收到消息前后信源概率空间分布发生了改变。

设信源 X 的概率空间为

$$\begin{matrix} X: & x_1, & x_2, & \cdots, & x_i, & \cdots, & x_n \\ P(x): & P(x_1), & P(x_2), & \cdots, & P(x_i), & \cdots, & P(x_n) \end{matrix}$$

则该信源的不确定度，也就是它所包含的平均信息量为 $H(x)$。设收信者接收到的消息为 Y，则可以写出由接收到的 Y 来判定发送 X 的后验条件概率空间为

$$\begin{matrix} Y: & y_1, & y_2, & \cdots, & y_j, & \cdots, & y_n \\ P(x/y): & P(x_i/y_1), & P(x_i/y_2), & \cdots, & P(x_i/y_j), & \cdots, & P(x_i/y_n) \end{matrix}$$

如果信道没有噪声干扰，发送消息 x_i 就必然接收到 x_i，即接收到消息 y_j 后确定发送为 x_i 的后验概率为

$$\begin{cases} P(x_i/y_j)=1, & i=j \\ P(x_i/y_j)=0, & i\neq j \end{cases} \tag{6-10}$$

故接收到 y_j 后，对信源的不确定度就变为零。

当信道中有干扰时，接收到消息 x_i 后不能完全确定发送的一定就是 x_i，此时有

$$\begin{cases} P(x_i/y_j)<1, & i=j \\ P(x_i/y_j)>0, & i\neq j \end{cases} \tag{6-11}$$

收信者接收到消息后对信源 X 仍然存在一定程度的不确定性。用 $H(x/y)$ 表示这个接收到消息后对信源仍然存在的不确定度，则根据平均信息量 $H(x)$ 的定义式可以得到

$$H(x/y)=H[P(x/y)]=-\sum_i\sum_j P(x_i,y_j)\log_n P(x_i/y_j) \tag{6-12}$$

定义两个离散随机时间集 X 和 Y，事件 y_i 的出现给出关于 x_i 的平均信息量，即为互信息量，通常记为 $I(x;y)$。

收信者从接收到的信源输出消息中所获得的平均信息量为 $I(x;y)$，由式（6-9）得

$$I(x;y)=H(x)-H(x/y) \tag{6-13}$$

将式（6-12）代入式（6-13），有

$$\begin{aligned} I(x;y)&=H(x)-H(x/y)\\ &=H\left[P(x)\right]-H\left[P(x/y)\right]\\ &=\log_n\frac{1}{P(x_i)}-\log_n\frac{1}{P(x_i/y_j)}\\ &=\log_n\frac{P(x_i/y_j)}{P(x_i)}\\ &=\log_n\frac{\text{后验概率}}{\text{先验概率}} \end{aligned} \tag{6-14}$$

式（6-14）表示，收信者所获得的信息量随先验概率的增加而减小，随后验概率的增加而增加。

根据式（6-12）可知，对无干扰信道，$H(x/y)=0$；对有干扰信道，$H(x/y)\neq 0$。于是我们有以下结论：在无干扰情况下，收信者从信源输出的每个消息中得到的平均信息量，等于信源每个消息所提供的平均信息量，也等于信源的不确定度$H(x)$；当信道存在干扰时，收信者从接收到的每个消息中得到的平均信息量，小于信源每个消息提供的平均信息量，或者说小于信源的不确定度$H(x)$。

【例 6.3】 设某信源发送 0 和 1 的概率相等，但由于噪声影响，发送的 0 码有$\frac{1}{6}$被错收成 1 码，而发送的 1 码有$\frac{1}{3}$被错收成 0 码，试求收信者接收到该信源发出的一个消息所获得的平均信息量。

解： 设发送端信源符号为 $x_i, i=0$ 或 1，接收端符号集为 $y_i, i=0$ 或 1，由已知可得

$$P(x_0)=P(x_1)=\frac{1}{2}$$

$$P(y_0/x_0)=\frac{5}{6}，\quad P(y_1/x_0)=\frac{1}{6}$$

$$P(y_0/x_1)=\frac{1}{3}，\quad P(y_1/x_1)=\frac{2}{3}$$

根据全概率公式和后验概率公式有

$$P(x,y)=P(x)\cdot P(y/x)=P\left(y\right)\cdot P(x/y) \tag{6-15}$$

$$P(x/y)=P(x,y)/P(y)=P(x)\cdot P(y/x)/P(y) \tag{6-16}$$

因此接收到 0、1 的概率 $P(y_0)$、$P(y_1)$ 及各后验概率 $P(x_i/y_j)$ 分别为

$$P(y_0)=P(x_0)\cdot P(y_0/x_0)+P(x_1)\cdot P(y_0/x_1)=\frac{7}{12}$$

$$P(y_1)=P(x_0)\cdot P(y_1/x_0)+P(x_1)\cdot P(y_1/x_1)=\frac{5}{12}$$

$$P(x_0/y_0)=\frac{P(x_0)\cdot P(y_0/x_0)}{P(y_0)}=\frac{5}{7}$$

$$P(x_0/y_1)=\frac{P(x_0)\cdot P(y_1/x_0)}{P(y_1)}=\frac{1}{5}$$

$$P(x_1/y_0)=\frac{P(x_1)\cdot P(y_0/x_1)}{P(y_0)}=\frac{2}{7}$$

$$P(x_1/y_1)=\frac{P(x_1)\cdot P(y_1/x_1)}{P(y_1)}=\frac{4}{5}$$

则接收端接收到符号 0、1 分别获得的信息量为

$$I(x_0/y_0)=\log_2\left[\frac{P(x_0/y_0)}{P(x_0)}\right]=\log_2\frac{10}{7}=0.5146\text{（比特）}$$

$$I(x_0/y_1)=\log_2\left[\frac{P(x_0/y_1)}{P(x_0)}\right]=\log_2\frac{2}{5}=-1.3219\text{（比特）}$$

$$I(x_1/y_0)=\log_2\left[\frac{P(x_1/y_0)}{P(x_1)}\right]=\log_2\frac{4}{7}=-0.8074\text{（比特）}$$

$$I(x_1/y_1)=\log_2\left[\frac{P(x_1/y_1)}{P(x_1)}\right]=\log_2\frac{8}{5}=0.6781\text{（比特）}$$

其中，求出信息量为负数的表示收信者由于干扰而得到了错误的消息，收信者不但没有得到信息量，反而损失了信息量。

设信源发出的消息序列长度为 N，则其中

发 0 收 0 的次数为　　$NP(x_0)\ P(y_0/x_0)=\frac{5N}{12}$

故发 0 收 0 的总信息量为　　$I(x_0/y_0)\cdot\frac{5N}{12}=0.5146\times\frac{5N}{12}$（比特）

发 0 收 1 的次数为　　$NP(x_0)\ P(y_1/x_0)=\frac{N}{12}$

故发 0 收 1 的总信息量为　　$I(x_0/y_1)\cdot\frac{N}{12}=-1.3219\times\frac{N}{12}$（比特）

发 1 收 0 的次数为　　$NP(x_1)\ P(y_0/x_1)=\frac{N}{6}$

故发 1 收 0 的总信息量为　　$I(x_1/y_0)\cdot\frac{N}{6}=-0.8074\times\frac{N}{6}$（比特）

发 1 收 1 的次数为　　$NP(x_1)\ P(y_1/x_1)=\frac{N}{3}$

故发 1 收 1 的总信息量为 $I(x_1/y_1)\cdot\frac{N}{3}=0.6781\times\frac{N}{3}$（比特）

所以，他接收到的总信息量为

$$\left(0.5146\times\frac{5N}{12}\right)+\left(-1.3219\times\frac{N}{12}\right)+\left(-0.8074\times\frac{N}{6}\right)+\left(0.6781\times\frac{N}{3}\right)=0.196N\text{（比特）}$$

故接收端每接收到一个消息获得的平均信息量为

$$\frac{0.196N}{N}=0.196\text{（比特/符号）}$$

任务 6.2 信源编码

任务目标

信源编码根据信源的特性，使用另一个符号集来表示信源信息，从而减少消息的冗余信息，提高系统有效性。本任务首先从信源编码的基本认识开始，介绍信源编码的必要性和通常做法。然后呈现了离散信源的符号独立化和概率均匀化，其中概率均匀化又分别呈现了香农-范诺编码和霍夫曼编码的规则。最后探究了非独立信源的编码方法。

任务分析

对于信源和信道都已知的通信系统，其编码根据不同的目的可分为信源编码和信道编码两类。信源编码主要针对信源特性，通过改变信源各个符号之间的概率分布，实现信源与信道间的匹配，使信息速率无限接近信道容量，所以也称之为有效性编码。信道编码则是通过变换各个信码之间的规律或相关性，使其对误码具有一定的自检或自纠能力，进而使系统在一定的信息速率下发生错误的概率变得非常小。这类编码的目的主要是提高系统的抗干扰能力，这是针对信道特性而采取的措施，所以称之为信道编码，有时也叫抗干扰编码。本任务主要学习这些编码的原理、规则和方法。

6.2.1 信源编码的基本认识

信源编码的实施过程就是将表达某一消息的符号集合，通过确定的规则，用另一个符号集合来表示。通过符号转换，减少或消除待发消息中的冗余信息，提高系统的有效性。符号转换过程实质就是寻求一种最佳概率分布，使信源熵 $H(x)$ 达到最大，也称这一过程为信源最佳化。下面我们只介绍离散信源的最佳化。

由熵函数 $H(x)$ 的数学性质可知，离散信源当且仅当各个符号间彼此独立且等概率分布时，信源熵达到最大。因此，信源最佳化过程一般按以下两步进行。

① 离散符号独立化：解除各符号间的相关性。

② 离散概率均匀化：使各符号出现的概率相等。

6.2.2 离散信源符号的独立化

按照信源的数理统计特性，可将通信系统中的信源分为弱记忆信源和强记忆信源，其各自特性如下。

如果在一个信源输出的所有符号序列中，每个符号都只与相邻的少数几个符号之间统计相关，而和其他相距较远的符号相互独立或与其相关性可以忽略不计，就称这种信源为弱记忆信源或弱相关信源。

如果一个信源输出序列的各个符号之间具有很强的相关性，即只要知道其中的一部分符号就可以推知其余符号，就称这种信源为强记忆信源或强相关信源。

所谓符号独立化，其实质就是解除信源各符号之间的相关性，使各个符号的出现彼此独立。由于强记忆信源和弱记忆信源各个符号之间的相关性完全不同，因此我们分别采用预测法、延长法（也叫合并法）来完成其各自的符号独立化过程。

在弱记忆信源输出序列中，由于每个符号仅与紧邻的几个符号相关性较强，与其余符号的相关性可忽略不计，因此我们完全可以把这紧邻的几个符号看成一个符号。如此一来，整个序列就变成由各个大符号组成，而这些大符号之间的相关性很小，可以视为统计独立。这就是延长法（或合并法）。这一变换实际上就是把原来的基本一维信源空间变成一个各个（大）符号之间相互独立的多重空间。各个大符号包含的原来的符号数量越多，新空间的重数就越多，这些大符号之间的相关性也就越小，系统实现起来亦越复杂。因此，新空间重数的选择必须根据实际情况折中考虑。

如果二元序列 1110100101001011……中只有相邻两符号之间存在相关性，那么把相邻两个符号组成一个新符号，就得到一个新四元序列 11、10、10、01、01、00、10、11……可以证明，在新信源中，各个符号所包含的平均信息量增加了 $\sum_{i=1}^{n} P(x_i)\log_n P(x_i)$，信息的传输效率也因此得到提高。

强记忆信源由于各个符号之间强相关，知道其中一个或几个符号就可以大致推知其前后若干个，故传送时常常将那些可以被推知（或预测）的符号略掉不传，从而节省传输时间，提高传输效率，这就是预测法。一般来说，完全精确地预测总是困难的。我们只能根据信源的统计特性近似地预测。在预测法中，信息序列本身并不传送，而是传送序列的实际值与预测值之差（即预测误差），在接收端只需要把接收到的误差信号叠加到它的预测信号上，就可以还原出原来的信号。显然，预测越准确，预测误差值就越小，需要传送的误差信息量就越小于序列信号本身的信息量，从而节约信道容量，提高信息速率。

最典型的预测法应用就是增量调制和差分编码调制，其调制原理已在前文进行了仔细分析和介绍，此处不再赘述，请读者自行对照分析、讨论。

除了预测法和延长法，近几年也发展了一些效率较高的压缩信源、解除关联的方法，如声码器编码技术、变换编码技术及相关编码技术等。

6.2.3 离散信源符号概率的均匀化

有冗余信息的信源在解除了各符号的相关性后，若能够使各个符号出现的概率趋于均匀，就能进一步去掉冗余信息，提高信源的平均信息量。如果将出现概率大的消息符号编成位数少的短码，而出现概率小的符号编成长码，则编码后各个符号的出现概率就会趋于均匀，这就是概率均匀化的基本思路，其实现过程就是前面提到的信源的有效编码。

在多种信源编码方案中，最著名的是香农-范诺编码和霍夫曼编码。下面分别举例介绍这两种编码。

1. 香农-范诺编码

在数据压缩的领域里，香农-范诺编码是一种基于一组符号集及其出现的概率（估量或测量所得），从而构建前缀码的技术。其编码方法为：将符号从大到小排序，把排列好的信源符号分为两大组，使两组的概率和趋于相同，并各赋予一个二元码符号“0”和“1”。只要组内有两个或两个以上符号，就以同样的方法重复以上分组，以此确定这些符号的连续编码数字。重复操作，直至每一组只剩下一个信源符号为止。

香农-范诺编码的具体步骤如下。

第一步，按照符号出现概率递减顺序将待编码的符号排成序列。

第二步，将符号分成两组，使这两组符号的概率和相等或几乎相等。

第三步，将第一组赋值为 0，第二组赋值为 1。

第四步，对每一组重复第二、三步的操作，直至每一组只剩下一个信源符号为止。

【例 6.4】 设一个有限离散独立信源可以输出 8 个独立的符号 a、b、c、d、e、f、g、h，各符号产生的概率空间如下。

$$\begin{array}{ccccccccc} X: & a & b & c & d & e & f & g & h \\ P(X): & 0.01 & 0.27 & 0.09 & 0.14 & 0.05 & 0.12 & 0.03 & 0.29 \end{array}$$

请使用香农-范诺编码对其进行编码。

解： 为了体现整个算法过程，我们使用表 6-1 来呈现香农-范诺编码过程。

表 6-1 所示的编码过程，由等概率出现的 0、1 两个符号组成的不同长度码字，取代了非等概率出现的信源符号。对于由符号 $a \sim h$ 共 8 个符号组成的信源消息而言，也可依此转换成由 0、1 两个等概率符号组成的消息，这样的方式将信源产生消息中所有符号的概率进行了均匀化。

表 6-1　香农-范诺编码求解过程

<table>
<tr><th rowspan="2">符号</th><th rowspan="2">概率</th><th colspan="2">第一轮</th><th colspan="2">第二轮</th><th colspan="2">第三轮</th><th colspan="2">第四轮</th><th colspan="2">第五轮</th><th rowspan="2">码字</th><th rowspan="2">长度</th></tr>
<tr><th>求和</th><th>码元</th><th>求和</th><th>码元</th><th>求和</th><th>码元</th><th>求和</th><th>码元</th><th>求和</th><th>码元</th></tr>
<tr><td>h</td><td>0.29</td><td rowspan="2">0.56</td><td>0</td><td>0.29</td><td>0</td><td></td><td></td><td></td><td></td><td></td><td></td><td>00</td><td>2</td></tr>
<tr><td>b</td><td>0.27</td><td>0</td><td>0.27</td><td>1</td><td></td><td></td><td></td><td></td><td></td><td></td><td>01</td><td>2</td></tr>
<tr><td>d</td><td>0.14</td><td rowspan="6">0.44</td><td>1</td><td rowspan="2">0.26</td><td>0</td><td>0.14</td><td>0</td><td></td><td></td><td></td><td></td><td>100</td><td>3</td></tr>
<tr><td>f</td><td>0.12</td><td>1</td><td>0</td><td>0.12</td><td>1</td><td></td><td></td><td></td><td></td><td>101</td><td>3</td></tr>
<tr><td>c</td><td>0.09</td><td>1</td><td rowspan="4">0.18</td><td>1</td><td>0.09</td><td>0</td><td></td><td></td><td></td><td></td><td>110</td><td>3</td></tr>
<tr><td>e</td><td>0.05</td><td>1</td><td>1</td><td rowspan="3">0.09</td><td>1</td><td>0.05</td><td>0</td><td></td><td></td><td>1110</td><td>4</td></tr>
<tr><td>g</td><td>0.03</td><td>1</td><td>1</td><td>1</td><td rowspan="2">0.04</td><td>1</td><td>0.03</td><td>0</td><td>11110</td><td>5</td></tr>
<tr><td>a</td><td>0.01</td><td>1</td><td>1</td><td>1</td><td>1</td><td>0.01</td><td>1</td><td>11111</td><td>5</td></tr>
</table>

2. 霍夫曼编码

霍夫曼编码使用一种特别的方法为信号源中的每个符号设定二进制码。出现频率高的符号将获得短的比特，出现频率低的符号将被分配长的比特，以此来提高数据压缩率，提高传输效率。

霍夫曼编码首先会使用字符的频率创建一棵树，然后通过这棵树的结构为每个字符生成一个特定的编码，出现频率高的字符使用较短的编码，出现频率低的则使用较长的编码，这样就会使编码后的字符串平均长度降低，从而达到数据无损压缩的目的。其编码方法为：先按出现的概率大小排队，把两个最小的概率相加作为新的概率，和剩余的概率重新排队；再把最小的两个概率相加，继续重新排队，直到最后变成 1。每次相加时都将“0”和“1”分别赋予两个参与求和的概率所对应的符号，读出时由该符号开始一直走到最后的“0”或者“1”，将路线上所遇到的“0”和“1”按最低位到最高位的顺序排好，就是该符号的霍夫曼编码。

霍夫曼编码的具体操作步骤如下。

第一步，按照符号出现概率递减顺序将待编码的符号排成序列。

第二步，把概率最小的两个消息分成一组，给其中大的（或小的）一个符号分配 0，另一个分配 1，然后求出它们的概率和。

第三步，把这个新得到的概率与其他未处理的概率组成新的待编码序列，重复第一步、第二步，直到所有待编码都被处理。

第四步，将每个符号被分配的码元逆序排列，便组成各个符号的编码。

【例 6.5】使用霍夫曼编码对【例 6.4】所示离散独立信源进行编码。

解：为了体现整个算法过程，我们使用图 6-1 来表示整个编码过程。

根据霍夫曼编码原理，组成各个符号的编码结果为：a 对应 00000、b 对应 10、c 对应 001、d 对应 011、e 对应 0001、f 对应 010、g 对应 00001、h 对应 11。

将【例 6.4】和【例 6.5】所示的编码结果放在表 6-2 中进行对比。

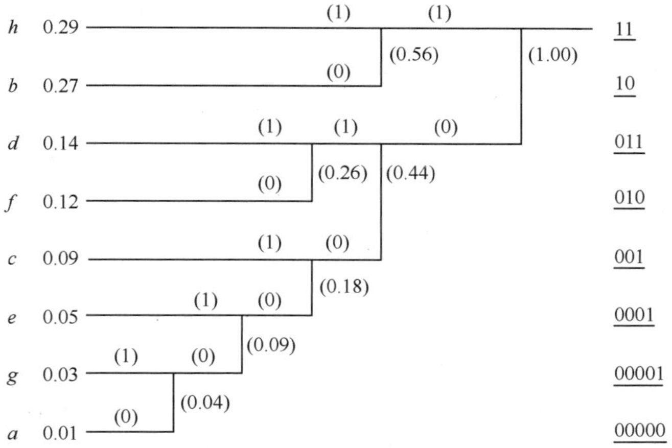

图 6-1　霍夫曼编码过程

表 6-2　两种编码结果的对比

符号	*a*	*b*	*c*	*d*	*e*	*f*	*g*	*h*
香农-范诺编码	11111	01	110	100	1110	101	11110	00
霍夫曼编码	00000	10	001	011	0001	010	00001	11

我们发现，在这个例子中，霍夫曼编码与香农-范诺编码互为补码，这源自算法对每个消息分配码元的随意性。实际上，相关计算和实践证明，一般情况下，霍夫曼编码的效率略高于香农-范诺编码的效率。

6.2.4　非独立信源符号的编码

前面讨论分析的例子都是针对信源发出消息的符号相互独立的情况，即信源符号已经解除了相关性。那么，可否利用这些编码方法直接对那些输出符号之间存在相关性的信源进行编码呢？

假如某一信源的每个符号都只和它前面的 N 个符号相关，则一般将长度为 $L(L>N)$ 的符号序列作为一个独立的消息来对其进行编码。例如，某信源的依赖关系只存在于 3 个连续输出的符号之间，即任意一个符号出现的概率只依赖于它前面的两个符号，我们可以把每 20 个符号组成的一段序列作为一个新消息来编码，而这个新消息中只有它最前面的两个符号才会依赖前一段的符号。若再把分段的长度 20 进一步增加到 40，则分段得到的各个新消息之间的依赖关系就将进一步减小直至可以完全忽略。当然，分段越长，每段可能数量越多，通信系统编码与解码的过程也越复杂。

【例 6.6】有一个信源，输出 3 个消息符号 A、B、C，它们的出现概率分别为 $\frac{1}{4}$、$\frac{1}{2}$、$\frac{1}{4}$，各消息之间存在一定的相关性，条件概率由表 6-3 给出。求消息组 AA、AB、AC、BA、BB、BC、CA、CB、CC 的霍夫曼编码。

表 6-3 【例 6.6】的条件概率

当前符号	上一符号		
	A	*B*	*C*
A	$\frac{1}{8}$	$\frac{1}{2}$	$\frac{1}{4}$
B	$\frac{3}{4}$	$\frac{1}{4}$	$\frac{1}{4}$
C	$\frac{1}{8}$	$\frac{1}{4}$	$\frac{1}{2}$

解： 由于各符号之间有一定的相关性，因此应当将它们两两组合起来编码。事实证明，这样编码的效率要比直接编码的效率高。首先算出各符号联合出现的概率。

各消息组的出现概率为

$$\begin{array}{lccccccccc} \text{消息组：} & AA & AB & AC & BA & BB & BC & CA & CB & CC \\ \text{概率}P(i,j)\text{：} & \frac{1}{32} & \frac{3}{16} & \frac{1}{32} & \frac{1}{4} & \frac{1}{8} & \frac{1}{8} & \frac{1}{16} & \frac{1}{16} & \frac{1}{8} \end{array}$$

根据联合概率的大小进行霍夫曼编码，其过程及结果如图 6-2 所示。

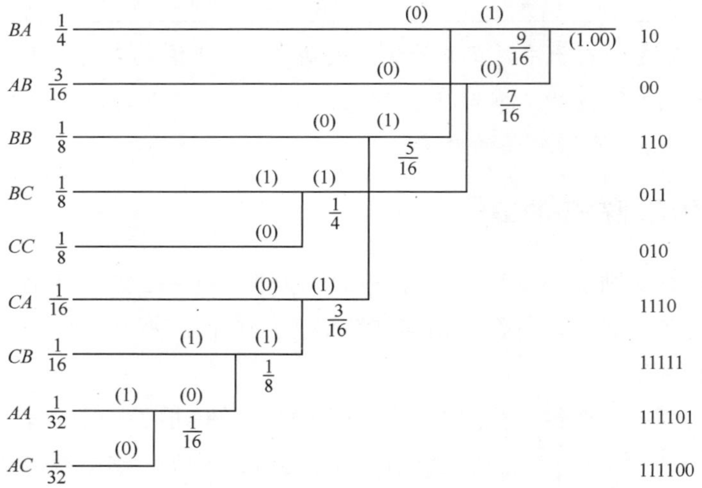

图 6-2 霍夫曼编码过程及结果

各符号的编码结果如表 6-4 所示。

表 6-4 【例 6.6】编码结果

符号组	*AA*	*AB*	*AC*	*BA*	*BB*	*BC*	*CA*	*CB*	*CC*
码字	111101	00	111100	10	110	011	1110	11111	010

综上所述，香农-范诺编码和霍夫曼编码是目前公认比较好的编码方法，它们都是根据已知的各个符号的出现概率，将消息编码组成长度不相等的二元代码，其中概率大的符号编成的代码短，概率小的符号编成的代码长，从而使信源各个符号的出现概

率趋于均匀化，信源的熵增大。

任务 6.3　香农定理对信道容量的限制

任务目标

本任务从认识信道容量出发，呈现了数字通信系统中著名的香农公式。随后分别对离散信道、连续信道的熵速率和信道容量的计算方法进行系统性探究。

任务分析

通信系统质量的好坏和它的信道传输能力密切相关。再可靠的系统，即使没有一个误码，如果传输信息的能力极差，也毫无价值。信道容量是对信道传输信息量大小的理论性衡量，是各类通信技术研究的指示性参数。

信息要靠信道来传递，信道传递的内容实际上是一系列携带着一定信息量的信号。对于给定的信源，信息速率随信道的不同而不同。学术界和工程上一般用信道容量的概念来描述信道的这一能力，本任务对信道容量进行研究，有助于认识整个通信系统。

6.3.1　认识信道容量

信道容量指信道能无差错传送的最大信息速率，是表示信道的一个参数，反映了信道一定时间内所能传输的最大信息量，小于这个值的信息速率必能在此信道中无错误地被传送，通常计为 C 。信道容量的大小与信源无关，对于单信源和单信宿的用户信道，它是一个具体的数值，单位为比特/秒（bit/s）。固定的信道总存在一种信源（某种输入概率分布），使信道平均传输一个符号接收端获得的信息量最大，也就是说每个固定信道都有一个最大的信息速率，这个最大的信息速率即信道容量，而相应的输入概率分布称为最佳输入分布。

在项目一中，我们定义了信息速率 R ，表示单位时间内传输的信息量。按照信道容量表示信道“最大信息速率”的定义，我们使用信道能达到的最大信息速率为信道容量，即 $C = R_{\max}$ 。信道容量有时也表示为单位时间内可传输的二进制位的位数（也称为信道的数据传输速率、位速率），以位/秒（bit/s）形式表示。

信道容量是信道传送信息的最大能力的度量，信道实际传送的信息量必然不大于信道容量。

要使信道容量有确切的含义，还需要证明相应的编码定理，就是说当信息率低于信道容量时必存在一种编码方法，使之在信道中传输而不发生错误或错误可趋于零。对某些有记忆信道，只能得到容量的上界和下界，确切容量尚不易确定。通信的目的是获得信息，为了度量信息的多少（信息量），我们在任务 6.1 中引入了熵这个概念。在信号通过信道传输的过程中，我们涉及两个熵：发送端信源熵，即发端信源的不确定度；接收端在接收信号条件下的发送端信源熵，即在接收信号条件下发端信源的不确定度。接收到信号，不确定度小了，我们也就在一定程度上消除了发端信源的不确定性，也就是在一定程度上获得了发端信源的信息，这部分信息的获取是通过信道传输信号带来的。如果在通信的过程中熵不能减小（不确定度减小），就没有通信的必要了。最理想的情况就是在接收信号条件下，信源熵变为0（不确定度完全消失），这时，发送端信息就能够完全获得。

在数字信道中，信道的输入、输出都取值于离散符号集，且都用一个随机变量来表示的信道就是离散单符号信道。由于信道中存在干扰，因此输入符号在传输中会产生错误，这种信道干扰对传输的影响可用传递概率来描述。

信道传递概率通常称为前向概率。它是由信道噪声引起的，所以通常用它描述信道噪声的特性。若把 $P(x)$ 称为输入符号的先验概率，那么对应地，$P(x|y)$ 称为输入符号的后验（后向）概率。在任务6.1中，我们知道互信息量 $I(x;y)$ 是接收到输出符号集 Y 后所获得的关于输入符号集 X 的平均信息量。信源的不确定性为 $H(x)$，由于干扰的存在，接收端接收到 Y 后对信源仍然存在的不确定性为 $H(x/y)$，又称之为信道疑义度。信宿所消除的关于信源的不确定性，也就是获得的关于信源的平均信息量为 $I(x;y)$，它是平均意义上每传送一个符号流经信道的信息量，从这个意义上来说，互信息量又称为信道的信息速率，即 R。

基于这样的理解，对于信源的一切可能概率分布，信道能够传输的速率，即信道容量 C 满足

$$C = R_{\max} = \left[H(x) - H(x/y)\right]_{\max} \tag{6-17}$$

有时我们所关心的是信道在单位时间内传输的信息量。如果传输一个符号的平均时间为 t 秒，则信道每秒传输的信息量为 R_t，一般称之为信息速率。

6.3.2 离散信道的熵速率和信道容量

设一个离散信道每秒可传送 n 个具有 K 种不同状态的脉冲信号，且各个符号的出现彼此独立。当信源等概率分布时，其熵为

$$H(x) = -\sum_{i=1}^{K} P\left(x_i\right) \cdot \log_2 P\left(x_i\right) = -\sum_{i=1}^{K} \frac{1}{K} \cdot \log_2 \frac{1}{K} = \log_2 K \tag{6-18}$$

此时的信息速率为

$$R = nH(x) = n\log_2 K \tag{6-19}$$

由前面所学，我们已经知道，对离散信道，当信源符号呈等概率分布时，其熵达到最大，即该信源的最大熵为 $\log_2 K$，故 $n\log_2 K$ 就是它的最大信息速率 $R_{\max}$，也称之为最大熵速率。所以该信道的信道容量为

$$C = R_{\max} = n\log_2 K \tag{6-20}$$

这就是这个信道针对该信源可能达到的最大传输能力。由于实际信源的符号之间往往不可避免地存在着相关性，信源熵低于等概率分布时熵的最大值，因此，信源输出的消息在被送入信道前必须再被编成其他形式的码字，其主要目的就是让消息变成能使信源的熵速率接近信道容量的信号来传送，这就是我们常说的信源和信道相匹配，而这种编码就是信源最佳编码或匹配编码。

对于二元离散信源，其信道容量等于每秒传送的消息（符号）数 n，即

$$C = n\log_2 2 = n \tag{6-21}$$

上面的分析没有考虑噪声干扰，即发送什么码字，接收端就接收什么码字，故信源输出的熵速率与收信者接收的熵速率完全一样。对于离散信源，如果其输出消息符号等概率分布，则此时的信息速率就等于信道容量。但这种理想情况是不可能出现的，因为任何信道都会受到各种各样的噪声干扰，信道的实际信息速率要比信道容量小得多，我们来分析一下。

当收信者接收到第 j 个消息时，得知发送端发送的是第 i 个消息所获得的信息量为

$$I = \log_2 \frac{\text{后验概率}}{\text{先验概率}} = \log_2 \frac{P(i/j)}{P(i)} \tag{6-22}$$

式（6-22）中，$P(i)$ 为发送第 i 个消息的先验概率；$P(i/j)$ 为当第 j 个消息被接收到时，发送的是第 i 个消息的后验概率。

对全部可能发送的消息进行统计平均，就可以得到接收第 j 个消息所获得的平均信息量为

$$\sum_i P(i/j)\log_n \frac{P(i/j)}{P(i)} = \sum_i \left[P(i/j)\log_n P(i/j) - P(i/j)\log_n P(i)\right] \tag{6-23}$$

若对全部可能接收到的信息进行统计平均，则得到接收到一个消息的平均信息量为

$$\begin{aligned}
I_{\text{avg}} &= \sum_j P(j)\sum_i \left[P(i/j)\log_n P(i/j) - P(i/j)\log_n P(i)\right] \\
&= \sum_i\sum_j P(j)P(i/j)\log_n P(i/j) - \sum_i\sum_j P(j)P(i/j)\log_n P(i) \\
&= \sum_i\sum_j P(i,j)\log_n P(i/j) - \sum_i\sum_j P(i,j)\log_n P(i) \\
&= H(i) - H(i/j)
\end{aligned} \tag{6-24}$$

其中，$H(i)$ 为信源熵，通常用 $H(x)$ 表示；$P(j)$ 为接收第 j 个消息的先验概率；$P(i,j)$ 为发送第 i 个消息、接收第 j 个消息的联合概率；$H(i/j)$ 为接收到消息 j 而发送的消息为 i 的条件熵，一般用 $H(x/y)$ 表示。则式（6-24）可以写成一般的形式，即

$$I_{\text{avg}} = H(x) - H(x/y) \tag{6-25}$$

式（6-25）表示接收端接收到信息 Y 后获得的关于发送端 X 的信息，有时也称为 Y

关于 X 的互信息，记为 $I(x;y)$。这一公式表明，由于干扰和噪声对信道传输的影响，接收端并没有得到全部的信源熵 $H(x)$，即系统在传输的过程中要损失信息量 $H(x/y)$。条件熵 $H(x/y)$ 称为信道疑义度，它表示收信者接收到消息 Y 后，对于信源 X 仍然存在的疑惑性或不确定性。

如果信道每秒传输的消息数为 n 个，则收信者接收到信息的速率为

$$R = n[H(x) - H(x/y)] \tag{6-26}$$

【例 6.7】 一个二元信源以相等的概率把 0 码和 1 码送入有噪声信道进行传输。由于噪声影响，发送 0 码的错误接收概率为 $\frac{1}{16}$，发送 1 码的错误接收概率为 $\frac{1}{8}$。如果信源每秒发送 1000 个码元，求收信者接收信息的速率。

解：根据题意可知，当发送端发送 0 码时，接收端只有 $\frac{15}{16}$ 的概率正确接收，同样，发送 1 码时，接收端的正确接收概率是 $\frac{7}{8}$。据此画出该有噪声信道影响的符号概率转移情况如图 6-3 所示。

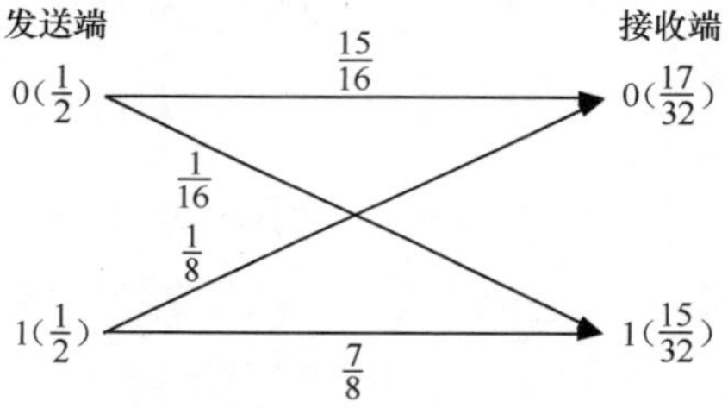

图 6-3　收发两端的概率转移情况

用 x、y 分别表示发送和接收，则可写出各转移概率如下。

发送 0 码而接收到 1 码的概率为 $P(y=1/x=0)=\frac{1}{16}$；

发送 1 码而接收到 0 码的概率为 $P(y=0/x=1)=\frac{1}{8}$；

发送 0 码而接收到 0 码的概率为 $P(y=0/x=0)=\frac{15}{16}$；

发送 1 码而接收到 1 码的概率为 $P(y=1/x=1)=\frac{7}{8}$。

因此接收端接收到 0 码和 1 码的概率分别为

$$\begin{aligned}P(y=1) &= P(x=1)P(y=1/x=1)+P(x=0)P(y=1/x=0)\\ &= \frac{1}{2}\left(\frac{7}{8}+\frac{1}{16}\right)\\ &= \frac{15}{32}\end{aligned}$$

$$\begin{aligned}P(y=0) &= P(x=1)P(y=0/x=1)+P(x=0)P(y=0/x=0)\\ &= \frac{1}{2}\left(\frac{1}{8}+\frac{15}{16}\right)\\ &= \frac{17}{32}\end{aligned}$$

求得各联合概率 $P(x,y)$ 为

$$P(x=0,y=0)=P(x=0)P(y=0/x=0)=\frac{1}{2}\times\frac{15}{16}=\frac{15}{32}$$

$$P(x=0,y=1)=P(x=0)P(y=1/x=0)=\frac{1}{2}\times\frac{1}{16}=\frac{1}{32}$$

$$P(x=1,y=0)=P(x=1)P(y=0/x=1)=\frac{1}{2}\times\frac{1}{8}=\frac{1}{16}$$

$$P(x=1,y=1)=P(x=1)P(y=1/x=1)=\frac{1}{2}\times\frac{7}{16}=\frac{7}{16}$$

进一步求得后验条件概率 $P(x/y)$ 为

$$\begin{aligned}P(x=0/y=0)&=\frac{P(x=0)P(y=0/x=0)}{P(y=0)}\\&=\left(\frac{1}{2}\times\frac{15}{16}\right)\Big/\frac{17}{32}\\&=\frac{15}{17}\end{aligned}$$

$P(x=0/y=0)$ 表示接收到 0 码发送也是 0 码的条件概率。

同理可得，接收到 1 码而发送也是 1 码的条件概率为 $P(x=1/y=1)=\dfrac{14}{15}$；

接收到 1 码而发送是 0 码的条件概率为 $P(x=1/y=1)=\dfrac{14}{15}$；

接收到 0 码而发送是 1 码的条件概率为 $P(x=1/y=0)=\dfrac{2}{17}$。

从而求出条件熵为

$$H(x/y)=-\sum_{x}\sum_{y}P(x,y)\log_2 P(x/y)=0.443\text{（比特/符号）}$$

信源熵为

$$H(x)=-\sum_{i=1}^{2}P(i)\log_2 P(i)=1\text{（比特/符号）}$$

因此熵速率 R 为

$$\begin{aligned}R&=n[H(x)-H(x/y)]\\&=1000(1-0.443)\\&=557\text{（bit/s）}\end{aligned}$$

但是，从信源发出信息的角度来说，不考虑信道噪声的影响，这样的信道容量为 $C=R_{\max}=nH(x)=1000$（bit/s）。而实际上，从上述求解来看，R 远小于 C。说明由于噪声干扰，系统在接收时出现错误，不能将发送的信息完全正确接收，信息速率下降，系统的实际熵速率低于信道容量。

【例 6.8】二元信源等概率地输出码元 0 和 1，且每秒传送 1000 个码元。由于噪声的影响，平均每传输 100 个码元就出现一个错误（把发送的 0 码错译成 1 码或把 1 码错译成 0 码），求接收信息的速率。

分析：噪声导致错误发生，显然接收的熵速率小于 1000bit/s。但初学者常常会这样考虑：由于每 100 个码元错一个，则发送 1000 个码元就有 10 个会被错误接收，因此，收信者接收到的熵速率为 990bit/s。实际上这是不对的，因为收信者根本就不知错误出现在何处。这好比当信道中的噪声很大，导致接收到的符号完全和发送的符号无关。在这种情况下，接收端恢复的正确信息是凭借偶然性得到的。这时，大约有一半输出符号是正确的，实际上我们没有接收到任何信息，不能认为每秒接收到 500 比特的信息，这和我们投掷硬币来决定所接收的信息是一样的。

解：首先画出信道概率转移情况，如图 6-4 所示。

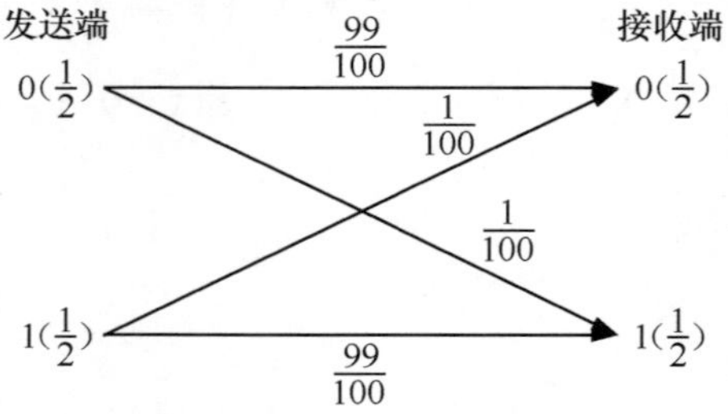

图 6-4 【例 6.8】概率转移情况

这是一个对称信道，即信源以相同的概率发送 0 码和 1 码，且它发送 0 码接收到 1 码的概率 $P(y=1/x=0)$ 和发送 1 码接收到 0 码的概率 $P(y=0/x=1)$ 相等。

写出各转移概率分别为

$$P(y=1/x=0)=\frac{1}{100};\quad P(y=0/x=1)=\frac{1}{100};$$

$$P(y=0/x=0)=\frac{99}{100};\quad P(y=1/x=1)=\frac{99}{100}。$$

接收端接收到 0 码和 1 码的概率分别为

$$P(y=1)=P(x=1)P(y=1/x=1)+P(x=0)P(y=1/x=0)=\frac{1}{2}$$

$$P(y=0)=P(x=1)P(y=0/x=1)+P(x=0)P(y=0/x=0)=\frac{1}{2}$$

各联合概率分别为

$$P(x=0,y=0)=P(x=0)P(y=0/x=0)=\frac{99}{200}$$

$$P(x=0,y=1)=P(x=0)P(y=1/x=0)=\frac{1}{200}$$

$$P(x=1,y=0)=P(x=1)P(y=0/x=1)=\frac{1}{200}$$

$$P(x=1,y=1)=P(x=1)P(y=1/x=1)=\frac{99}{200}$$

各后验条件概率分别为

$$P(x=0/y=0)=\frac{99}{100};\quad P(x=1/y=1)=\frac{99}{100};$$

$$P(x=0/y=1)=\frac{1}{100};\quad P(x=1/y=0)=\frac{1}{100}。$$

故而求得条件熵为

$$H(x/y)=-\sum_x\sum_y P(x,y)\log_2 P(x/y)=0.081\text{（比特/码元）}$$

而信源熵为

$$H(x)=-\sum_{i=1}^{2}P(i)\log_2 P(i)=1\text{（比特/码元）}$$

从而求得熵速率 R 为

$$R=n[H(x)-H(x/y)]=1000(1-0.081)=919\text{（bit/s）}$$

前面的分析都是关于离散信道在无干扰和有干扰时的信息速率和信道容量。事实上，这些概念对连续信道也同样适用。

6.3.3 连续信道的熵速率和信道容量

我们已经知道连续信道的熵是相对熵，虽然我们仍用 $H(x)$ 表示，但应该注意到它和离散信源熵的不同。

相关数学证明显示，对于频带为 0 ~ W、平均功率受限于 N 的连续信源，当其幅度呈高斯分布时，其熵最大，且为

$$H_{\max}(x)=\log_2\sqrt{2\pi eN} \tag{6-27}$$

根据抽样定理，取抽样频率为 $2W$，可以求出信道在单位时间内传送的最大熵速率，即信道容量为

$$C=2WH_{\max}(x)=2W\log_2\sqrt{2\pi eN}=W\log_2 2\pi eN \tag{6-28}$$

和离散信源一样，在实际的连续信源中，由于其消息概率难以达到高斯分布，它的熵速率将远远低于信道容量。改变这一现象、提高信道信息传输能力的办法就是通过适宜的编码，使信源输出的概率分布尽量接近随机噪声的性质。

式（6-28）针对的是无干扰信道，但这种理想信道是不存在的，因此，必须考虑干扰的影响。前面已指出，信息经有干扰信道传送，在接收端接收到的平均信息量等于接收到的总平均信息量减去干扰导致的条件平均信息量，即

$$I_{\text{avg}}=H(x)-H(x/y) \tag{6-29}$$

用信息速率来表示，即

$$R = n[H(x) - H(x/y)] = H_t(x) - H_t(x/y) \tag{6-30}$$

通常只考虑加性干扰，故在连续有干扰信道中，接收端接收到的消息 y 是信源输出的消息 x 和信道噪声 n 的线性叠加，即

$$y = x + n \tag{6-31}$$

一般情况下，信源消息 x 与噪声 n 是相互独立的，故信号 x 和噪声 n 在单位时间内传输的联合信息量，即共熵 $H(x,n)$ 为

$$H(x,n) = H(n,x) = H(x) + H(n) \tag{6-32}$$

因为

$$H(x,y) = H(x) + H(y/x) = H(y) + H(x/y) \tag{6-33}$$

所以

$$H_t(x,y) = H_t(x) + H_t(y/x) = H_t(y) + H_t(x/y) \tag{6-34}$$

由式（6-32）和式（6-34）可得

$$H_t(x) + H_t(n) = H_t(y) + H_t(x/y) \tag{6-35}$$

又因为

$$R = H_t(x) - H_t(x/y) \tag{6-36}$$

从而推出

$$R = H_t(y) - H_t(n) \tag{6-37}$$

$$I_y = H(y) - H(n) \tag{6-38}$$

该式表明，经有干扰信道传送，在接收端接收到的有用信息的传输速率等于接收到的总信息速率减去噪声信息速率。注意，这个熵之差是绝对值而非相对值。

这样，我们就得出某特定信道的信道容量 C 就是它的最大熵速率或最大信息速率，即

$$C = R_{\max} = [H_t(y) - H_t(n)]_{\max} \tag{6-39}$$

显然，只有当 $H_t(y)$ 最大和 $H_t(n)$ 最小时，R 的值才可能最大。

假定信道具有以下特性。

① 信道噪声为高斯白噪声，其统计特性符合正态分布，平均功率 $N = n_0 W$，n_0 为噪声的单边带功率谱密度。

② 信道带宽为 W。

③ 输入信号平均功率受限，且为 P。

④ 信号叠加噪声后仍然服从正态分布，总平均功率为 $(P+N)$。

则可以算出该信道的最大信息速率为

$$H(y)=W\log_2 2\pi e(P+N) \tag{6-40}$$

同样可以算出噪声的信息速率为

$$H(n)=W\log_2 2\pi eN \tag{6-41}$$

因此信道容量 C 为

$$C=W\log_2\left(1+\frac{P}{N}\right) \tag{6-42}$$

式（6-42）就是信息论中最著名的香农公式。观察分析这一公式，我们可以得出以下几个结论。

① 平均功率受限的高斯白噪声信道，当输入信号为高斯分布时，在一定带宽的信道上，单位时间内能够无差错地传递的最大信息量为 $C=W\log_2\left(1+\frac{P}{N}\right)$。目前，在任一信道上要想以高于 C 的速率实现无误码地传递消息是不可能的。

② 信道容量 C 与信道带宽 W 和信号噪声功率比（信噪比）$\frac{P}{N}$ 有关，W 和 $\frac{P}{N}$ 越大，则 C 就越大。若要增大信道容量 C，可以用增大信噪比 $\frac{P}{N}$ 和信道带宽 W 来实现；而在维持信道容量不变的情况下，带宽 W 和信噪比 $\frac{P}{N}$ 存在互换性。

③ 对于平均功率受限的信道，高斯白噪声的危害最大，因为此时噪声的熵最大，所以信道容量 $C=[H_t(y)-H_t(n)]_{\max}$ 最小。

虽然目前还没有任何实际系统的信息速率达到信道容量，但香农公式指出了现实系统的潜在能力和它可能达到的理论极限。由于公式没有指出带宽 W 和信噪比 $\frac{P}{N}$ 互换的具体实现方法，因此只能作为通信系统中 W 与 $\frac{P}{N}$ 互换的理论依据。如何实现带宽和信噪比的互换，以及如何提高信息速率将是广大通信工作者研究的重要课题。香农公式也成为关于信道容量计算的一个经典定律，奠定了整个信息论发展的基础。

任务 6.4 信道影响下的差错控制

任务目标

本任务首先介绍信道编码和内涵，以及如何进行差错控制，接着介绍信道编码检错、纠错能力衡量的方式，最后介绍重复码、奇偶监督码等常用差错控制编码方法。

任务分析

数字信道往往充斥着各种干扰，信号由于受到这些干扰而产生误码，其实质就是干扰信号破坏了传输信号的内在结构或码元的前后关联性，使接收端在接收到信号后无法正确恢复出原来的信码。

数字信号在信道的传输过程中，由于实际信道的传输特性不理想及无处不在的加性噪声干扰，在接收端将产生误码。本任务将学习如何降低误码率，提高通信的可靠性。首先，应当根据信道特性，合理设计基带信号，选择合适的调制解调方式及发射功率。其次还需采用均衡技术，消除或减少码间干扰。但在很多情况下，仅这几项措施是不够的，必须通过信道编码，即差错控制编码，使系统的传输质量提高 1 ~ 2 个数量级。与制造高质量的设备相比，这一方法花费少而且效果好。

6.4.1 信道编码对通信系统的内涵

信号由于受到干扰而产生误码，其实质就是干扰信号破坏了传输信号的内在结构或码元的前后关联性，使接收端在接收到消息后无法正确恢复出原来的信码。可靠性编码针对这一情况，在传输的信息中增加一定的冗余量，使其内部关联性加强。这样，信号即使受到干扰，内部结构遭受一定程度的破坏，在接收端也可根据其前后的关联性或规律性正确地还原出原来的信息。

与信源编码提高信号传输的有效性不同,信道编码的目的在于提高通信的可靠性，因此它不但不像信源编码那样尽可能地压缩信息中的冗余度，反而通过加入冗余码来减少误码率。显然，信道编码以降低信息速率为代价，用有效性换取可靠性。可能很多读者看到这里不禁要感到疑惑，似乎信道编码正好和信源编码是逆过程，信源编码减少信息冗余度，而信道编码增加了冗余度，采用这两类编码究竟有何意义？事实上，这两种冗余度是截然不同的，信源编码减少的冗余度是由随机的、无规律的无用消息形成；而信道编码增加的冗余度是特定的、有规律的人为消息，使接收端在接收信息后可以利用它发现错误，进而纠正错误。

6.4.2 信道编码中的差错控制

信道编码的基本思想就是用系统的有效性来换取可靠性，实际上就是在传输的信息码元中附加一定数量的冗余码（通常称之为监督码元），冗余码在整个编码中的位置及代码选择由某一事先确定的规则决定，接收端接收到这样的编码后，根据已知的规则，对接收信息进行检验，发现、纠正和删除错误。下面我们举例说明差错控制编码的原理。

设某工地的塔吊指挥中心，发送二元数字信息序列来指示上、下、左、右 4 个塔吊的运送方向。由于两位二进制码元共有 $2 \times 2 = 4$ 种可能码组（也叫码字），即 00、01、10 和 11，它们正好与 4 个运送方向一一对应。假设两位码元与各运送方向的对应关系为

上——00　　　　　　下——01

左——10　　　　　　右——11

这样，塔吊车接收到一串数字序列 10011110001001……后，执行的运送操作是

10 → 01 → 11 → 10 → 00 → 10 → 01 →……

即：左　下　右　左　上　左　下　……

此时，如果系统受到干扰使一位码元出现错误，如第 6 个码元 1 错误接收成 0，则实际执行的运送操作是

10 → 01 → 10 → 10 → 00 → 10 → 01 →……

即：左　下　左　左　上　左　下　……

由于每两位码元组成的码字正好对应 4 个方向，任何码元错误的情况（0 码变成 1 码、1 码变成 0 码）都会被接收端错译成另一个码字。也就是说，对于这样的通信系统而言，接收端不可能发现接收信号已经出现错误，当然更谈不上纠正了。

如果我们把对应 4 个运送方向的码字稍微变化一下，给每个码字增加一位码元，使原来的 4 个码字分别定义成

上——00——001　　　　　　下——01——010

左——10——100　　　　　　右——11——111

如此一来，每个新码字中都含有奇数个 1。按照这样的定义，如果序列受到干扰使某一码字的一位码元发生了错误，那么这个码字中码元 1 的个数将变为偶数，因此接收端可以根据这个规律发现接收码字是否出错。但也要知道，这种方法无法知道错误发生在何处，也不能纠正错误。仍以上述例子中的序列 10011110001001……为例，按照新的规则定义有

发送信息：100 → 111 → 100 → 010 → 01 →……

即：左　右　左　上　……

接收到信息为：100 → 110 → 100 → 010 → 01 → ……

即：左　错　左　上　……

显然，由于第 6 位码元出错，接收到的 110 中有两个 1，不符合奇数个 1 的规则，可以断定这是错误的码字。但接收端并没有办法知道究竟是哪一位码元发生了错误，因为发送 111、100、010 这 3 个码字，在错一位的情况下都可能变成 110。因此这个方法并不能纠正错误码元，也就不能知道指挥中心究竟指示转向何方，从而只能不执行这一条出错的指令。

一般把系统通信过程中按照规则允许使用的码字（如本例中的 001、010、100、111）称为许用码字，不符合规则的码字就称为禁用码字。当接收到的码字是禁用码字时，可以断定这个码字是错误的。

对上述第二种情况的 4 个许用码字定义进行进一步修改，具体如下。

上——00——00 110　　　　下——01——11 101

左——10——10 011　　　　右——11——11 000

虽然这时许用码字仍然为 4 个，但禁用码字却有 $2^5-4=28$ 个。如果接收到一个码字 00111，因为是禁用码字，显然有错误。将 00111 与 4 个许用码字逐一进行比较，就会发现 00111 由 00110 出错形成的可能性最大，因此可以把 00111 纠正为 00110。这一判决的前提假设是：干扰使接收的码字中同时错一位、两位、三位，以及更多位码元的各种可能性中，错一位码元的可能性最大，错二位码元的可能性次之，而错三位码元及更多位码元的可能性进一步减小。将基于这种假设的判决规则通常称为最大似然法则。

6.4.3 如何进行差错控制

常见差错控制编码的工作方式有前向纠错（FEC）、自动检错重发（ARQ）、混合纠错（HEC）和信息反馈（IF）4 种。下面逐一简要介绍它们的基本原理。

1. FEC

FEC 码由发送端直接发送至接收端，是译码器自动发现和纠正错误的依据。这种工作方式适于单向通信的场合，如网络通信中的点对多点广播。它自动纠错，不要求重发，实时性好，但传输的可靠性与设备的关联极大，在要求纠错能力强的情况下，对系统编译码设备的精确度要求很高。后文介绍的重复码就属于这种工作方式。

2. ARQ

ARQ 又称判决反馈或反馈重发，由国际无线电咨询委员会（CCIR）将其作为建议的标准系统，使其被广泛采用。

消息经过信源编码及信道编码，由发射机通过前向信道送至接收端，并同时送至缓存器存储。接收端接收到信息后，进行译码和检错，如果没有发现错误，则将该译码信息输出至收信者；如果检测到错误，则触发重发指令发生器，从反向信道向发送端发出请求重发指令，并通知发送端出现错误的码组编号，同时停止输出。发射机接收到该 ARQ 信令后，中断编码器输入，停止编码，把原来存储的码字从出错码组开始，重新通过输出设备经前向信道发出。

图 6-5 所示为 ARQ 系统接收、发送两端的工作情况示意。发送端不断地按顺序发送信息码组，当接收到出错的反馈信号时，则立即停止编码及输出，从下一码组起，从出错码组开始重发。在图 6-5 中，接收端发现第 4 个码组出现错误，设反馈信息延时 4 个码元周期，则发送端在发送第 8 个码组时接收到反馈信号，从第 9 个码元周期开始，重新发送从第 4 组起的码元信息。

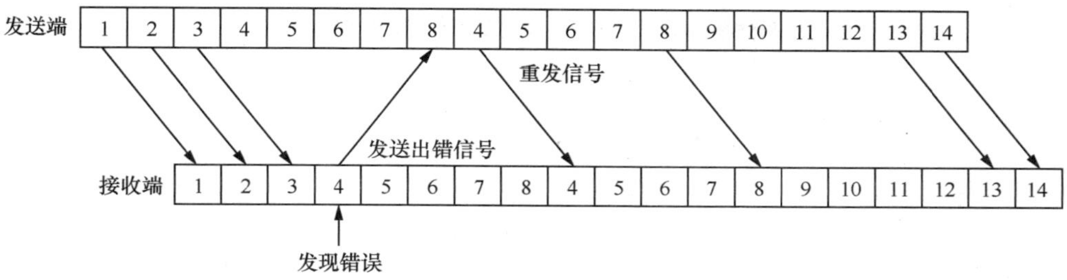

图 6-5 ARQ 系统接收、发送两端的工作情况示意

通常，ARQ 系统的设备比前向纠错系统的设备简单得多，而且只要能发现错误，就能纠正错误，抗误码效果较好，尤其对纠正突发错误有效。在干扰小的情况下，码元错误少，重发的次数也少，信息传输率就较高；如果干扰严重，则码元错误多，重发的次数也多，信息速率就很低甚至于传输停顿。所以说 ARQ 系统的信息速率随信道干扰情况而改变。该系统只适用于点对点的通信方式，且必须工作于有双向信道的系统，否则就无法实现纠错。

3. HEC

这种方式实质上是 FEC 方式和 ARQ 方式的综合。当接收端接收到少量错码时，就在接收端直接纠正，即采用 FEC 方式；当错码太多超过其纠错能力时，则采用 ARQ 方式。HEC 充分利用了 FEC 系统和 ARQ 系统的特点，性能较好。但需要双向信道，且系统设备较复杂。

4. IF

接收端对接收到的消息不进行任何判断而原样返回发送端，由发送端将其和保存在缓存器中的原发信息比较，发现有错误则重发该信息，否则不进行任何处理，继续发送后面的信息。

综上所述，前 3 种差错控制工作方式都是在接收端进行错误判断和识别，只有第 4 种是在发送端进行的。

差错控制系统使用的编码种类十分丰富，这些差错控制编码可以按照不同的方式进行分类。

按照编码的不同用途，差错控制编码可分为检错码、纠错码和纠删码。其中，检错码只可检测错误，纠错码只可纠正错误，而纠删码则同时具有检错和纠错能力。使用这样的差错控制编码时，发现不可纠正的错误后，将发出错误指示或将该错误码元删除。

按照监督码元和信息码元之间的不同关系，差错控制编码可分为线性码和非线性码。监督码元和信息码元之间的关系可以用一组线性方程来表示，则称此时的编码为线性码，否则就是非线性码。

按照对信息码元的处理方式不同，差错控制编码可分为分组码和卷积码。分组码的监督码元仅由本码组的信息码元确定，而卷积码的监督码元则由本码组的信息码元与前几个码组的码元按一定规则共同确定。

按照码组中信息码元在编码前后的位置是否发生变化，可将差错控制编码分为系统码和非系统码。编码后信息码元在监督码元的前面，且相互位置不变的编码称为系统码，否则就是非系统码。

按照编码针对的不同干扰类型，差错控制编码可分为纠（检）随机（或独立）错误码、纠（检）突发错误码和既能纠（检）随机错误同时又能纠（检）突发错误码。

按照每个码元的取值不同，差错控制编码又可分为二进制码和多进制码。

6.4.4 信道编码中的检错、纠错能力

在研究信道编码的检错、纠错能力前，我们先来学习几个关于码字特性的概念。

信息码元指进行差错编码前送入的原始信息编码。

监督码元指经过差错编码后在信息码元基础上增加的冗余码元。

码长即码字的长度，指码组或码字中编码的总位数。如 110 的码长为 3，10110 的码长为 5。

码重即码字的重量，指码组中非零码元的数量，也称为汉明重量。如码字 11110 的码重为 4，01001 的码重为 2。

码距指码长相等的两个码字之间对应位置上不同码元的个数，也称汉明距离，一般记为 d。如“11010010”和“10100100”之间的码距为 5。若两个码字的码距为 0，称这两个码为全同码；若码长为 N 的两个码字的码距为 N，称这两个码为全异码，显然，一个码的全异码就是它的反码。

最小码距。在一个由多个长度相等的码字组成的码组集合中，并不是所有码字之间的码距都相等。我们称所有码距中的最小值为最小码距，一般记为 $d_{\min}$。

最小码距是衡量编码的检错、纠错能力强弱的主要依据之一，接下来我们一起来探索它和检错、纠错能力之间的关系。下面考虑二进制码元中的几种情况。

第一种情况，没有禁用码字，一组码字中，各码字之间的码距均为 1，即 $d_{\min}=1$。在这种情况下，一旦某个码字出现错误，就会变成另一个许用码字，因此无法发现错误。

第二种情况，假设许用码字和禁用码字各 4 个，各码字之间最少相差两个码元，即 $d_{\min}=2$。如果只有一个码元出错，这个码字就会变成禁用码字。所以这样的一组码字能够发现错误，但是不能具体指出错误在哪一位，也就是说具有检查一个错误码元

的能力，而没有纠错能力。

第三种情况，许用码字 4 个，禁用码字 28 个，各码字之间最少相差 3 个码元，即 $d_{\min}=3$。此时如果错一个码元，该码字就会变成禁用码字。由于仍与某许用码字相似，利用最大似然法则可以纠错，即具有纠正一个错误码元的能力。

基于以上分析，相关数学证明给出了最小码距与检错、纠错能力之间的关系，具体如下。

① 在一个码组内，若要检测 e 个错误，必须满足条件

$$d_{\min} \geqslant e+1 \tag{6-43}$$

② 在一个码组内，若要纠正 t 个错误，必须满足条件

$$d_{\min} \geqslant 2t+1 \tag{6-44}$$

③ 在一个码组内，若要纠正 t 个错误，且发现 e 个错误，则必须满足条件

$$d_{\min} \geqslant t+e+1 \text{ 且 } e>t \tag{6-45}$$

以上结论从理论上为信道编码的检错、纠错能力给出了判断依据，成为设计码型的重要参考。

6.4.5 常用的差错控制编码

在前面的分析中我们知道，最小码距 $d_{\min}$ 越大，编码的检错、纠错能力就越强。但是，$d_{\min}$ 的增加是由监督码元数增加导致禁用码组增加而来的。但监督码元本身并不会承载实际需要传输的信息，因此在这样的系统中，信息速率也随之减小，编码效率降低。不难看出，提高编码效率和加强检错、纠错能力之间总是矛盾的。理想的编码方法应该具备编码效率尽可能高，检错、纠错能力尽可能强，同时编码、解码规律简单，易于电路实现的特征。在实际应用中，这些要求无法全部达到，只能根据实际系统状况，进行折中考虑。

下面简单介绍几种常用的差错控制码。

1. 重复码

重复码是用于单向信道的简单纠错码。前面介绍了差错控制的 3 种方式，在没有反馈信道的单向系统中,最简单的纠错办法就是将有用信息按照约定的次数重复发送。只要正确传输的次数多于传错的次数，就可根据最大似然法则排除差错，使接收端接收正确信息，这就是重复码的基本原理。它分为逐位重复和分段重复两种方式。

（1）逐位重复

将信息码元以位为单位，重复传送 N 次，它产生的（N–1）位冗余码元就是将该信息位重复（N–1）次。设待发的信息码序列为 110100101，则它的三重码为 111 111 000

111 000 000 111 000 111。在这个码字中，每一个信息码元对应了两个冗余码元，因此编码效率 $\eta = 33.33\%$。在二维空间中，重复码的最小码距与码长相等，根据检错、纠错能力的数学关系 $N=d_{\min} \geqslant 2t+1$ 可知，当码长 $N \geqslant 3$ 时，即至少重复 3 次，重复码才能最多纠正一个错误码元。

（2）分段重复

将待传送信息码元以固定的若干个为单位，重复传送 N 次。设待发的信息码元序列为 110100101，若以 3 个为一段，则它的三重码为 110 110 110 100 100 100 101 101 101。

显然，分段重复码抗成群错误的能力比逐位重复码强，并且分段越长，这种抗干扰的能力也越强，但编码时延也会增加。在本例中，只要连续突发干扰的持续时间小于 3 个码元周期，则每一段信息（3 个）最多被破坏一次，根据最大似然法则，接收端当然可以正确恢复出原始信息，但逐位重复却不能恢复。

重复码编码方法简单，且它可根据系统对检错、纠错能力的要求，任意增加重复的次数。如，三重码可以纠正一个差错，发现两个差错；五重码可以纠正两个差错，发现 4 个差错。至于分段重复码，它的纠错能力还取决于每段长度。重复码的编码效率 $\eta = \dfrac{1}{N} \leqslant 50\%$，显然很低，只适用于对传输速率要求很低的场合，实现设备简单。

需要注意的是，重复码的重复次数必须是偶数，加上本身的信息码，则共发送奇数次，这样就可以避免出现一半正确、一半错误而无法判断的情况。

2. 奇偶监督码

奇偶监督码是奇监督码和偶监督码的统称，又称奇偶校验码或一致监督检错码，是一种最常用的检错码。其基本思想是在（n–1）位信息码元后面附加一位监督码元，构成一个 n 位的编码，使码长为 n 的码组中 1 的个数保持为奇数或偶数。如果是奇监督码，在附加上一个监督码元以后，码长为 n 的码字中 1 的个数为奇数；如果是偶监督码，在附加上一个监督码元以后，码长为 n 的码字中 1 的个数为偶数。

设有（n–1）位二进制信息码元 $a_{n-1}a_{n-2}a_{n-3}\cdots a_2a_1$。在 a_1 后面附加一位监督码元 a_0，使关系式（6-46）成立，则称 a_0 为该码组的奇监督码元。

$$\sum_{i=0}^{n-1} a_i = 1 \tag{6-46}$$

式（6-46）中的求和为取模 2 相加。

若使关系式（6-47）成立，则称 a_0 为该码组的偶监督码元。

$$\sum_{i=0}^{n-1} a_i = 0 \tag{6-47}$$

四位 BCD（二进制码十进制数）码的奇偶校验码编码方案如表 6-5 所示。

表 6-5 四位 BCD 码的奇偶校验码编码方案

BCD 码	奇校验位	偶校验位	奇校验码	偶校验码
0 0 0 0	1	0	0 0 0 0 1	0 0 0 0 0
0 0 0 1	0	1	0 0 0 1 0	0 0 0 1 1
0 0 1 0	0	1	0 0 1 0 0	0 0 1 0 1
0 0 1 1	1	0	0 0 1 1 1	0 0 1 1 0
0 1 0 0	0	1	0 1 0 0 0	0 1 0 0 1
0 1 0 1	1	0	0 1 0 1 1	0 1 0 1 0
0 1 1 0	1	0	0 1 1 0 1	0 1 1 0 0
0 1 1 1	0	1	0 1 1 1 0	0 1 1 1 1
1 0 0 0	0	1	1 0 0 0 0	1 0 0 0 1
1 0 0 1	1	0	1 0 0 1 1	1 0 0 1 0

从表 6-5 中可以看出，奇偶校验码的最小码距 $d_{\min}$ 都为 2。所以，奇偶校验码可以发现奇数个错误码元，但不能纠正。它的检错能力较低，编码效率 $\eta=\frac{n-1}{n}$ 较高且随着 n 的增加而增加。奇偶校验码被广泛应用于计算机数据，如标准 ASCII 码的传输，一般用高 7 位码元来表示 128 个 ASCII 字符，再加上 1 位奇偶校验码，构成一个 8 位的二元码组，接收端则根据接收到的码组是否满足奇偶校验和的值（偶校验和为 0，奇校验和为 1）来判断接收的码元是否有错误。

3. 水平奇偶监督码

水平奇偶监督码是前面所讲的奇偶监督码的一种改进形式。首先把信息按奇偶监督规则编码，再将信息以每个码组一行排成一个阵列，发送时按列的顺序进行。接收时以列的顺序排列后，再按行进行奇偶校验，故称为水平奇偶校验，有时也称为交织奇偶校验。在表 6-6 所示例子中，信息码元为 8 位，监督码元为 1 位，采用奇校验方式。

表 6-6 水平奇偶监督码编码结果

信息码元	监督码元
1 0 0 1 0 1 0 1	1
0 1 0 0 0 0 1 0	1
1 1 0 0 1 0 1 0	1
0 0 1 1 0 0 0 1	0
1 0 0 1 0 0 1 1	1
1 1 1 1 0 1 0 1	1

发送时按列从左到右发送，则发送序列为 101011，011001，000101，100111，001000，100001，011010，100111。在接收端接收到序列后按列的顺序排列，再对它按奇监督关系逐行检查。只要突发错误的持续时间小于 6 个码元周期，接收端得到的每个码组

中的错误码元数就不超过 1，可被检测到。

从表 6-6 不难看出，水平奇偶监督码除具备一般奇偶监督码的检错能力外，还能发现所有突发长度不大于 M（M 为发送的水平奇偶监督码方阵的行数）的突发错误。

4. 水平垂直奇偶监督码

在水平奇偶监督码的基础上，对其每一列也进行奇偶校验，就可以得到水平垂直奇偶监督码。显然，它除能检测到每一行及每一列中的奇数个错误以外，还能发现长度不大于行数或列数的突发错误。

此外，还有诸如定比码、群计数码等多种编码方案，都是为了解决在信道存在干扰的影响下，接收码字的检错、纠错处理问题。

任务 6.5 线性分组码

任务目标

本任务我们从认识线性分组码开始，探究线性分组码的编码过程和译码过程，并进一步对汉明码进行探究性学习。

任务分析

由于信息码元序列是一种随机序列，接收端无法预知码元的取值，也无法识别其中有无错码，因此在发送端的信息码元序列中需要增加一些差错控制码元。这些监督码元和信息码元之间有确定的关系，如本任务我们将要学习的线性分组码、监督码元和信息码元之间的关系是线性的。常见的有汉明码和循环码。

需要注意的是，本任务中的求和运算是二元运算，有的教材中，把“+”写作“⊕”，本书中未进行特别表述。

6.5.1 什么是线性分组码

信息码元与监督码元（冗余码元）之间的关系可以用一组线性方程来表示，且监督码元仅由本码组的信息码元确定，而与其他码组的码元无关，则称该编码为线性分组码。由于线性分组码的概念是建立在代数群论基础上的，因此有时又被称为群码。一般用符号 (n,k) 表示线性分组码，其中 k 是码组中信息码元的数目，n 是编码后码组的总长度，监督码元的数目 $r=n-k$，则编码效率为

$$\eta=\frac{k}{n} \tag{6-48}$$

上述信息码元又称信息位，监督码元又称监督位、冗余位。

奇偶监督码就是一种线性分组码，它的监督位和信息位的关系见式（6-46）或式

（6-47），显然，它是一种 $(n,n-1)$ 线性分组码，其编码效率为

$$\eta=\frac{n-1}{n} \tag{6-49}$$

代数上已经证明，线性分组码具有以下两个特性。

① 线性分组码具备封闭性，即任意两个许用码组相加后（按位模 2 相加），所得编码仍是许用码组。

② 最小码距 $d_{\min}$ 等于除全零码组以外的最小码重。

根据第二个特性，可以很方便地找到各种线性分组码的最小码距 $d_{\min}$，并由此判断其检错、纠错能力。

6.5.2　线性分组码的编码

1．线性分组码的数学表达

从代数的角度来看，每一个线性分组码都唯一对应一个特定的线性方程组，这个线性方程组可以产生该线性分组码的生成矩阵和监督矩阵，应用中也通过生成矩阵和监督矩阵来进行编码。下面我们通过具体示例来介绍 (n,k) 分组码的编码过程。

(n,k) 分组码实际上就是从 2^n 个可能码组中取出 2^k 个许用码组。以（7, 3）分组码为例，码长 $n=7$，信息码元的数目 $k=3$，则监督码元的数目为 4 位。通常记码字为 $c=(c_6,c_5,c_4,c_3,c_2,c_1,c_0)$。在本例中，$c_6,c_5,c_4$ 为信息位，c_3,c_2,c_1,c_0 为监督位。若它们之间的关系由下列方程组确定

$$\begin{cases} c_3=c_6+c_5 \\ c_2=c_6+c_5+c_4 \\ c_1=c_5+c_4 \\ c_0=c_6+c_4 \end{cases} \tag{6-50}$$

则可以写出 $2^k=2^3=8$ 种许用码组，如表 6-7 所示。

表 6-7　（7, 3）线性分组码的信息码元和监督码元

编号	信息码元 c_6 c_5 c_4	监督码元 c_3 c_2 c_1 c_0
1	0　0　0	0　0　0　0
2	0　0　1	0　1　1　1
3	0　1　0	1　1　1　0
4	0　1　1	1　0　0　1
5	1　0　0	1　1　0　1
6	1　0　1	1　0　1　0
7	1　1　0	0　0　1　1
8	1　1　1	0　1　0　0

可将码组中各监督码元与信息码元之间的关系用方程组完整地表示，即

$$\begin{cases} 0\cdot c_6+0\cdot c_5+1\cdot c_4=0\cdot c_3+1\cdot c_2+1\cdot c_1+1\cdot c_0 \\ 0\cdot c_6+1\cdot c_5+0\cdot c_4=1\cdot c_3+1\cdot c_2+1\cdot c_1+0\cdot c_0 \\ 0\cdot c_6+1\cdot c_5+1\cdot c_4=1\cdot c_3+0\cdot c_2+0\cdot c_1+1\cdot c_0 \\ 1\cdot c_6+0\cdot c_5+0\cdot c_4=1\cdot c_3+1\cdot c_2+0\cdot c_1+1\cdot c_0 \\ 1\cdot c_6+0\cdot c_5+1\cdot c_4=1\cdot c_3+0\cdot c_2+1\cdot c_1+0\cdot c_0 \\ 1\cdot c_6+1\cdot c_5+0\cdot c_4=0\cdot c_3+0\cdot c_2+1\cdot c_1+1\cdot c_0 \\ 1\cdot c_6+1\cdot c_5+1\cdot c_4=0\cdot c_3+1\cdot c_2+0\cdot c_1+0\cdot c_0 \end{cases} \tag{6-51}$$

2. 生成矩阵 *G*

对式（6-51）进行线性运算，得

$$\begin{cases} c_6=1\cdot c_6+0\cdot c_5+0\cdot c_4 \\ c_5=0\cdot c_6+1\cdot c_5+0\cdot c_4 \\ c_4=0\cdot c_6+0\cdot c_5+1\cdot c_4 \\ c_3=1\cdot c_6+1\cdot c_5+0\cdot c_4 \\ c_2=1\cdot c_6+1\cdot c_5+1\cdot c_4 \\ c_1=0\cdot c_6+1\cdot c_5+1\cdot c_4 \\ c_0=1\cdot c_6+0\cdot c_5+1\cdot c_4 \end{cases} \tag{6-52}$$

用矩阵将式（6-52）改写为

$$\begin{bmatrix} c_6 \\ c_5 \\ c_4 \\ c_3 \\ c_2 \\ c_1 \\ c_0 \end{bmatrix}=\begin{bmatrix} c_6 & c_5 & c_4 \end{bmatrix}\begin{bmatrix} 1 & 0 & 0 & 1 & 1 & 0 & 1 \\ 0 & 1 & 0 & 1 & 1 & 1 & 0 \\ 0 & 0 & 1 & 0 & 1 & 1 & 1 \end{bmatrix} \tag{6-53}$$

记 3×7 阶矩阵 $\boldsymbol{G}$ 为

$$\boldsymbol{G}=\begin{bmatrix} 1 & 0 & 0 & 1 & 1 & 0 & 1 \\ 0 & 1 & 0 & 1 & 1 & 1 & 0 \\ 0 & 0 & 1 & 0 & 1 & 1 & 1 \end{bmatrix} \tag{6-54}$$

式（6-53）可进一步改写成

$$\boldsymbol{C}=\boldsymbol{M}\cdot\boldsymbol{G} \tag{6-55}$$

式（6-55）中，$\boldsymbol{C}=[c_6 \quad c_5 \quad c_4 \quad c_3 \quad c_2 \quad c_1 \quad c_0]^{\mathrm{T}}$，$\boldsymbol{M}=\begin{bmatrix} c_6 & c_5 & c_4 \end{bmatrix}$。称 $\boldsymbol{G}$ 为生成矩阵，这是一个 $k\times n$ 阶矩阵，又记为 $\boldsymbol{G}_{k\times n}$。式（6-55）是线性分组码编码的重要依据。

按照前文对于系统码的定义，由于它的信息码元在编码后保持原来的位置不变，监督码元只是加在信码的后面，因此它的生成矩阵可以写成 $\boldsymbol{G} \sim \boldsymbol{G}_{\text{sys}}=[\boldsymbol{I}_k\ \ \boldsymbol{Q}]$ 形式，其中，$\boldsymbol{I}_k$ 为 $k \times k$ 阶单位矩阵，$\boldsymbol{Q}$ 为 $k \times (n-k)$ 阶矩阵。这样的生成矩阵编码结果均为系统码。本例中，$\boldsymbol{I}_k$ 为 3×3 阶单位矩阵，$\boldsymbol{Q}$ 为 3×4 阶矩阵，即

$$\boldsymbol{I}_3=\begin{bmatrix}1&0&0\\0&1&0\\0&0&1\end{bmatrix} \qquad \boldsymbol{Q}=\begin{bmatrix}1&1&0&1\\1&1&1&0\\0&1&1&1\end{bmatrix}$$

【例 6.9】 已知生成矩阵 $\boldsymbol{G}=\begin{bmatrix}1&0&0&1&0&1&0\\0&1&1&0&1&0&1\\1&0&1&1&0&0&1\\0&1&1&1&0&1&0\end{bmatrix}$，求

（1）n 和 k 的值。

（2）若编码结果全为系统码，求生成矩阵。

（3）列出所有有效的码字。

解：（1）由生成矩阵 $\boldsymbol{G}_{k\times n}$ 的定义可知，$n=7$，$k=4$。

（2）当生成矩阵 $\boldsymbol{G}$ 具备 $\boldsymbol{G}_{\text{sys}}=[\boldsymbol{I}_k\ \ \boldsymbol{Q}]$ 形式时，编码结果为系统码。为此，对生成矩阵进行线性变换，有

$$\begin{aligned}\boldsymbol{G}&=\begin{bmatrix}1&0&0&1&0&1&0\\0&1&1&0&1&0&1\\1&0&1&1&0&0&1\\0&1&1&1&0&1&0\end{bmatrix}\\ &\overset{l_3-l_1}{\underset{l_4-l_2}{\sim}}\begin{bmatrix}1&0&0&1&0&1&0\\0&1&1&0&1&0&1\\0&0&1&0&0&1&1\\0&0&0&1&1&1&1\end{bmatrix}\\ &\overset{l_1-l_4}{\underset{l_2-l_3}{\sim}}\begin{bmatrix}1&0&0&0&1&0&1\\0&1&0&0&1&1&0\\0&0&1&0&0&1&1\\0&0&0&1&1&1&1\end{bmatrix}\\ &=[\boldsymbol{I}_k\ \ \boldsymbol{Q}]\end{aligned}$$

因此，$\boldsymbol{G}_{\text{sys}}=\begin{bmatrix}1&0&0&0&1&0&1\\0&1&0&0&1&1&0\\0&0&1&0&0&1&1\\0&0&0&1&1&1&1\end{bmatrix}$

（3）由 $\boldsymbol{Q}_{k\times r}=\boldsymbol{P}_{r\times k}^{\mathrm{T}}$ 可得，$\boldsymbol{P}=\begin{bmatrix}1&1&0&1\\0&1&1&1\\1&0&1&1\end{bmatrix}$

因此，$\boldsymbol{H}=[\boldsymbol{P}\ \boldsymbol{I}_{n-k}]=\begin{bmatrix}1&0&0&1&1&0&1\\0&1&0&0&1&1&1\\0&0&1&1&0&1&1\end{bmatrix}$

(7,4)线性分组码的信息码字一共有 $2^4=16$ 种，对每个码字，使用式（6-55）即可完成编码，因此所有编码结果如表 6-8 所示。

表 6-8 【例 6.9】所有编码结果

信息码元	0000	0001	0010	0011	0100	0101	0110	0111
编码结果	0000000	0001111	0010011	0011100	0100110	0101001	0110101	0111010
信息码元	1000	1001	1010	1011	1100	1101	1110	1111
编码结果	1000101	1001010	1010110	1011000	1100011	1101100	1110000	1111111

6.5.3 线性分组码的译码

1. 监督矩阵 *H*

对前文表示信息码元和监督码元之间关系的线性方程组［式（6-50）］进行整理，得到监督方程组为

$$\begin{cases}1\cdot c_6+1\cdot c_5+0\cdot c_4+1\cdot c_3+0\cdot c_2+0\cdot c_1+0\cdot c_0=0\\1\cdot c_6+1\cdot c_5+1\cdot c_4+0\cdot c_3+1\cdot c_2+0\cdot c_1+0\cdot c_0=0\\0\cdot c_6+1\cdot c_5+1\cdot c_4+0\cdot c_3+0\cdot c_2+1\cdot c_1+0\cdot c_0=0\\1\cdot c_6+0\cdot c_5+1\cdot c_4+0\cdot c_3+0\cdot c_2+0\cdot c_1+1\cdot c_0=0\end{cases}\tag{6-56}$$

式（6-56）写成矩阵的形式为

$$\begin{bmatrix}1&1&0&1&0&0&0\\1&1&1&0&1&0&0\\0&1&1&0&0&1&0\\1&0&1&0&0&0&1\end{bmatrix}\begin{bmatrix}c_6\\c_5\\c_4\\c_3\\c_2\\c_1\\c_0\end{bmatrix}=0\tag{6-57}$$

记 $\boldsymbol{H}$ 为

$$\boldsymbol{H}=\begin{bmatrix}1&1&0&1&0&0&0\\1&1&1&0&1&0&0\\0&1&1&0&0&1&0\\1&0&1&0&0&0&1\end{bmatrix} \tag{6-58}$$

则式（6-57）进一步改写成

$$\boldsymbol{H}\cdot\boldsymbol{C}^{\mathrm{T}}=0 \tag{6-59}$$

矩阵 $\boldsymbol{H}$ 称为该线性分组码的监督矩阵或校验矩阵，监督矩阵 $\boldsymbol{H}$ 是一个 $(n-k)\times n$ 阶矩阵。

和生成矩阵一样，由于系统码的监督码元加在信码的后面，而信码在编码后保持原来的位置不变，因此监督矩阵可以写成 $\boldsymbol{H}\sim\boldsymbol{H}_{\mathrm{sys}}=[\boldsymbol{P}\ \ \boldsymbol{I}_{n-k}]$ 形式，称为典型监督矩阵。其中，$\boldsymbol{I}_{n-k}$ 为 $(n-k)\times(n-k)$ 阶单位阵，$\boldsymbol{P}$ 为 $(n-k)\times k$ 阶矩阵。由典型监督矩阵和信息码元，可以很容易地算出各监督码元。

需要特别指出的是，将生成矩阵 $\boldsymbol{G}$ 通过线性变换成 $[\boldsymbol{I}_k\ \ \boldsymbol{Q}]$，将监督矩阵 $\boldsymbol{H}$ 通过线性变换成 $[\boldsymbol{P}\ \ \boldsymbol{I}_{n-k}]$，矩阵 $\boldsymbol{Q}_{k\times r}$ 和矩阵 $\boldsymbol{P}_{r\times k}$ 互为转置，即

$$\boldsymbol{Q}_{k\times r}=\boldsymbol{P}_{r\times k}^{\mathrm{T}} \tag{6-60}$$

经过代数证明，典型形式的监督矩阵的各行一定是线性无关的，非典型形式的监督矩阵经过行运算，可以化为典型形式的监督矩阵。

对于 (n,k) 线性分组码，由于它的监督码元数为 $r=n-k$，只发生一位错码时，监督码元应能指出所有 n 个码元位置上出错及全对的情况共 $(n+1)$ 种。因此，监督码元可以构成的状态总数 2^{n-k} 必须满足式（6-61）的关系，才能纠正一位错误码元的情况。

$$2^{n-k}\geqslant(n+1) \tag{6-61}$$

据此，可以确定不同数目的信息码元构成 (n,k) 线性分组码所需要的最少监督码元数目 r。

2. 伴随矩阵与检错纠错

假设发送码字 $\boldsymbol{C}=[c_n\cdots c_2\,c_1\,c_0]$，接收码字 $\boldsymbol{R}=[r_n\cdots r_2\,r_1\,r_0]$，定义接收端与发送端之间的差错图样 $\boldsymbol{E}=[e_n\cdots e_2\,e_1\,e_0]$，$e_i=\begin{cases}0, & c_i=r_i\\1, & c_i\neq r_i\end{cases}$，$i=0,1,2,\cdots,n$，故 $\boldsymbol{R}=\boldsymbol{C}+\boldsymbol{E}$。由于 $\boldsymbol{H}\cdot\boldsymbol{C}^{\mathrm{T}}=0$，因此有

$$\boldsymbol{HR}^{\mathrm{T}}=\boldsymbol{HC}^{\mathrm{T}}+\boldsymbol{HE}^{\mathrm{T}}=\boldsymbol{HE}^{\mathrm{T}} \tag{6-62}$$

定义 $\boldsymbol{S}=\boldsymbol{R}\cdot\boldsymbol{H}^{\mathrm{T}}$ 为接收码字的伴随矩阵（另称伴随式、校正子、校验和），根据式（6-62）可得

$$\boldsymbol{S}=\boldsymbol{RH}^{\mathrm{T}}=\boldsymbol{EH}^{\mathrm{T}} \tag{6-63}$$

式（6-63）表示伴随矩阵只与 $\boldsymbol{E}$ 有关，与发送码字 $\boldsymbol{C}$ 无关，反映了信道对码字的干扰。因此当伴随矩阵 $\boldsymbol{S}=0$ 时，表示接收码字没有发生误码；当 $\boldsymbol{S}\neq 0$ 时，接收码字有发生误码。应用中以此作为线性分组码的检错依据。

站在纠错和译码的角度来看，发送端编码过程中的生成矩阵 $\boldsymbol{G}$ 决定了可作为接收端检错的监督矩阵 $\boldsymbol{H}$，因此式（6-63）中的 $\boldsymbol{R}\cdot\boldsymbol{H}^{\mathrm{T}}$ 可根据接收码字和监督矩阵求得，从而得出伴随矩阵 $\boldsymbol{S}$。但站在伴随矩阵 $\boldsymbol{S}=[e_n \cdots e_2\, e_1\, e_0]\boldsymbol{H}^{\mathrm{T}}$ 的角度来看，伴随矩阵就是监督矩阵所有列的“组合”（模 2 加），即伴随矩阵中的非零码元是由监督矩阵 $\boldsymbol{H}$ 中对应行的“组合”。从误码的角度来看，这种“组合”将伴随矩阵对应位置的值从 0 变成 1，因此造成了误码。从而可以得出，所有可以“组合”形成这样伴随矩阵的列都有可能实际发生了误码。对于相互独立的码元来讲，考虑通信系统中造成一个码元发生错误的概率要远高于多个，即从最大似然译码的角度来说，通常将监督矩阵 $\boldsymbol{H}$ 中的单独某一列即可“组合”形成伴随矩阵所示结果的码元判定为发生了误码。

基于以上分析，可将线性分组码的纠错译码过程总结如下。

① 确定校验矩阵。

② 求解伴随矩阵 $\boldsymbol{S}=\boldsymbol{R}\boldsymbol{H}^{\mathrm{T}}$。

③ 根据伴随矩阵，推断出错码元位置，求解错误图样 $\boldsymbol{E}$。

④ 纠错 $\boldsymbol{R}'=\boldsymbol{R}+\boldsymbol{E}$。

【例 6.10】根据【例 6.9】，（1）求校验矩阵；（2）对接收码字 1011001 进行纠错译码。

解：（1）在【例 6.9】中已求得系统码形式下的生成矩阵，由 $\boldsymbol{Q}_{k\times r}=\boldsymbol{P}_{r\times k}^{\mathrm{T}}$ 可得，

$$\boldsymbol{P}=\begin{bmatrix}1&1&0&1\\0&1&1&1\\1&0&1&1\end{bmatrix}$$

因此有

$$\boldsymbol{H}=[\boldsymbol{P}\ \boldsymbol{I}_{n-k}]=\begin{bmatrix}1&0&0&1&1&0&1\\0&1&0&0&1&1&1\\0&0&1&1&0&1&1\end{bmatrix}$$

（2）由式（6-63）求得伴随矩阵为

$$\boldsymbol{S}=\boldsymbol{R}\boldsymbol{H}^{\mathrm{T}}=\begin{bmatrix}1&0&1&1&0&0&1\end{bmatrix}\begin{bmatrix}1&0&0&1&1&0&1\\0&1&0&0&1&1&1\\0&0&1&1&0&1&1\end{bmatrix}^{\mathrm{T}}=\begin{bmatrix}1&1&1\end{bmatrix}$$

求得伴随式非全零矩阵，因此判断接收码字发生了误码。观察发现，伴随矩阵与校验矩阵中第 7 列一致，根据最大似然原则，确定差错图案为 $\boldsymbol{E}=\begin{bmatrix}0&0&0&0&0&0&1\end{bmatrix}$。

因此，正确码元 $\boldsymbol{R}'=[1\quad 0\quad 1\quad 1\quad 0\quad 0\quad 0]$。

实际上，校验矩阵中第 1、6 列或者第 1、2、3 列也可以组合形成所求伴随矩阵，但这种组合式是在这些列同时发生误码的基础上才成立的，这些位置对应码元同时误码的概率远小于一个码元误码的概率，基于此，得出以上结论。此外，在某些著作中，也有对差错图样集的数学推理，读者可以进一步深入学习。

6.5.4　汉明码

前面已经指出，要纠正 (n,k) 线性分组码中的单个错误，则监督码元的个数 r 必须满足关系 $2^{n-k}\geqslant(n+1)$。当 $2^{n-k}=(n+1)$ 时，构成的线性分组码就是汉明码。可以由此推知汉明码具有以下两个特性。

① 只要给定 r，就可确定线性分组码的码长 $n=2^r-1$ 及信息码元的个数 $k=n-r$。

② 在信息码元长度相同、纠正单个错误的线性分组码中，汉明码所用的监督码元个数 r 最少，相对的编码效率最高。

不难发现，无论码长 n 为多少，汉明码的最小码距 $d_{\min}\equiv3$，所以它只能纠正 1 位错码。下面我们来分析一个具体的汉明码。

设有一个（7, 4）汉明码，若监督矩阵如式（6-64）所示

$$\boldsymbol{H}=\begin{bmatrix}1&1&1&0&1&0&0\\0&1&1&1&0&1&0\\1&0&1&1&0&0&1\end{bmatrix}\tag{6-64}$$

则该汉明码就被唯一确定，即对于任意的输入信息码元，都可根据该监督矩阵得出对应的监督码元。与该矩阵相应的监督码元生成方程组为

$$\begin{cases}c_2=c_6+c_5+c_4\\c_1=c_5+c_4+c_3\\c_0=c_6+c_4+c_3\end{cases}\tag{6-65}$$

据此可求出该（7, 4）汉明码的所有许用码字如表 6-9 所示。

表 6-9　式（6-64）对应（7, 4）汉明码的所有许用码字

编号	信息码元				汉明码元							编号	信息码元				汉明码元						
	c_6	c_5	c_4	c_3	c_6	c_5	c_4	c_3	c_2	c_1	c_0		c_6	c_5	c_4	c_3	c_6	c_5	c_4	c_3	c_2	c_1	c_0
1	0	0	0	0	0	0	0	0	0	0	0	9	1	0	0	0	1	0	0	0	1	0	1
2	0	0	0	1	0	0	0	1	0	1	1	10	1	0	0	1	1	0	0	1	1	1	0
3	0	0	1	0	0	0	1	0	1	1	1	11	1	0	1	0	1	0	1	0	0	1	0
4	0	0	1	1	0	0	1	1	1	0	0	12	1	0	1	1	1	0	1	1	0	0	1
5	0	1	0	0	0	1	0	0	1	1	0	13	1	1	0	0	1	1	0	0	0	1	1
6	0	1	0	1	0	1	0	1	1	0	1	14	1	1	0	1	1	1	0	1	0	0	0
7	0	1	1	0	0	1	1	0	0	0	1	15	1	1	1	0	1	1	1	0	1	0	0
8	0	1	1	1	0	1	1	1	0	1	0	16	1	1	1	1	1	1	1	1	1	1	1

任务 6.6　循环码

任务目标

本任务我们从循环码的定义和表示入手，进一步介绍循环码的编码过程和译码过程。其中涉及码多项式、伴随式等编译码工具。

任务分析

本任务要学习的循环码是线性分组码的一个重要分支，它的检错、纠错能力较强，而且性能较好。循环码的结构可以用代数方法来构造和分析，并且可以找到各种实用的译码方法。同时由于其循环特性，编码运算和伴随式计算可用反馈移位寄存器来实现，硬件实现简单。

需要注意的是，本任务中的加法和乘法运算都是二元运算，所使用的符号未进行特殊表示。

6.6.1　循环码及其数学表达

(n,k) 循环码是另一种常用的线性分组系统码，是目前研究最成熟的一类信道编码。它的前 k 位为信息码元，后 $r=n-k$ 位为监督码元。

定义一个线性分组码为

$$A=\left(a_{n-1}a_{n-2}\cdots a_1a_0\right) \tag{6-66}$$

将码元向左移动一位，得

$$A^{(1)}=\left(a_{n-2}a_{n-3}\cdots a_0a_{n-1}\right) \tag{6-67}$$

若式（6-67）所示 $A^{(1)}$也是一个许用码字，则称之为循环码。

循环码既具有线性分组码的封闭性，又具有循环性，即循环码中任意许用码组经过循环移位，所得的新码组仍是许用码组。这种移位不论是右移还是左移，也不论移位位数是多少。依据其循环性，可知 $(a_{n-3}a_{n-4}\cdots a_0a_{n-1}a_{n-2})$、$(a_{n-4}a_{n-5}\cdots a_0a_{n-1}a_{n-2}a_{n-3})$……都是许用码组。表 6-10 列出了某（7, 3）循环码的全部码字。

表 6-10　某（7, 3）循环码的全部码字

码组	信息码元			监督码元				码组	信息码元			监督码元			
编号	a_6	a_5	a_4	a_3	a_2	a_1	a_0	编号	a_6	a_5	a_4	a_3	a_2	a_1	a_0
1	0	0	0	0	0	0	0	5	1	1	0	1	0	0	1
2	0	0	1	1	1	0	1	6	1	1	1	0	1	0	0
3	0	1	0	0	1	1	1	7	0	1	1	1	0	1	0
4	1	0	1	0	0	1	1	8	1	0	1	1	1	0	1

循环码编码电路简单，可以很容易地用带有反馈的移位寄存器来实现其硬件，且

性能优良，不仅可以纠正独立的随机错误，还能纠正突发错误。

根据循环码独特的代数性质，常将其码组用多项式来表示，称为码多项式。一般把许用码组 $A=(a_{n-1}a_{n-2}\cdots a_1a_0)$ 用多项式表示为

$$A(x)=a_{n-1}x^{n-1}+a_{n-2}x^{n-2}+\cdots+a_1x+a_0 \tag{6-68}$$

式（6-68）中，x 为任意实变量，其幂代表移位次数。对于二进制码组，多项式的每个系数不是 0 就是 1，x 仅是码元位置的标识。因此，这里并不关心 x 的取值。当码组 A 向左循环移一位时，得到码组 $a_{n-2}a_{n-3}\cdots a_0a_{n-1}$，码多项式记作 $A^{(1)}(x)$。$A^{(1)}(x)$ 码多项式用原多项式 $A(x)$ 乘以 x 产生，即

$$x\cdot A(x)=a_{n-1}x^{n}+a_{n-2}x^{n-1}+\cdots+a_1x^2+a_0x \tag{6-69}$$

事实上，完成移位是将式（6-69）除以 (x^n+1) 后得到的余式，即

$$A^{(1)}(x)=[xA(x)]\mathrm{mod}(x^n+1) \tag{6-70}$$

因此得

$$A^{(1)}(x)=a_{n-2}x^{n-1}+a_{n-3}x^{n-2}+\cdots+a_1x^2+a_0x+a_{n-1} \tag{6-71}$$

同理，可以得出左移 i 位后的码组 $A^{(i)}(x)=[x^i\cdot A(x)]\mathrm{mod}(x^n+1)$，码多项式为

$$A^{(i)}(x)=a_{n-i-1}x^{n-1}+a_{n-i-2}x^{n-2}+\cdots+a_{n-i+1}x+a_{n-i} \tag{6-72}$$

例如，某循环码组为 1100101，则它的码多项式为

$$A(x)=x^6+x^5+x^2+1$$

若将此循环码左移一位，可得新循环码的码多项式为

$$A^{(1)}(x)=x\cdot A(x)=x^7+x^6+x^3+x$$

将它除以 (x^7+1)，计算过程为

$$\begin{array}{r|l} & \quad 1 \\ \hline x^7+1 & x^7+x^6+x^3+x \\ & x^7+1 \\ \hline & \quad x^6+x^3+x+1 \end{array}$$

该代数除法所得余式为 x^6+x^3+x+1，这就是新循环码的码多项式，与此对应的码组为 1001011。显然，这个运算结果与直观上将码组 1100101 直接循环左移一位的结果是相同的。

6.6.2 循环码的编码

将 (n,k) 循环码的码组集合中（全“0”码组除外）幂次最低的 $(n-k)$ 多项式称为生成多项式，通常记为 $g(x)=g_{n-k}x^{n-k}+g_{n-k-1}x^{n-k-1}+\cdots+g_1x+g_0$。它是能整除 (x^n+1)，且常数项为 1 的多项式。集合中其他码多项式，都是按模 (x^n+1) 运算下 $g(x)$ 的倍式，

即可以由多项式 $g(x)$ 产生循环码的全部码组。

因此可将循环码 $A(x)$ 表示为

$$A(x)=m(x)\cdot g(x) \tag{6-73}$$

式中，$m(x)$ 表示信息码元的代数多项式，$g(x)$ 为循环码的生成多项式。

显然，生成的循环码多项式 $A(x)$ 由其码组长度 n 及生成多项式 $g(x)$ 所决定，$A(x)$ 是 $g(x)$ 的倍式，即凡能被 $g(x)$ 除尽，且次数不超过 $(n-1)$ 的多项式，一定是这一组循环码的码多项式。

那么，如何确定生成多项式 $g(x)$ 呢？前面提到，$g(x)$ 是一个能除尽 (x^n+1) 的 $(n-k)$ 阶多项式。所以，可以对 (x^n+1) 进行因式分解，得到的因式就是 $g(x)$，这项工作一般由计算机来完成。

例如，对于 $(7,k)$ 循环码而言，x^7+1 的因式分解为

$$x^7+1=(x+1)(x^3+x+1)(x^3+x^2+1)$$

因此可以构成表 6-11 中所列的几种 $(7,k)$ 循环码。

表 6-11　（7, k）循环码的生成多项式

码型	生成多项式 $g(x)$
（7, 1）循环码	$(x^3+x+1)(x^3+x^2+1)$
（7, 3）循环码	$(x+1)(x^3+x+1)$ 或 $(x+1)(x^3+x^2+1)$
（7, 4）循环码	x^3+x+1 或 x^3+x^2+1
（7, 6）循环码	$x+1$

在代数上，对于任意 n 值，必然存在式（6-74）所示的关系，可以由此生成两种最简单的循环码。

$$x^n+1=(x+1)(x^{n-1}+x^{n-2}+\cdots+x+1) \tag{6-74}$$

① 取 $(x+1)$ 为生成多项式，由此构成的循环码即偶监督码 $(n,n-1)$。由于 $g(x)$ 为一阶多项式，因此只有一位监督码元。可以证明，$(x+1)$ 任何倍式的码重必定保持偶数，其最小码距 $d_{\min}=2$。

② 以 $(x^{n-1}+x^{n-2}+\cdots+x+1)$ 为生成多项式，由于生成多项式为 $(n-1)$ 阶多项式，故信息码元位数为 1。它只有两个许用码组，即全 0 码组和全 1 码组，因此这种循环码是 $(n,1)$ 重复码，其最小码距 $d_{\min}=n$。

如上所述，一旦生成多项式 $g(x)$ 确定后，编码结果就可确定了。接下来讨论如何利用生成多项式 $g(x)$ 进行 (n,k) 循环码的编码。

假设生成多项式为

$$g(x)=g_{n-k}x^{n-k}+g_{n-k-1}x^{n-k-1}+\cdots+g_1x+g_0$$

信息码元多项式为

$$m(x)=m_{k-1}x^{k-1}+m_{k-2}x^{k-2}+\cdots+m_1x+m_0$$

若要编码成系统形式的循环码，即码字最左边的 k 位是信息码元，其余 $(n-k)$ 位是监督码元。设监督码元多项式为 $r(x)$，因此编码完成后的系统循环码应为 $A(x)=x^{n-k}m(x)+r(x)$。在前面的分析中，我们知道循环码多项式 $A(x)$ 是生成多项式 $g(x)$ 的倍式。因此有

$$A(x)=x^{n-k}m(x)+r(x)=q(x)g(x) \tag{6-75}$$

式（6-75）的 $q(x)$ 为某 k 阶倍式。

从式（6-75）来看，循环码的编码问题转化成在二元域上已知 $m(x)$ 和 $g(x)$，求 $r(x)$ 的问题。观察发现：① $x^{n-k}m(x)$ 的最小阶大于 $r(x)$ 的最高阶；② $x^{n-k}m(x)+r(x)$ 应能被 $g(x)$ 整除。对于二元域，故有监督码元多项式为

$$r(x)=[x^{n-k}m(x)]\bmod g(x) \tag{6-76}$$

根据上述分析，总结基于生成多项式 $g(x)$ 的循环码编码步骤如下。

① 将信息码元多项式提高 $(n-k)$ 阶，即计算 $x^{n-k}m(x)$。

② 根据生成多项式计算监督码元多项式 $r(x)=[x^{n-k}m(x)]\bmod g(x)$。

③ 求得循环码多项式 $A(x)=x^{n-k}m(x)+r(x)$。

【例 6.11】已知（7, 4）循环码的生成多项式为 $g(x)=x^3+x+1$，若某信息码元为 0111，求所有（7, 4）循环码。

解：信息码元多项式为 $m(x)=x^2+x+1$，因此有 $x^{n-k}m(x)=x^5+x^4+x^3$。

使用 $x^5+x^4+x^3$ 除以 $g(x)=x^3+x+1$，计算过程为

$$\begin{array}{r@{}l}
 & x^2+x \\
x^3+x+1 \,\big) & x^5+x^4+x^3 \\
 & \underline{x^5+x^3+x^2} \\
 & \quad\; x^4+x^2 \\
 & \quad\; \underline{x^4+x^2+x} \\
 & \qquad\qquad\quad x
\end{array}$$

因此有 $r(x)=x$，

从而 $A(x)=x^5+x^4+x^3+x$。

得出循环码字为 0111010。可利用其循环特性求得其他许用码字，此处不再求解。

6.6.3 循环码的译码

因为 $x^ig(x), i=0,1,2,\cdots,k-1$ 均是循环码多项式，并且是线性无关的。由循环码多项式的特性可得，循环码生成多项式为

$$G(x)=[x^{k-1}g(x)\quad x^{k-2}g(x)\quad \cdots\quad g(x)]^{\mathrm{T}} \tag{6-77}$$

由于 $g(x)=g_{n-k}x^{n-k}+g_{n-k-1}x^{n-k-1}+\cdots+g_1x+g_0$，故生成矩阵可以进一步表示为

$$\boldsymbol{G}=\begin{bmatrix} g_{n-k} & g_{n-k-1} & \cdots & g_0 & 0 & \cdots & 0 \\ 0 & g_{n-k} & g_{n-k-1} & \cdots & g_0 & 0 & \cdots \\ \vdots & \vdots & \vdots & \vdots & \vdots & \vdots & \vdots \\ 0 & \cdots & 0 & g_{n-k} & g_{n-k-1} & \cdots & g_0 \end{bmatrix} \tag{6-78}$$

一般来说，这样的生成矩阵并不是系统码形式的矩阵，但可以经过线性变换得出。同时，由于 (n,k) 循环码中 $g(x)$ 是 (x^n+1) 的因式，令

$$h(x)=\frac{x^n+1}{g(x)}=h_kx^k+h_{k-1}x^{k-1}+\cdots+h_1x+h_0 \tag{6-79}$$

根据式（6-79）中的系数关系，有

$$\begin{cases} g_{n-k}h_k=1 \\ g_0h_0=1 \\ g_1h_0+g_0h_1=0 \\ g_2h_0+g_1h_1+g_0h_2=0 \\ \vdots \\ g_{n-1}h_0+g_{n-2}h_1+\cdots+g_{n-k}h_{k-1}+\cdots+g_0h_{n-1}=0 \end{cases} \tag{6-80}$$

因此监督矩阵 $\boldsymbol{H}$ 为

$$\boldsymbol{H}_{r\times n}=\begin{bmatrix} h_0 & h_1 & \cdot & \cdot & h_{k-1} & h_k & 0 & 0 & \cdot & \cdot & \cdot & 0 \\ 0 & h_0 & h_1 & \cdot & \cdot & h_{k-1} & h_k & 0 & 0 & \cdot & \cdot & 0 \\ 0 & 0 & h_0 & h_1 & \cdot & \cdot & h_{k-1} & h_k & 0 & 0 & \cdot & 0 \\ \vdots & \vdots & & & & & & & & & & \vdots \\ 0 & 0 & \cdot & \cdot & 0 & 0 & h_0 & h_1 & \cdot & \cdot & h_{k-1} & h_k \end{bmatrix} \tag{6-81}$$

上述监督矩阵不是典型形式，我们可以使用线性变换将其变换成典型形式，同时典型形式的监督矩阵也可根据线性分组码的特性通过生成矩阵计算得出。

记 $h^*(x)=h_0x^k+h_1x^{k-1}+\cdots+h_{k-1}x+h_k$，监督矩阵的多项式形式可表示为

$$H(x)=[x^{n-k-1}h^*(x) \quad x^{n-k-2}h^*(x) \quad \cdots \quad xh^*(x) \quad h^*(x)]^{\mathrm{T}} \tag{6-82}$$

至此，我们掌握了生成矩阵和监督矩阵的产生方式，可以据此采用线性分组码的方式进行纠错译码。此外，我们还可以考虑下面的方式。

设发送码字 $A(x)$ 对应的接收码字为 $R(x)$，如果 $A(x)=R(x)$，则说明接收码字正确；如果 $A(x)\neq R(x)$，则说明接收码字发生了误码。令

$$R(x)=A(x)+E(x) \tag{6-83}$$

其中 $E(x)$ 为差错图样。因此当 $E(x)=0$ 时没有发生误码。

将式（6-83）的两边同时除以 $g(x)$，可得

$$\frac{R(x)}{g(x)}=\frac{A(x)}{g(x)}+\frac{E(x)}{g(x)} \tag{6-84}$$

因为 $A(x)$ 由 $g(x)$ 编码生成，即式（6-73），因此有

$$R(x)\bmod g(x)=E(x)\bmod g(x)$$

称 $S(x)=E(x)\bmod g(x)$ 为伴随式，另有 $S(x)=R(x)\bmod g(x)$。由此我们知道，考虑一个码元位置发生错误的情况（这种概率远大于两个及以上码元的错误），通过伴随式进行检错变得十分便捷，即 $S(x)=0$ 时，接收码字 $R(x)$ 没有发生错误；$S(x)\neq 0$ 时，接收码字发生了错误。

接收端如果需要纠错，则采用的译码方法要比检错时复杂很多，为了能够纠错，要求每个可纠正的错误图样必须与一个特定的余式有一一对应关系，这样才可能从上述余式中唯一地确定其错误图样，从而达到纠正错误的目的。

循环码的纠错译码一般按照以下步骤进行。

① 由接收码字 $R(x)$ 计算伴随式（矫正因子），即 $S(x)=R(x)\bmod g(x)$。

② 由伴随式 $S(x)$ 确定错误图样 $E(x)$。

③ 将错误图样 $E(x)$ 与接收码字 $R(x)$ 相加得到（实际是相减，但在二进制域多项式运算等同于相加）正确码字 $R'(x)=R(x)+E(x)$。

【例 6.12】 已知（7, 4）循环码，其生成多项式为 $g(x)=x^3+x+1$，说明其能纠正一位码元的纠错译码过程。

解： 假设接收码字仅有一位码元错误，那么 $E(x)$ 可能的形式包括 x^0、x^1、x^2、x^3、x^4、x^5、x^6 中的一种。

由 $S(x)=E(x)\bmod g(x)$ 可得，其分别可能的错误图样和伴随式如表 6-12 所示。

表 6-12 错误图样和伴随式

伴随式 $S(x)$	错误图样 $E(x)$
1	x^0
x	x^1
x^2	x^2
$x+1$	x^3
x^2+x	x^4
x^2+x+1	x^5
x^2+1	x^6

由此可见，根据余式不同状态可以确定一个错误码元发生的确切位置，从而把它纠正。

假定发送码字 $A(x)$ 为 1101001，在传输过程中，第 6 位码元发生了错误，则接收码字 $R(x)$ 变成了 1001001。首先计算伴随式得

$$
\begin{aligned}
S(x) &= R(x) \bmod g(x) \\
&= (x^6 + x^3 + 1) \bmod (x^3 + x + 1) \\
&= x^2 + x + 1
\end{aligned}
$$

由此确定的错误图样 $E(x) = x^5$，因此

$$
\begin{aligned}
R'(x) &= R(x) + E(x) \\
&= x^6 + x^3 + 1 + x^5 \\
&= A(x)
\end{aligned}
$$

即得到恢复的码字为 1101001。

任务 6.7　5G NR 中的 LDPC

任务目标

本任务我们从认识 LDPC 开始，进一步介绍 LDPC 的检错、纠错过程，并引入 Tanner 图表示方法，探究 LDPC 的译码原理。

任务分析

LDPC 是一种具有稀疏校验矩阵的分组纠错码，它适用于绝大多数的信道，因此成为编码界近年来的研究热点。它的性能逼近香农极限，且描述和实现简单，易于进行理论分析和研究，译码简单且可实行并行操作，适合硬件实现。

6.7.1　认识 LDPC

LDPC 是由罗伯特·加拉格（Robert Gallager）在 1963 年提出的一类具有稀疏校验矩阵的线性分组码，然而在接下来的 30 多年中，由于计算能力不足，一直被人们所忽视。1996 年，MacKay 等人重新对它进行了研究，发现 LDPC 具有逼近香农极限的优异性能，并且具有译码复杂度低、可并行译码及译码错误可检测性等特点，从而成为信道编码理论新的研究热点。LDPC 的“低密度”体现在校验矩阵中的 1 要远小于 0 的数目，这样做的好处就是译码复杂度低、结构非常灵活。

LDPC 是线性分组码的一种，用于纠正传输过程中发生的错误。该码的错误校正能力非常接近理论最大值（即香农极限）。目前，LDPC 被认为是迄今为止性能最好的编码。LDPC 是当今信道编码领域最令人瞩目的研究热点，近几年国际上对 LDPC 的理论研究及工程应用、超大规模集成电路（VLSI）实现方面的研究都已取得重要进展。基于上述优异性能，LDPC 可被广泛应用于光通信、卫星通信、深空通信、4G、高速与甚高速率数字用户线、光和磁记录系统等。

我们来举一个例子说明 LDPC 是如何工作的。

设原码 $s = (c_1 \quad c_2 \quad c_3)$，其 LDPC 为 $C(s) = (c_1 \quad c_2 \quad c_3 \quad c_4 \quad c_5 \quad c_6)$。其中 LDPC

的计算方法是

$$C(s)=(c_1 \quad c_2 \quad c_3)\begin{bmatrix}1&0&0&1&0&1\\0&1&0&1&1&1\\0&0&1&0&1&1\end{bmatrix} \tag{6-85}$$

式（6-85）简写成 $C(s)=s\boldsymbol{G}$， $\boldsymbol{G}$ 为生成矩阵。

假设 $s=(1 \quad 1 \quad 0)$，则使用上述方法生成的 LDPC 为 $C(s)=\left(1 \quad 1 \quad 0 \quad 0 \quad 1 \quad 0\right)$。基于此，我们关注一下冗余位。对于 c_4、c_5、c_6，应有

$$\begin{cases} c_4=c_1+c_2 \\ c_5=c_2+c_3 \\ c_6=c_1+c_2+c_3 \end{cases} \tag{6-86}$$

变换一下式（6-86），可改写成

$$\begin{cases} c_1+c_2+c_4=0 \\ c_2+c_3+c_5=0 \\ c_1+c_2+c_3+c_6=0 \end{cases} \tag{6-87}$$

将式（6-87）改写成矩阵形式，即

$$\begin{bmatrix}1&1&0&1&0&0\\0&1&1&0&1&0\\1&1&1&0&0&1\end{bmatrix}\begin{bmatrix}c_1\\c_2\\c_3\\c_4\\c_5\\c_6\end{bmatrix}=\begin{bmatrix}0\\0\\0\end{bmatrix} \tag{6-88}$$

式（6-88）简写成 $\boldsymbol{HC}^{\mathrm{T}}(s)=0$。其中，$\boldsymbol{H}$ 称为校验矩阵，信道输出只有在满足校验方程（即矩阵相乘可得零向量）时才是正确的，因此接收端可以用 $\boldsymbol{H}$ 来判断传送是否出错。值得注意的是，校验矩阵和生成矩阵总是满足 $\boldsymbol{GH}^{\mathrm{T}}=0$，事实上校验矩阵和生成矩阵是一一对应的，这意味着在讨论 LDPC 时可以只讨论其中一个矩阵。

6.7.2 通过校验矩阵完成纠错

因为校验矩阵和生成矩阵是一一对应的，因此可以单独讨论校验矩阵。观察式（6-88）的校验矩阵 $\boldsymbol{H}$ 为

$$\boldsymbol{H}=\begin{bmatrix}1&1&0&1&0&0\\0&1&1&0&1&0\\1&1&1&0&0&1\end{bmatrix} \tag{6-89}$$

这个矩阵的形状是 3×6，表示校验方程有 3 个（即校验位有 3 位），LDPC 长 6 位。使用纠错码的目的是检错和纠正，那么校验矩阵是如何做到这一点的呢？观察这个矩

阵，可以发现原码的 3 位原始数据每位都至少被两个校验码“记住”。比如 c_1、c_2 参与了 c_4、c_6 的运算，即

$$\begin{aligned} c_4 &= c_1 + c_2 \\ c_6 &= c_1 + c_2 + c_3 \end{aligned} \tag{6-90}$$

假设 c_1 在信道中被干扰，发生错误，0 翻转到 1，而其他数据都正常，那么接收方在用校验矩阵检测 LDPC 时，一定会出现下面的关系。

$$\begin{aligned} c_1 + c_2 + c_4 &= 1 \neq 0 \\ c_1 + c_2 + c_3 + c_6 &= 1 \neq 0 \end{aligned} \tag{6-91}$$

这显然不符合校验矩阵的要求，因为接收端可以根据这个结果判断传送已经出错，而出错的码位可能是 c_1 或者 c_2（假设只有一个码位出错）。

但是，若考虑另外一个校验因式 $c_2 + c_3 + c_5 = 0$ 成立，就可以排除 c_2 的嫌疑，所以接收端可以判断 c_1 发生了错误。此时只需要对 c_1 进行纠错，就实现了纠错译码。

6.7.3 LDPC 的 Tanner 图表示

LDPC 可以由一个校验矩阵表示，为了直观地表示信息位和冗余位的关系，也可以用 Tanner 图表示。Tanner 图有变量节点和校验节点两种节点，变量节点对应纠错码的各个码位；校验节点就像是神经网络中中间层的节点，它负责接收、处理信号，并输出一个结果。节点间连线表示关联关系，整个 Tanner 图和神经网络类似。

针对式（6-88）的校验矩阵 H，其 Tanner 图如图 6-6 所示。

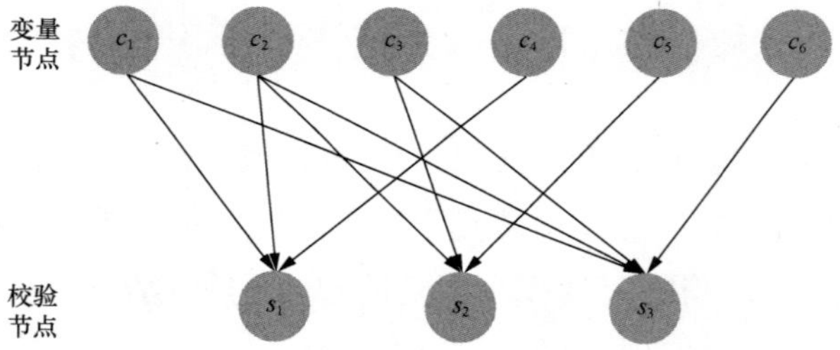

图 6-6　LDPC 的 Tanner 图

Tanner 图的校验节点并没有太多的含义，只是为了给变量节点提供一个汇集点——让相关的变量节点连在一起，以表示一个校验方程。在图 6-6 中，c_1、c_2、c_4 都连到校验节点 s_1 上，这表示一个校验方程，即 $c_1 + c_2 + c_4 = 0$，其他的校验节点也表示类似信息。

由此可以得出，校验节点的个数等于校验方程的个数。如果校验位完全由原始信息位决定（校验位不参与彼此的计算），那么校验节点的个数就等于校验位的个数。

6.7.4 LDPC 的译码

LDPC 编码技术为原始信息增加校验位，以达成纠错的目的，接收方通过正确编

译 LDPC 即可获得正确的传输信息。对于 LDPC 的译码，一般有以下两种方法。

① 硬判决：对信道输出比特作出是 1 还是 0 的判决，译码过程中参与运算的只有 0 和 1。

② 软判决：不直接判决输出是 1 还是 0，只给出“推测”，如给出某一码位是 0 或 1 的概率（后验概率），这种方法也被称为和积译码。

硬判决译码计算起来比较简单，但是性能较差，典型的硬判决算法有比特翻转算法；软判决译码计算比较复杂，但性能好，典型的软判决算法有置信传播算法。下面我们以比特翻转算法为例进行介绍。

为说明比特翻转算法的流程，先进行一些规定。

假设校验矩阵 $\boldsymbol{H}=\begin{bmatrix} h_{0,0} & h_{0,1} & \cdots & h_{0,n-1} \\ h_{1,0} & h_{1,1} & \cdots & h_{1,n-1} \\ \vdots & \vdots & \ddots & \vdots \\ h_{m-1,0} & h_{m-1,1} & \cdots & h_{m-1,n-1} \end{bmatrix}$，原码 $s_{原}=(s_0 \quad s_1 \quad s_2)$，接收端接收到的 LDPC 的码字为 $c=(c_1 \quad c_2 \quad c_3 \quad c_4 \quad c_5 \quad c_6)$。比特翻转算法如下。

① 对接收到的 c 进行校验，即计算校验向量 $\boldsymbol{s}=\boldsymbol{H}c^{\mathrm{T}}$。如果 $\boldsymbol{s}$ 计算得到一个零向量，即接收到的信息符合所有校验方程，那么接收码字没有发生误码；否则进入步骤②。

② 对 c 的每一个码元，计算其参与的结果错误的校验方程数量，即计算

$$\boldsymbol{f}_n=\sum_{m=0}^{2}\boldsymbol{s}_m h_{n,m},\ n=0,1,\cdots,5 \quad （十进制累加） \tag{6-92}$$

式（6-92）中 $\boldsymbol{f}_n$ 是一个一维向量，保存每个码位的错误数，$\boldsymbol{s}_m$ 为校验向量。

③ 如果 c 中某一码元 c_n 对应的 $\boldsymbol{f}_n$ 超过某个设计值，则翻转该码元。一般来说，这样的设计值由设计人员根据校验方程决定。

④ 重复步骤①、步骤②、步骤③，直到译码成功，或者达到最大迭代次数并显示译码失败。

【例 6.13】 已知校验矩阵 $\boldsymbol{H}=\begin{bmatrix} 1 & 1 & 0 & 1 & 0 & 0 \\ 0 & 1 & 1 & 0 & 1 & 0 \\ 1 & 0 & 1 & 0 & 0 & 1 \end{bmatrix}$，接收端接收到 LDPC 的码字为 $c=(0 \quad 1 \quad 0 \quad 0 \quad 1 \quad 1)$，使用比特翻转法对其进行纠错译码。

解： 计算校验向量 $\boldsymbol{s}=\boldsymbol{H}c^{\mathrm{T}}=(1 \quad 0 \quad 1)$。

从而有

$$\boldsymbol{f}_0=\sum_{m=0}^{2}\boldsymbol{s}_m h_{0,m}=1\times1+0\times0+1\times1=2$$

$$\boldsymbol{f}_1=\sum_{m=0}^{2}\boldsymbol{s}_m h_{1,m}=1\times1+0\times1+1\times0=1$$

$$f_2 = \sum_{m=0}^{2} s_m h_{2,m} = 1\times0+0\times1+1\times1=1$$

$$f_3 = \sum_{m=0}^{2} s_m h_{3,m} = 1\times1+0\times0+1\times0=1$$

$$f_4 = \sum_{m=0}^{2} s_m h_{4,m} = 1\times0+0\times1+1\times0=0$$

$$f_5 = \sum_{m=0}^{2} s_m h_{5,m} = 1\times0+0\times0+1\times1=1$$

即 $\boldsymbol{f}=(2\quad1\quad1\quad1\quad0\quad1)$。因 $f_0\geqslant2$，故将接收码字 c 中的第一个码元翻转，得到 $c'=(1\quad1\quad0\quad0\quad1\quad1)$。

重复上述步骤，发现校验向量 $\boldsymbol{s}$ 为零向量，因此接收码字 c 纠错译码结果应为 110011。

项目测试

一、单项选择题

1．通过通信，收信者从接收到信源消息 X_i 中所获得的平均信息量为 $I=H(x)-H(x/y)=\log_n\dfrac{1}{P(x_i)}-\log_n\dfrac{1}{P(x_i/y_j)}=\log_n\dfrac{P(x_i/y_j)}{P(x_i)}=\log\dfrac{\text{后验概率}}{\text{先验概率}}$，该式的物理意义是（　　）。

A．发信者所剩余的信息量随先验概率的增加而增加，随后验概率的增加而减小

B．发信者所剩余的信息量随先验概率的增加而增加，也随后验概率的增加而增加

C．收信者所获得的信息量随先验概率的增加而增加，随后验概率的增加而减小

D．收信者所获得的信息量随先验概率的增加而减小，随后验概率的增加而增加

2．在无干扰情况下，收信者从信源输出的每个消息中得到的平均信息量将（　　）；当信道存在干扰时，收信者从接收到的每个消息中得到的平均信息量将（　　）。

A．小于信源的不确定度 $H(x)$　　B．等于信源的不确定度 $H(x)$

C．不大于信源的不确定度 $H(x)$　　D．大于信源的不确定度 $H(x)$

3．对离散信道，当 K 种信源符号等概率分布时，其熵值达到最大，相应的最大熵速率 $R_{\max}$ 为（　　）。

A．$\log_2\left(\dfrac{1}{K}\right)$　　B．$\log_2(2K)$　　C．$\log_2 K$　　D．$\log_2(K+1)$

4．香农公式 $C=W\log_2\left(1+\dfrac{P}{N}\right)$ 说明（　　）。

A．信道容量 C 与带宽 W 和信号噪声功率比 $\dfrac{P}{N}$ 有关，W 和 $\dfrac{P}{N}$ 越大，C 就越小

B. 维持信道容量不变的情况下，带宽 W 和信号噪声功率比 $\frac{P}{N}$ 可以互换

C. 对于平均功率受限的信道，高斯白噪声的危害最小，因为此时噪声的熵最小

D. 目前 3G 移动通信系统的信息速率已达到香农公式中的极限信道容量

5. 设有 $(n-1)$ 位二元信息码元 $a_{n-1}a_{n-2}a_{n-3}\cdots a_2a_1$，若在 a_1 后面附加一位奇监督码 a_0，则必然存在关系（　　）；反之，若附加的是偶监督码 a_0，则满足关系（　　）。

A. $\sum_{i=0}^{n-1}a_i=1$　　B. $\sum_{i=0}^{n-1}a_i=2$　　C. $\sum_{i=0}^{n-1}a_i=0$　　D. $\sum_{i=0}^{n-1}a_i=-1$

6. 设 M 为发送的水平奇（偶）监督码方阵的行数，则水平奇（偶）监督码除具备一般奇（偶）监督码的检错能力外，还能（　　）。

A. 纠正所有突发长度不大于 M 的突发错误

B. 发现所有突发长度不大于 M 的突发错误

C. 发现所有突发长度不大于（M+1）的突发错误

D. 纠正所有突发长度不大于（M+1）的突发错误

7. 若用符号 (n,k) 表示线性分组码，则奇偶监督码可表示为（　　），其编码效率为（　　）。

A. $(n,\ 1)$　　B. $(n-1,\ n)$　　C. $(n,\ n-1)$　　D. $(n-1,\ 1)$

E. $\eta=\frac{1}{n}$　　F. $\eta=\frac{n-1}{n}$　　G. $\eta=\frac{n}{n-1}$　　H. $\eta=\frac{1}{n-1}$

8. 要纠正 (n,k) 线性分组码中的单个错误，则监督码元的个数 r 必须满足关系（　　）。

A. $2^{n-k}>(n+1)$　　B. $2^{n-k}\geqslant(n+1)$

C. $2^{n-k}\leqslant(n+1)$　　D. $2^{n-k}<(n+1)$

二、多项选择题

1. 信源编码的目的是减少或消除待发消息中的冗余信息，提高系统的有效性。其实质就是寻求一种最佳概率分布，使信源熵 $H(x)$ 达到最大。一般而言，信源编码包括（　　）步骤。

A. 发送端增加冗余监督码：提高系统抗干扰能力

B. 接收端进行校验，发现或纠正错码

C. 符号独立化：解除各符号间的相关性

D. 概率均匀化：使各符号出现概率相等

2. 下列编码方法中，属于信源编码方案的是（　　）。

A. 香农-范诺编码　　B. 汉明码

C. 霍夫曼编码　　D. 卷积码

3. 常见的差错控制工作方式有（　　）。

A. 前向纠错（FEC）　　B. 自动检错重发（ARQ）

C. 混合纠错（HEC）　　　　D. 信息反馈（IF）

4. 按照编码的不同用途，差错控制码可分为（　　）；按照码组中信息码元在编码前后的位置是否发生变化，差错控制码又可分为（　　）。

A. 检错码　　B. 纠错码　　C. 纠删码　　D. 循环码

E. 卷积码　　F. 线性分组码　　G. 系统码　　H. 非系统码

5. 下列有关最小码距 d_{min} 与差错控制码的检错、纠错能力之间的关系，正确的是（　　）。

A. 要纠正 t 个错误且发现 e 个错误（$e>t$），必须满足条件 $d_{min}> t + 2e + 1$

B. 要纠正 t 个错误且发现 e 个错误（$e>t$），必须满足条件 $d_{min}> 2t + e + 1$

C. 要发现 e 个错误，必须满足条件 $d_{min}> e + 1$

D. 要纠正 t 个错误且发现 e 个错误（$e>t$），必须满足条件 $d_{min}> t + e+ 1$

6. 线性分组码具有（　　）性质。

A. 循环性：码组中的码元位置可以任意按次序循环，所得编码仍是许用码组

B. 封闭性：任意两个许用码组相加后，所得编码仍是许用码组

C. 最小码距 d_{min} 等于除全零码组以外的最小码重

D. 系统性：编码生成的码组中，原信息码元的位置关系保持不变

7. 设（n, k）汉明码的监督码元位数为 r，则它具有（　　）特性。

A. 只能纠正 1 位错码

B. 只要给定 r，就可确定码长 n 及信息码元的个数 k

C. 在信息码元长度相同、可纠正单个错误的线性分组码中，汉明码编码效率较低

D. 无论码长 n 为多少，汉明码的最小码距 $d_{min}=3$

三、填空题

1. 在通信过程中，收信者对某一事件的了解完全依赖于他获得的（　　　）。若获得的信息量不够，则只能达到比较确定；若获得的信息量足够，则变成完全确定。因此，可以直观地将通过通信获得的信息量定义为 I（信息量）=（　　　）。

2. 连续信源的熵指的是一个（　　　）的相对量，而（　　　）绝对量；离散信源的熵（　　　）绝对量，二者是不同的。

3. 信源编码主要针对（　　　），通过改变信源各个符号之间的概率分布，使信息速率无限接近其最大值——信道容量，所以也称之为（　　　）。信道编码则是通过变换各个信码之间的（　　　），使其对误码具有一定的（　　　）或（　　　）能力，进而提高系统的抗干扰能力，所以有时也叫（　　　）。

4. 信源编码首先要解除带有大量冗余的信源符号之间的（　　　）；其次再使各个符号的出现概率（　　　），就能进一步提高信源的平均信息量。概率均匀化的基本思路就是将出现概率大的消息符号编成（　　　），而出现概率小的符号编成

（　　　　　），使编码后各个符号的出现概率（　　　　　）。

5. 香农公式可表达为（　　　　　）。它说明对于一个给定的信道容量 C，既可以用减小（　　　　　）和增大（　　　　　）来达到，也可以用增加（　　　　　）和减小（　　　　　）来实现，即维持信道容量不变的情况下，（　　　　　）和（　　　　　）存在互换性。

6. 信道编码的目的在于提高（　　　　　），因此它通过（　　　　　）来减少误码率。显然，信道编码以降低（　　　　　）为代价，用系统的（　　　　　）换取可靠性。信道编码增加的冗余信息是（　　　　　）、（　　　　　）人为消息，使接收端在接收信息后可以利用它（　　　　　），进而（　　　　　）。

7. 奇偶监督码又称（　　　　　），这是一种最常用的检错码。其基本思想是在 $(n-1)$ 位信息码元后面附加（　　　　　）位监督码元，构成一个（　　　　　）位编码，并根据码组中 1 的个数保持为（　　　　　）或（　　　　　），相应地称为（　　　　　）或（　　　　　）。

8. 一般用符号（　　　　　）表示线性分组码，其中（　　　　　）是码组中信息码元的数目，n 是编码后码组的总长度，则监督码元的数目为（　　　　　），编码效率为（　　　　　）。

9. 对于 (n,k) 循环码，将它的信息码元用次数不高于（　　　　　）次的码元多项式表示，称之为信息码元多项式，再用（　　　　　）乘以它，然后用所得多项式除以生成多项式 $g(x)$，所得余式就是（　　　　　）的代数多项式，称为监督码元多项式。

10. 已知 4 个码字 A_1=00000000，A_2=00001111，A_3=11110000，A_4=11111111，则其最小码距 d_0=（　　　）。若同时用于纠检错，可检出（　　　　　）错码，纠正（　　　　　）错码。

11. 在数字通信系统中，差错控制的主要工作方式有（　　　　　）、（　　　　　）和（　　　　　）。

12. （5, 1）重复码若用于检错，能检出（　　　　　）错码；若用于纠错，能纠正（　　　　　）位错码；若同时用于检错、纠错，各能检测、纠正错码（　　　　　）位。

13. 已知电话信道带宽为 3.4kHz，接收端信噪比为 $\frac{S}{N}$=30dB，则信道容量为（　　　　　）。

四、计算题

1. 设某离散信源以概率 $P_1=\frac{1}{2},P_2=\frac{1}{4},P_3=\frac{1}{4}$ 发送 3 种消息符号 l, m, n。若各消息符号的出现彼此独立，试求每个符号的信息量及该符号集的平均信息量。

2. 一个离散信源以每毫秒 10 个符号的速度发送彼此独立的 4 种符号中的一个。

已知各符号的出现概率分别为 0.1、0.2、0.2、0.5，求该信源的平均信息量和信息速率。

3. 设二进制信道输入符号的概率分布为 $P_1=\frac{3}{4}, P_2=\frac{1}{4}$。信道的转移概率矩阵如下，求其 $H(x), H(y), H(x/y)$。

$$\begin{bmatrix} P(y_0/x_0) & P(y_1/x_0) \\ P(y_0/x_1) & P(y_1/x_1) \end{bmatrix} = \begin{bmatrix} 0.9 & 0.1 \\ 0.2 & 0.8 \end{bmatrix}$$

4. 二进制对称信道中的误比特率 P_e 为 0.2，若输入信道的符号速率为 2000 符号/秒，求该信道的信道容量。

5. 已知某语音信道带宽为 4kHz，若接收端的信噪比 $\frac{S}{N}=60\text{dB}$，求信道容量。若要求该信道传输 56000bit/s 的数据，则接收端的信噪比最小应为多少？

6. 若黑白电视机的每幅图像含有 3×10^5 个像素，每个像素都有 16 个等概率出现的亮度等级，当信道的输出信噪比为 $\frac{S}{N}=40\text{dB}$，信道带宽为 1.4MHz 时，该信道每秒可传送多少幅图像？

7. (7,1) 重复码若用于检错，最多能检测出几位错码？若用于纠错，最多能纠正几位错码？若同时用于检错和纠错，则最多能检出几位错码、纠正几位错码？

8. 已知 (7,3) 分组码的监督关系方程组如下，试求出它的监督矩阵、生成矩阵，写出全部码字，并分析其纠错能力。

$$\begin{cases} c_6+c_3+c_2+c_1=0 \\ c_5+c_2+c_1+c_0=0 \\ c_6+c_5+c_3+c_0=0 \\ c_6+c_4+c_2=0 \end{cases}$$

9. 已知某汉明码的监督矩阵如下，试求：

$$\begin{bmatrix} 1 & 0 & 1 & 0 & 1 & 0 & 0 \\ 0 & 1 & 1 & 1 & 0 & 1 & 0 \\ 1 & 1 & 1 & 0 & 0 & 0 & 1 \end{bmatrix}$$

（1）n，k，η；

（2）若输入信息码元为 1001，写出其相应的汉明码字；

（3）验证 1111001 和 0101011 是否符合该汉明码的编码规则？如果不，请纠正。

10. 试查表写出所有能构成（15, 10）循环码的 $g(x)$。

11. 已知（7, 3）循环码的全部码字为 0000000、0011101、0100111、0111010、1001110、1010011、1101001、1110100、1111111。

（1）分析该循环码共有几个循环圈，并画出循环圈；

（2）求循环码的生成多项式 $g(x)$、生成矩阵 $\boldsymbol{G}$ 和监督矩阵 $\boldsymbol{H}$。

项目七
探索数字通信系统中的同步技术

07

项目概要

本项目首先主要介绍通信系统中的数字同步技术，包括载波同步、位同步、帧同步和网同步的概念，以及它们对于通信系统的作用和实现的原理。然后详细分析和讨论载波同步、位同步系统的外同步法、自同步法，以及帧同步系统的集中插入法、分散插入法的具体实现方式。此外，还对网同步系统的基本结构和实现方式进行阐述。

本项目共分 3 个任务，建议安排 6 学时的系统学习时间。

知识准备

在学习本项目前，希望您已经具备以下知识。

1. 掌握高等数学中三角函数、微积分等运算方法。
2. 掌握概率论与数理统计中的概率运算的相关知识。
3. 掌握数字电路的相关知识。

知识图谱

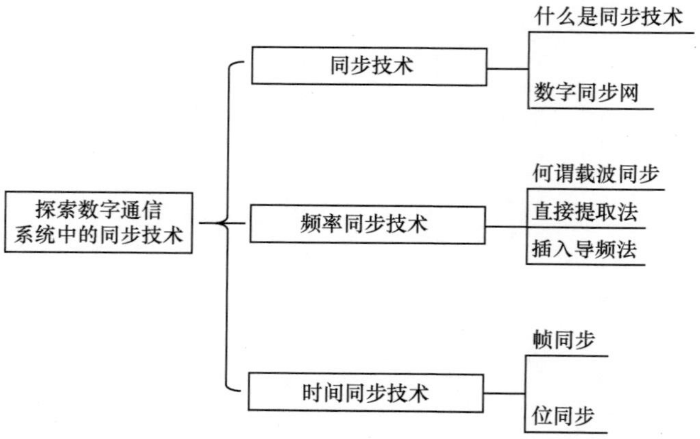

同步是指通信系统的收发双方在时间上步调一致。由于通信的目的就是使不在同一地点的各方之间能够通信联络，故在数字通信系统中，同步是一个十分重要的问题。只有收发两端协调工作，系统才有可能真正实现通信功能。可以说，整个通信系统正常工作的前提就是同步系统正常，同步质量的好坏对通信系统的性能指标起着至关重要的作用。同步系统性能的降低会直接导致通信系统性能的降低，正因为如此，为了保证信息的可靠传输，要求同步系统具有更高的可靠性。

同步技术是数字通信系统中非常重要的技术。一般来说，数字通信系统要实现多种同步功能才能实现正确的数据通信任务。其技术目标是实现不同地域收发双方的同步通信互联，实现一致的信息数据交换。

同步对手机、雷达、无线局域网（WLAN）、高清电视（HDTV）等都是很重要的。发送信号和接收信号是通信最基本的两个环节。同步的主要过程就是信号参数的估值过程。

通信系统中的同步可分为外同步和自同步两种。自同步可以把整个发射功率和带宽都用于信号传输，效率更高，但实现也相对复杂。

通信系统中的同步也可以分为载波同步、位同步、帧同步和网同步。其中，载波同步、位同步和帧同步是基础，针对的是点到点的通信模式；网同步是以这 3 种同步为基础、针对多点到多点的通信。从类型上看，载波同步属于频率同步的范畴；帧同步和位同步属于时间同步的范畴。

这几种同步接收的顺序是载波同步、位同步、帧同步，最后是网同步。

任务 7.1　同步技术

任务目标

本任务从探究数字同步技术开始，先介绍数字通信系统中同步技术的作用、分类和解决的问题，分析同步的重要性，并简要概述各类同步通信系统的原理；再详细介绍数字网同步的概念、等级、原理，并呈现全球定位系统（GPS）和北斗导航卫星系统两个授时系统实现的网同步。

任务分析

在数字通信系统中，当发送端与接收端采用串行通信时，通信双方要交换数据。此时需要有高度的协同动作，彼此传输数据的速率、每比特的持续时间和间隔都必须相同，这就是本任务要学习的同步问题。也就是说，同步就是要接收方按照发送方发送的每个码元/比特起止时刻和速率来接收数据，否则收发之间会产生误差，即使是很小的误差，随着时间增加而逐渐累积，也会造成传输的数据出错。

7.1.1　什么是同步技术

同步技术作为通信系统中一项非常重要的技术，其目标是实现不同地域收发双方的同步通信互联，实现一致的信息数据交换。因此，通信系统能否完全地实现数据的同步交换成为衡量通信质量的重要因素。如果通信系统没有实现同步，将会导致系统的瘫痪，影响通信的效果。

同步这一概念最早在模拟通信时代出现，其含义是使通信网内运行的所有模拟设备工作在一个相同的平均频率上。模拟网的同步是传输系统中各个载频主振荡器之间的同步，其目的是保证端到端的频差不超过 ± 2Hz，从而满足模拟网传输各类业务的要求。到了数字通信时代，同步的含义是要使通信网内运行的所有数字设备工作在一个相同的平均速率上。也就是说，数字通信网既要求频率同步，又要求相位同步，这对同步提出了新的更高的要求。

发送信号和接收信号是通信最基本的两个环节，接收信号实际上就是从噪声、干扰与畸变中提取信号，获取发送的信息。提取信号就是估计信号的某个或数个特征参数，如振幅、频率、相位与时间等。同步的主要过程就是信号参数的估值过程。

根据同步的作用不同，通信系统中的同步可分为载波同步、位同步、帧同步和网同步几大类。载波同步是指在相干解调时，接收端必须获得一个与所接收到信号的调制载波完全同频同相的载波。位同步是指接收端码元定时脉冲序列的重复频率和相位必须与发送端码元保持一致。帧同步通过添加特定的起止码元对由若干码元组成的帧加以区分。网同步保障数字通信网有统一的时间节拍。

根据传输同步信息的方式不同，通信系统中的同步又可分为外同步和自同步。在外同步中，由发送端发送专门的同步信息（如导频），接收端把这个导频提取出来作为同步信号。由于导频本身并不包含要传送的信息，因此对频率和功率有限制，要求导频尽可能不影响信息传送，且便于提取同步信息。在自同步中，发送端不发送专门的同步信息，接收端设法从接收到的信号中提取同步信息。这种方式效率高、干扰低，但接收端设备较复杂。

同步技术是数字通信系统中的关键技术之一，通常使用的同步技术有两种传输方式，即异步传输方式和同步传输方式。异步传输方式是指收发两端各自有独立的位定时时钟，数据的传输速率是双方约定的，收发双方利用数据本身来进行同步的传输方法，如起止同步方式。同步传输方式是针对时钟的同步，即收发双方采用统一的时钟的传输方式。

在异步传输方式中，每传送 1 个字符都要在该字符前加 1 个起始位，以表示字符代码的开始；在字符代码和校验码后面加 1 个或 2 个停止位，表示字符结束。接收方根据起始位和停止位来判断一个新字符的开始，从而达到通信双方同步的目的，如图 7-1 所示。异步传输方式实现比较容易，但每传输一个字符都需要多使用 2 ~ 3 位，比较适合于低速通信。

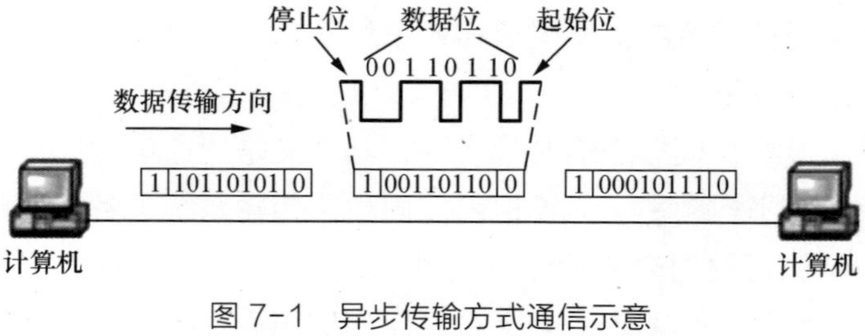

图 7-1　异步传输方式通信示意

在同步传输方式中，信息格式是一组字符或一个二进制位组成的数据块（帧）。对这些数据，不需要附加起始位和停止位，而是在发送一组字符或数据块前先发送一个或多个同步字符。这些同步字符用于接收方进行同步检测，从而使收发双方进入同步状态。在发送 1 个或多个同步字符以后，可以连续发送任意多个实际通信的字符或数据块，发送数据完毕后，再使用 1 个或多个同步字符来标识整个发送过程的结束。在同步传送时，由于发送方和接收方将整个字符组作为一个单位传送，且附加位非常少，从而提高了数据传输的效率。这种方式一般用在高速传输数据的系统中，如计算机之间的数据通信。

下面主要讲解载波同步、位同步、帧同步和网同步 4 类同步技术。

（1）载波同步

基带传输模式和频带传输模式在发送端都要先进行调制，在接收端再进行解调。它们大部分是通过相干解调进行的，相干解调需要相干载波，即需要一个与所接收到信号中的调制载波完全同频同相的本地载波信号,这个本地载波的获取称为载波同步，载波同步是实现相干解调的基础。载波同步有两种方法，一种方法是插入辅助同步信息，即在时域或频域插入同步信号。需要说明的是，若在时域插入，就是训练序列；若在频域插入，就是导频序列。另一种方法是直接从接收信号中提取同步信息，一般使用多次方变换结合锁相环的方法。

（2）位同步

位同步也称码元同步。位同步是数字信号码元时间对齐的过程，是指在数字传输中，从信息码流中提取时钟信号，并借助时钟信号来识别信息码元的定时提取过程。位同步是正确抽样判决的基础，只有数字通信才需要，所提取的位同步信息是频率等于码速率的定时脉冲，相位则由判决时的信号波形决定，可能在码元中间，也可能在码元终止时刻或其他时刻。

实现位同步的方法主要有外同步法和自同步法两种。外同步法是，发送端发送数据前先发送同步时钟信号，接收方用这一同步信号来锁定自己的时钟脉冲频率，以此来达到收发双方位同步的目的。自同步法的接收方利用包含同步信号的特殊编码（如曼彻斯特编码），从信号自身提取同步信号来锁定自己的时钟脉冲频率，以达到同步的目的。位同步的主要作用是产生一个与输入数据频率一致的时钟信号，保证每一位数据判决一次，且最好在信噪比最大的时刻进行判决。目前常用的位同步技术有插入导频法、非线性变换滤波法、锁相环法和 Gardner 定时恢复算法。

（3）帧同步

帧同步是为了发现一个帧的到来，或者说是找到一个帧的开头，来将不同的帧分开。在数字通信系统中，对于时分多路信号，要想在接收端能够正确地分辨各路信号，发送端首先应该在信息流的头部或尾部加入一些特殊的代码进行区分，在接收端获取并分辨这些信息流的过程我们称之为帧同步或群同步。

（4）网同步

在数字通信网和计算机网络中，各站点为了进行分路和并路，通过调整各个方向送来的信码的速率和相位，使之步调一致，该调整过程称为网同步。如果没有组网，只是一般的点对点通信，则不存在网同步的问题。

7.1.2 数字同步网

在通信网发展初期，由于数据业务量及业务种类都较少，对同步的要求不高，同步系统并没有独立出来形成一个单独的网络，这就是通常意义的网同步系统。随着通信网的不断发展扩大，需要同步的业务网日益增多，尤其是高速数据业务和 SDH 传输系统的大量使用，传统的同步方式已无法保证同步的质量及可靠性，这就导致独立于业务网以外的真正意义的数字同步网的出现。

早期的同步系统以同步交换网为目标，采用简单的树状结构。在网络运营维护中心设置一个由自主运行的铯原子钟组成的基准时钟，其基准定时信号经传输网传递到各个交换中心，以各个交换机的时钟作为同步网的节点时钟，即从时钟。由于这种同步系统的维护管理都要依赖于交换网络来实现，因此严格地说它还算不上是一个独立的物理网络。现行的独立同步网具有各级节点时钟及相应的传输链路，它保证了更高的网络安全性和可靠性，并建立了相应的运行、监控、维护和管理机制，是一个完全自主的独立网络机制。

随着信息与科技的高速发展，尤其数字通信的普及，多用户的互联网通信已经成为当前重要的需求，但如果想要实现多用户的高质量互联通信，必须保证用户间的同步通信，实现整个通信网内统一有节奏的工作。

1. 数字同步网的基本原理

任何通信设备都需要时钟为其提供工作频率，所以时钟可以说是通信设备的“心脏”，是影响系统性能的重要因素。时钟的工作性能主要由其自身性能和外同步信号的质量两方面来确定，而后者就是由数字同步网来提供保证的。当通信设备组成系统和网络后，数字同步网必须为系统和网络提供精确的定时，这是整个系统正常运行的基本前提。

数字同步网的结构主要取决于同步网的规模、网络中的定时分配方式和时钟的同步方法，而这些又取决于业务网的规模、结构和对同步的要求。

同步网主要有全同步网、准同步网和混合网 3 类。全同步网是在全网设一组基准时钟，全网所有数字通信设备的时钟都直接或间接地与这一基准时钟同步，各节点时钟之间采用主从同步。准同步网是指数字通信网中的各节点都设置独立的高精度时钟，互不控制，具有同一标称频率，频率的变化在规定的范围内。这种方法容易实现，但费用太高。混合网是全同步方式和准同步方式两者混合的组网方式，结合两者的优势，即把网络划分成几个同步区，在同步区之间采用准同步方式，在每个同步区内采用全同步方式。

各国的数字通信网普遍采用全同步方式，全同步网可以再细分为主从同步网和互同步网 2 种。

主从同步网是目前应用最多的一种，实现比较容易，网络稳定性较高，但网中各个节点时钟对主时钟有很高的依赖性，系统的可靠性较低。一般要求各节点时钟具有相当高的稳定性，能在主时钟故障期间维持工作。

互同步网不设主时钟，由网内各交换节点的时钟相互控制，最后都调整到一个稳定的、统一的系统频率上，从而实现全网的同步工作，这样可以防止同步系统的频率随节点之间传输时延的变化而变化。互同步网改善了系统的可靠性，但系统较为复杂，实现起来较难。

节点时钟之间一般采用主从同步方式，将网内节点时钟分级，设置高稳定度和高准确度时钟为基准主时钟。基准时钟信号通过传输链路送到同步网络中的各个从节点上，使其可以利用锁相环，将节点的本地时钟频率锁定在基准时钟频率上，使全网时钟工作在同一频率标准上，从而实现网内同步。

2. 同步时钟等级

同步网由各节点时钟和传递同步信息的链路组成。为了降低同步网中节点时钟的复杂性和成本，将节点时钟进行分级，即分为一级基准时钟、二级节点时钟和三级节点时钟。常见的时钟源包括铯钟、铷钟、晶体钟及 GPS 等。

铯钟常被用于基准参考时钟，这是一种长期频率偏移率小于 1×10^{-11} 的高稳定时钟源。为了进一步提高其可靠性，通常采用两套以上独立的铯钟及其相应装置组成某一级节点的基准时钟源，将其设置在整个网络的中心位置。

铷钟是利用铷原子制作的振荡器时钟，一般用于从节点时钟源或二级节点基准时钟源，通常被设置在网络的骨干节点上，其长期频率偏移率小于 2×10^{-10}。

晶体钟为三级节点时钟，在同步网中使用最多。晶体钟利用晶体的谐振特性，将产生的振荡频率通过锁相环及频率合成器，按照需要合成为相应的输出频率，它通常被设置在网络的一般汇接局和端局。

GPS 是美国研制的一套高精度的全球卫星定位系统，其提供的时间信号经处理可作为一级节点时钟的区域基准时钟（LPR）源使用，其精度优于 100ns，可用来提供 2.048Mbit/s 的基准时钟信号。

规划数字同步网应该遵守以下原则。

① 同步网应保证安全可靠、高起点和高质量，网络监控管理软件应功能完备且方便维护。

② 在同步网内不形成环路，以便将同步定时环路中所有时钟与基准时钟隔离开，且避免由于具有定时参考反馈而出现频率不稳现象。

③ 同步网内各节点时钟应从不同路由获得主用和备用基准时钟信号。

④ 同步网内各节点时钟可以从其他同一级或高一级设备获得基准时钟信号。

⑤ 从基准时钟到末端局站的基准传输之间介入的时钟数量应尽可能地少，一般二级时钟不多于 3 个，三级时钟不多于 4 个。

⑥ 选择可用性最高的传输系统传送同步基准时钟，并尽量缩短链路长度来提高可靠性。

3. GPS 授时系统的同步网

我国幅员辽阔，数字通信网规模庞大且分布范围广，必须由几个基准主时钟来进行共同控制。如果采取定时链路来传输定时信号，那么随着数字传输距离的增加，定时信号的传输损伤将逐渐增大，系统的同步可靠性也将逐渐降低。

GPS 是美国国防部研制的导航卫星测距与授时、定位和导航系统，由 21 颗工作卫星和 3 颗在轨备用卫星组成。这 24 颗卫星等间隔分布在 6 个互成 60°的轨道面上，基本上保证了地球任何位置均能同时观测到至少 4 颗 GPS 卫星。

在 GPS 授时系统中，利用装配在基准时钟上的 GPS 接收机跟踪世界协调时（UTC），实现对基准时钟的不断调整，使之与 UTC 保持一致的长期频率准确度，从而达到各个基准时钟的同步。此外，在数字同步网中采用 GPS 配置基准时钟，实现方法简单、同步时间精度高，在提高全网性能的同时还能保持相对低廉的成本，并且维护管理也十分简单、容易。因此，GPS 时钟被广泛用于基准时钟。

一个完整的 GPS 授时系统可以划分为 3 个基本组成部分，即空间部分的 GPS 卫星、负责地面监控部分的地面支撑系统和负责用户部分的 GPS 接收机。GPS 向全球范围内提供定时和定位功能，全球任何地点的 GPS 用户通过低成本的 GPS 接收机接收卫星发出的信号，即可获取准确的空间位置信息、同步时钟及标准时间。在实际应用中，要实时对一个 GPS 用户进行定位和授时，GPS 需要 4 个参数，即经度、纬度、高度、用户时钟与 GPS 主时钟的偏差，这也是需要接收 4 颗卫星位置信息的原因。用户若已知自己的确切位置，那么其定时功能则仅需要接收 1 颗卫星的数据即可。

与数字同步网相关的国家标准将数字同步网按照分布式、多个基准时钟同时运行的规则进行组网。以基准时钟的同步范围划分同步区，各个同步区内采用主从同步方式。LPR 的主用基准时钟为 GPS，备用基准时钟来自全网基准参考时钟（PRC）。LPR 平时以 GPS 信号为主用信号，以 PRC 信号为备用信号。当 GPS 信号不可用时，LPR 转而与全网 PRC 同步。现行数字同步网络结构如图 7-2 所示。

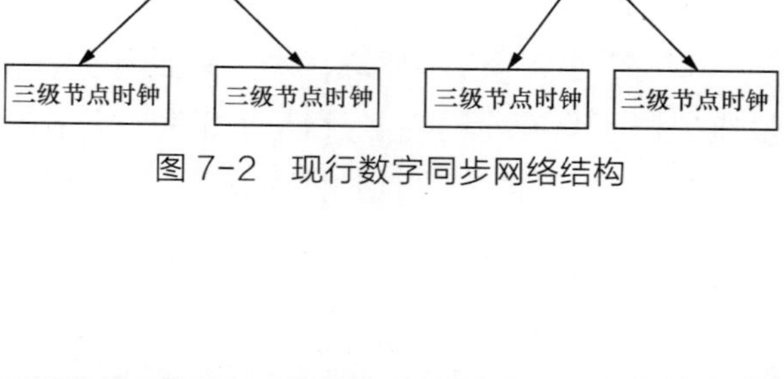

图 7-2 现行数字同步网络结构

4. 北斗导航卫星授时的同步网

北斗导航卫星系统是我国自行研制开发的区域性有源三维卫星定位与通信系统，它是继美国的 GPS、俄罗斯的 GLONASS 后的全球第三个成熟的卫星导航系统。拥有自己的卫星导航系统，不仅能够提升我国在国际上的地位，更重要的是当接收不到 GPS 信号或 GPS 信号被故意恶化时，仍能确保满足各种定位授时需求。北斗导航卫星系统包括两颗工作卫星和一颗备用卫星、地面中心站、用户终端 3 部分，其定位精度可达数十纳秒，与 GPS 的精度相当。

北斗导航卫星系统采用双星定位方式对用户进行双向测距，再通过一个配有电子高程图的地面中心站定位，确保为北斗用户机提供定位、授时功能，如图 7-3 所示。由于定位时需要用户终端向定位卫星发送定位信号，由信号到达定位卫星时间的差值计算用户位置，因此北斗导航卫星系统属于“有源定位”。

北斗导航卫星系统的地面中心站向卫星发送连续的时分广播询问信号，卫星则向所有的用户转发。所有需要定位、通信、授时的用户随时可以响应询问，向两颗卫星发送响应信号，由它们将用户响应转发给地面中心站。地面中心站接收到两颗卫星发来的信号后，通过定位计算、信息交换，算出授时所需的传输路径时延后，再将用户的位置数据和传输路径时延数据通过询问信号送回给用户，同时也将通信信息送给收信用户。

在北斗导航卫星系统的定位过程中，地面中心站向卫星 1 发送询问信号，卫星 1 接收到该询问信号后立即向所有用户转发。目标用户设备在接收到卫星信号后，随即向两颗卫星发送响应信号，经由两颗卫星将响应信号转发给地面中心站。其过程如图 7-4 所示。

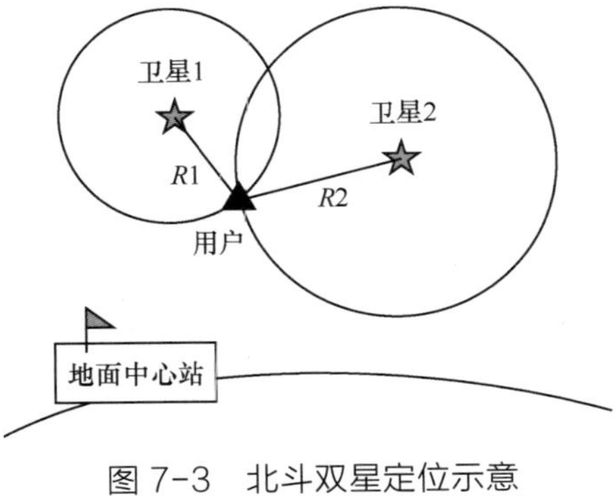

图 7-3 北斗双星定位示意

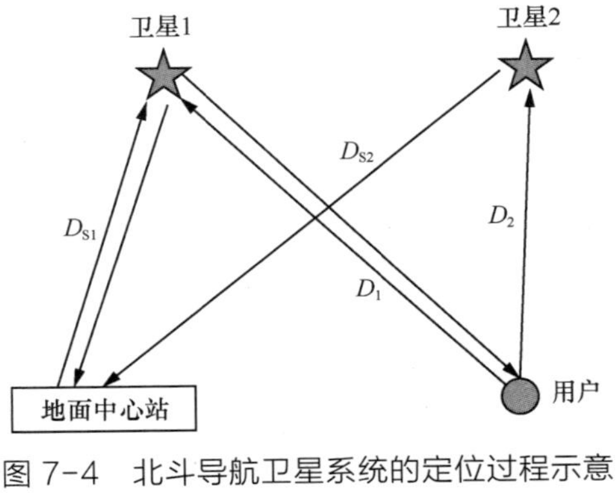

图 7-4 北斗导航卫星系统的定位过程示意

在图 7-4 中，D_1、D_2 分别表示卫星 1、卫星 2 和某用户之间的信号传输距离，D_{S1}、D_{S2} 则对应卫星 1、卫星 2 与地面中心站的通信距离。由于地面中心站发出的信号都有精确的时间信息和标记，根据发出询问信号的时刻和应答信号返回地面中心站的时刻，地面中心站可测定两条信号线路的路径距离为 $2(D_{S1}+D_1)$ 和 $(D_{S1}+D_{S2}+D_1+D_2)$。

上述信息的发送、查询和转发过程是在很短的时间内完成的，信号在空间传播的时间大约为 0.54s。只要合理设计地面中心站的处理计算程序，从发出询问信号到获得导航数据的整个响应过程时间就能不超过 1s，故北斗导航卫星系统属于“双星快速定位通信系统”。

任务 7.2 频率同步技术

任务目标

本任务从认识载波同步技术开始，首先介绍载波同步的概念、必要性；接着介绍平方变换法与平方环法及同相正交环法实现频率同步的方案；最后介绍从时域和频域分别插入导频，提取载频信号的方法。

任务分析

在短距离的通信中，我们一般采用基带传输模式，长距离的通信采用频带传输模式，两种模式都要先在发送端进行调制，然后在接收端进行解调。除了幅度调制通过非相干解调实现，接收端大部分都是通过相干解调进行的。但是，相干解调需要相干载波，即需要一个与所接收到信号中的调制载波完全同频同相的本地载波信号，这个本地载波的获取称为载波同步。对于任何需要相干解调的系统而言，其接收端如果没有相干载波是绝对不可能实现相干解调的。所以，本任务将主要介绍载波同步，这是实现相干解调的前提和基础。

7.2.1 何谓载波同步

很多读者把本地载波的同频率同相位理解为，与发送端用于调制的载频信号同频同相，事实上，接收端本地载波是与接收端接收到信号中的调制载波信号同频同相。这是因为发送的信号在传输过程中可能因噪声干扰而产生附加频移和相移，即使收、发两端用于产生载波的振荡器的输出信号频率绝对稳定、相位完全一致，也不能在接收端保证载波完全同步。此外，接收端接收到的信号不一定都包含发送端的调制载波成分。如果包含，可用窄带滤波器直接提取载波信号，这种方法比较简单，我们不再介绍。下面主要讲解接收信号中不包含载波成分时，所使用的直接提取法和插入导频法的内容。

7.2.2　直接提取法

发送端不单独发送载波同步信号，而是由接收端直接从接收到的调制信号中提取载波信号的方法就是直接提取法。显然，这种载波提取的方法属于自同步的范畴。

前文已经指出，如果接收信号中含有载波成分，则可以直接用滤波器把它分离出来，当然这也属于直接提取法的范畴。但我们这里所介绍的直接提取法主要是指从不直接包含载频成分的接收信号中提取载频信号的方法。例如，抑制载波的双边带信号 $s_{\mathrm{DSB}}(t)$、数字调相信号 $s_{\mathrm{PSK}}(t)$ 等，这些信号虽然并不直接含有载频成分，但经过一定的非线性变换，将出现载频信号的谐波成分，因此也可以从中提取出载波成分。下面具体介绍几种常用的载波直接提取法。

1. 平方变换法与平方环法

平方变换法与平方环法常用于提取 $s_{\mathrm{DSB}}(t)$ 信号和 $s_{\mathrm{PSK}}(t)$ 信号的相干载波。以抑制载波的双边带信号 $s_{\mathrm{DSB}}(t)$ 为例，分析平方变换法的原理。

设发送端调制信号 $m(t)$ 中没有直流分量，则抑制载波的双边带信号为

$$s_{\mathrm{DSB}}(t)=m(t)\cos(\omega_c t) \tag{7-1}$$

忽略噪声的影响，$s_{\mathrm{DSB}}(t)$ 信号经信道传输，在接收端通过一个非线性平方律器件后的输出 $e(t)$ 为

$$e(t)=s_{\mathrm{DSB}}{}^2(t)=\frac{1}{2}m^2(t)+\frac{1}{2}m^2(t)\cos(2\omega_c t) \tag{7-2}$$

式（7-2）中第二项含有载频的倍频分量 $2\omega_c$，如果用一个窄带滤波器将该信号中的倍频分量滤出，再对它进行二分频，就可获得所需的本地相干载波 ω_c。这就是平方变换法提取载波的基本原理，其过程如图 7-5 所示。

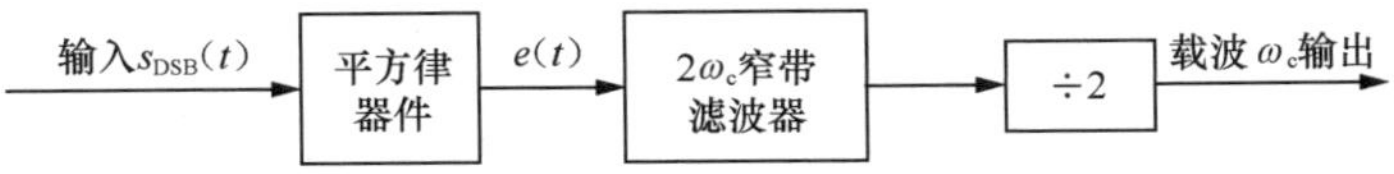

图 7-5　平方变换法提取载波过程

在图 7-5 所示的平方变换法提取载波过程中，若将 $2\omega_c$ 窄带滤波器用锁相环来代替，就构成了图 7-6 所示的平方环法提取载波过程。

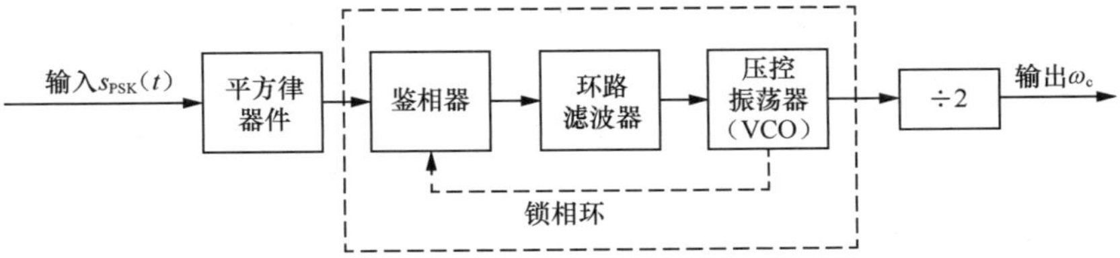

图 7-6　平方环法提取载波过程

显然，这两种方法都利用了接收信号相同的特征，其差异只在于对 ω_c 的提取方式。由于锁相环除具有窄带滤波和记忆功能外，还有良好的跟踪性能，即相位锁定功能，尤其是当载波的频率改变比较频繁时，平方环法的适应能力更强。因此，二者相比，平方环法提取的载波信号与接收的载波信号之间的相位差更小，载波质量更好。故在通常情况下，平方环法的性能优于平方变换法，其应用也比平方变换法更为广泛。

需要特别指出的是，无论是平方变换法还是平方环法，提取的载频都必须由分频电路产生。由于分频电路触发器的初始状态不能确定（一般随机给定），这使提取的载波信号与接收的载波信号要么同相、要么反相，因此会造成提取载频的相位模糊或倒相现象，如图 7-7 所示。

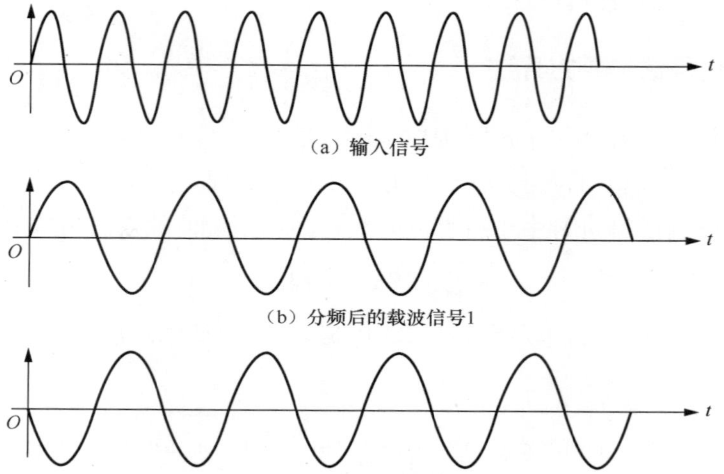

(c) 分频后的载波信号2

图 7-7　分频电路造成的倒相现象

分频电路没有初始相位参考，因此分频器可能将图 7-7（a）中第 1～2 周期、3～4 周期、5～6 周期……合并输出，于是得到分频后的载频信号如图 7-7（b）所示。也可能将图 7-7（a）中第 2～3 周期、4～5 周期、6～7 周期……合并输出，于是得到分频后的载频信号如图 7-7（c）所示。显然，(b)(c) 两种输出波形的相位正好完全相反，一旦倒相现象发生，会造成极其严重的误码。但对于相对调相信号，如 DPSK 信号，由于它是针对相邻两个码元有无变化来进行调制和解调的，故本地载波信号反相并不会影响其信息解调的正确性。

2. 同相正交环法

同相正交环法又叫科斯塔斯环法，可以克服相位模糊导致的“反相工作”现象。其原理如图 7-8 所示。

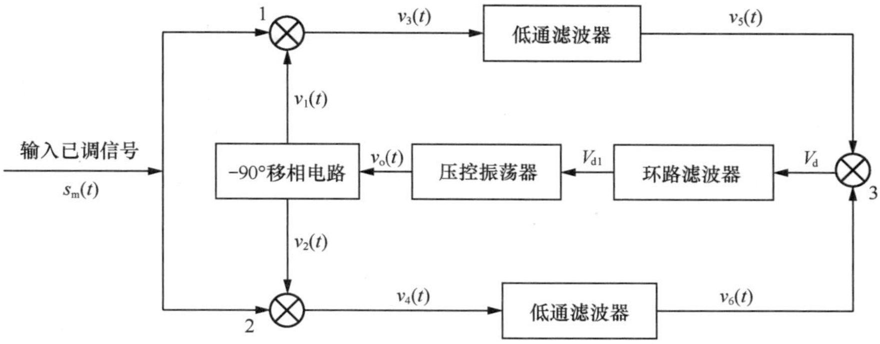

图 7-8　同相正交环法提取载波原理

在图 7-8 中，压控振荡器输出 $v_0(t)$ 经过 90° 移相电路，提供两路彼此正交的本地载波信号 $v_1(t)$ 、 $v_2(t)$ ，分别与接收信号 $s_m(t)$ 相乘输出 $v_3(t)$ 、 $v_4(t)$ ，再经低通滤波器输出 $v_5(t)$ 、 $v_6(t)$ 。乘法器 3 使 $v_5(t)$ 、 $v_6(t)$ 相乘去除 $s_m(t)$ 的影响后，产生误差控制电压 V_d ，经环路滤波器后输出仅与 $v_0(t)$ 、 $s_m(t)$ 相位差 $\Delta\varphi$ 有关的压控电压 V_{d1} 并送至压控振荡器，完成对压控振荡器振荡频率的准确控制。

把图 7-8 中除低通滤波器和压控振荡器以外的部分看成一个鉴相器，则该鉴相器输出 V_d 正是所需要的误差控制电压。V_d 控制压控振荡器的相位和频率使 $s_m(t)$ 和 $v_0(t)$ 之间的频率最终达到相同，以及其相位差 $\Delta\varphi$ 减小到允许范围内。此时的 $v_0(t)$ 就是我们所需要的本地同步载波信号。

设输入信号 $s_m(t)=\pm\cos(\omega_c t)$ ，则 $v_0(t)=\pm\cos(\omega_c t+\Delta\varphi)$ ， $\Delta\varphi$ 是 $v_0(t)$ 与 $s_m(t)$ 之间的相位差，则可推算得出压控输出电压 V_d 为

$$V_d = v_5(t)v_6(t) = k^2 \cdot \frac{1}{8} m^2(t)\sin 2\Delta\varphi = K\sin 2\Delta\varphi \tag{7-3}$$

因此，压控输出电压 V_d 受 $v_0(t)$ 与 $s_m(t)$ 之间相位差 $2\Delta\varphi$ 的控制，其鉴相特性曲线如图 7-9 所示。

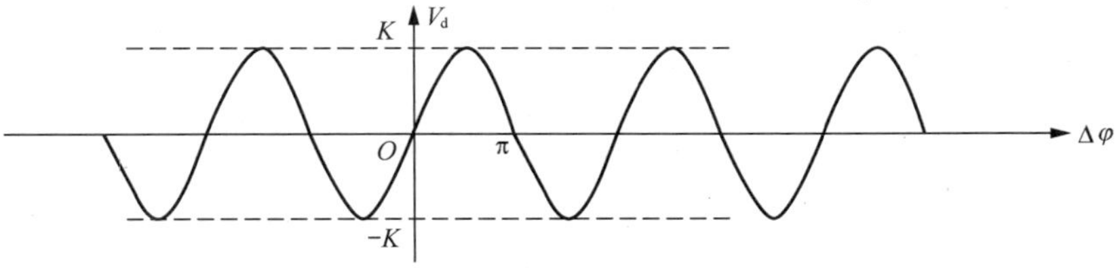

图 7-9　同相正交环的鉴相特性曲线

显然，对于 $\Delta\Phi = n\pi$ 的各点，其曲线斜率均为正，所以这些点都是稳定的。但由于 n 可以取奇数或偶数，即 $\Delta\varphi$ 的值可以为 0 或 π ，故用同相正交环法提取载波解调的过程存在相位模糊的问题。但如果对输入信息序列进行差分编码调制，即采用 DPSK

调制，相干解调后通过差分译码，就可以完全避免相位模糊导致的反相工作的现象，正确地恢复出原始信息。

同相正交环法利用锁相环提取载波，相位跟踪能力强，提取的载波质量较好。此外，同相正交环法只要达到正常锁定后，就可使载波提取和信号解调过程合二为一，从而直接获得解调输出信号，所以它是目前最常用的载波提取方法之一。但是同相正交环法的移相电路对每个载频都产生−90°的相移，这对于载波频率变换频繁的场合实现解调有些困难，因为它对移相电路提出了很高的工作带宽要求。因此，在这些情况下一般采用其他方法，如平方环法等。

7.2.3 插入导频法

当接收到的信号频谱中不包含载波成分或很难从已调信号频谱中提取载频分量时，通常采用插入导频法来获取相干解调所需的本地载波。所谓插入导频，就是在发送端插入一个或几个携带载频信息的导频信号，使已调信号的频谱加入一个小功率的载频频谱分量，接收端只需要将它与调制信号分离，便可从中获得载波信号。与直接提取法相比，插入导频法需要额外的导频信号才能实现载波同步，前者属于自同步法中的一种，后者则属于外同步法的范畴，即间接提取法。

为避免调制信号与导频信号相互干扰，减少导频对解调的影响，插入导频必须遵守 3 条基本规则：第一，导频在调制信号的零频谱位置插入；第二，一般采用正交方式插入；第三，若信号频谱在载频 f_c 处为 0，则可直接在该处插入导频，若不能，则尽量使导频频率和 f_c 之间呈简单的数学关系。插入导频法一般分为频域插入导频法和时域插入导频法，其中频域插入导频法又可分为频域正交插入法和双导频插入法两种，数字通信系统一般以频域正交插入法为主。

1. 频域插入导频法

经过相关编码再进行单边带调制或相位调制的数字信号，在载频 f_c 附近的频谱分量为 0 或接近 0，可以直接插入载频 f_c 作为导频信号。频域插入导频法的收发信号处理过程如图 7-10 所示。

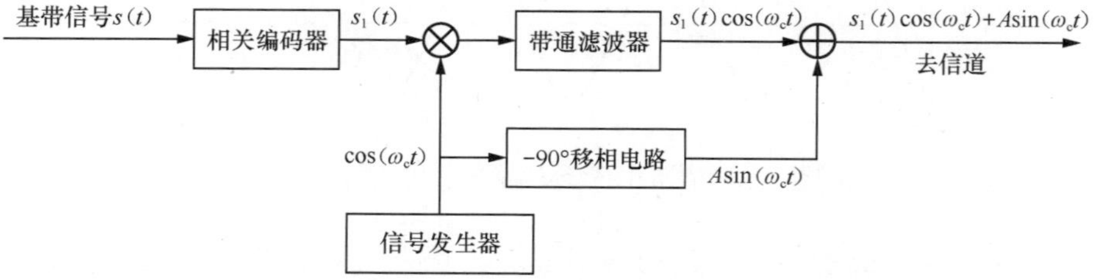

（a）发送信号频域插入导频过程

图 7-10　频域插入导频法的收发信号处理过程

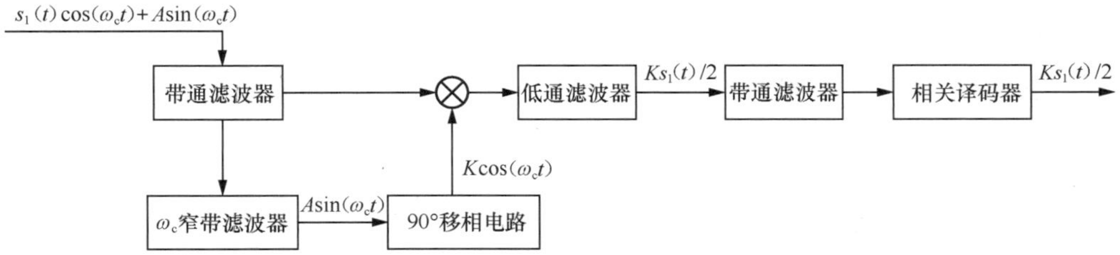

（b）接收信号频域提取导频过程

图 7-10　频域插入导频法的收发信号处理过程（续）

在图 7-10 中，接收机的相加器使导频 $A\sin(\omega_c t)$ 得以和 DPSK 信号 $s_1(t)\cos(\omega_c t)$ 叠加发送。其中 A 为常数。在接收端，接收信号通过 ω_c 窄带滤波器输出正弦载频信号 $A\sin(\omega_c t)$，再经 90° 移相电路输出本地载波 $K\cos(\omega_c t)$，即可对原接收信号 $s_1(t)\cos(\omega_c t)+A\sin(\omega_c t)$ 进行解调，即经过乘法器、低通滤波器、带通滤波器和相关译码器，最后恢复出原始信号 $s(t)$。在上述过程中，导频信号 $A\sin(\omega_c t)$ 与载频信号 $\cos(\omega_c t)$ 由于存在 90° 的相差而彼此正交，我们称这样的插入导频方法为频域正交插入法。

基带信号 $s(t)$ 若进行绝对调相，则其频谱在载频 ω_c 附近较强，不能直接在 ω_c 处插入导频。但如果将 $s(t)$ 经过相关编码再进行绝对调相，其频谱在 ω_c 附近几乎为 0，就可以直接在 ω_c 插入导频了。

如果不进行正交插入，而是直接插入载频 $A\cos(\omega_c t)$，则发送端将输出 $[s_1(t)+A]\cos(\omega_c t)$。接收端提取载波 $K\cos(\omega_c t)$ 后，经相干解调和低通滤波器将输出 $\dfrac{K[s_1(t)+A]}{2}$。按照图 7-10（a）所示方式插入导频，则接收端低通滤波器输出如图中所注的 $\dfrac{Ks_1(t)}{2}$。两者相比，非正交插入时解调多 $\dfrac{KA}{2}$ 直流分量。显然，正交插入的导频信号能规避这个直流干扰。

从避免导频信号和调制信号相互干扰的角度考虑，应把导频频率选在信号频带之外；从节省带宽的角度出发，导频的谱线位置应该离信号频谱越近越好。综合以上两个要求，一般将插入的两个导频信号的频率选在信号频带以外，一个大于信号最高频率，一个小于信号最低频率，但都尽量靠近通带。由于两个导频都在信号频带外，其相应的载波提取过程只需要用带通滤波器滤波即可得到，它们不会进入解调器，也自然不会对信号的解调再产生影响。

2. 时域插入导频法

时域插入导频法是按照一定的时间顺序，在固定的时隙内发送载波信息，即把载波信息组合在具有确定帧结构的数字序列中进行传送，多用于时分多址方式的数字系统。和频域插入法相比，两种方法的最大区别在于插入的导频信号是否连续。频域插入的导频在时间上是连续的，信道中自始至终都有导频信号；而时域插入的导频在时间上则不连续，导频信号只在某些固定时隙里出现，如图 7-11 所示。

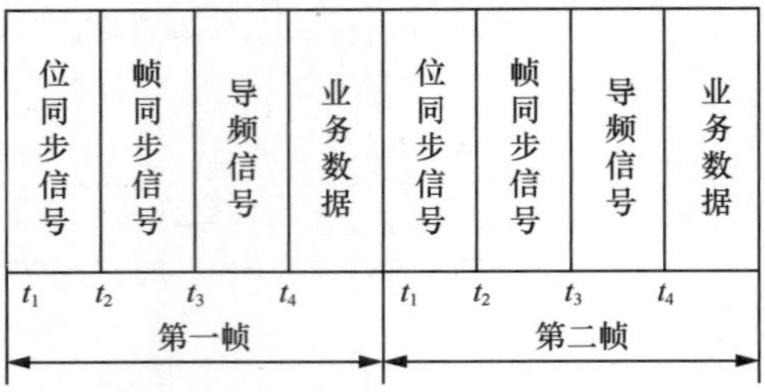

图 7-11　时域插入导频示意

时域插入的导频和调制信号不同时传送，它们之间没有相互干扰，一般直接选择 f_c 作为导频频率。因为导频非连续传送，所以接收端不能直接用 f_c 窄带滤波器进行提取，通常采用锁相环来实现载频提取，如图 7-12 所示。

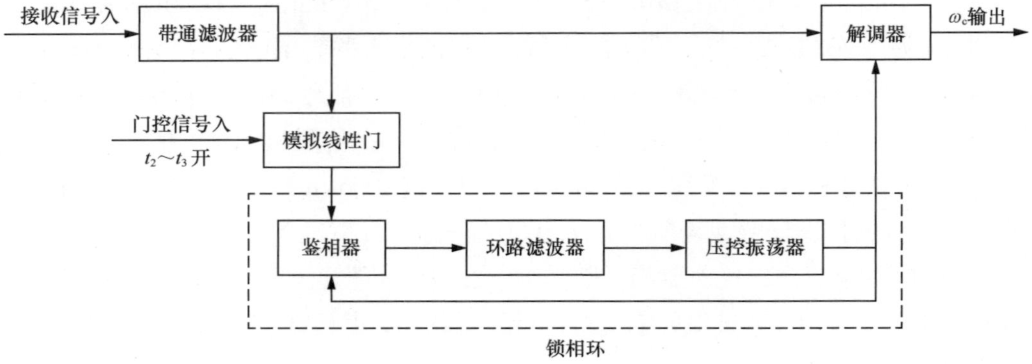

图 7-12　时域导频提取过程

在图 7-12 中，模拟线性门在输入门控信号的作用下，仅在一个帧周期内的导频时隙 $t_2 \sim t_3$ 打开，将接收的导频信号送入锁相环，使压控振荡器的频率锁定在导频 ω_c 上。在帧的其他时隙内，锁相环都因模拟线性门关闭而无导频信号输入。压控振荡器的输出频率靠其自身稳定性来维持，直到下一帧信号的导频时隙 $t_2 \sim t_3$ 到来后，模拟线性门再次打开，导频信号又一次被送入锁相环，与压控振荡器输出信号再次比较进而实现锁定。如此周而复始，压控振荡器的输出频率维持在 ω_c，实现载波同步。

任务 7.3　时间同步技术

任务目标

本任务主要介绍帧同步和位同步两种时间同步技术，分别从认识其概念和必要性开始，先介绍集中插入法和分散插入法实现的帧同步技术，以及外同步法和自同步法实现的位同步技术，再呈现巴克码、滑动检测、插入导频、滤波法和包络“陷落”等方法的实现原理。

任务分析

在数字通信系统中，信息流是由最基本的“字”和“句”组成的。对于时分多路信号，要想在接收端正确地分辨各路信号，发送端首先应该在信息流的头部或尾部加入一些特殊的代码进行区分标记，以便接收方能够正确分辨信息，那么，接收端获取并分辨这些信息流的过程我们称之为帧同步或群同步。数字通信系统传送的信号都是按照规则编制好的码元序列，基于最佳抽样准则，收、发两端必须做到步调一致才能尽可能保证较低的误码率。接收端必须提供这个"步调一致"的位定时脉冲序列，才能保证采样序列理论上的准确无误。

在工程应用中，通常在通信信号序列中放置某些特定码型，或者将发送信号调制成某些特定码型，然后根据这些码型的特征来获得时钟信息。一般来说，接收端先进行位同步，采样出合理的接收序列，然后利用帧同步，找到每个帧的开始和结束位置，之后便可以开始接收信号。

7.3.1　帧同步

在现代数字通信系统中，物理资源的定义和映射都是以帧为周期。发送信号经过信道影响，接收端判定某一帧数据的起始位置，这是正确解调的基础。为了使接收端获得某一帧数据的起始位置，一般在发送的数字信息流中插入一些特殊码组作为每一帧的起止标记，接收端根据这些特殊码组的位置来确定各帧的起止时刻。显然这种插入特殊码组实现帧同步的方法属于外同步，实现帧同步的方法有集中插入法和分散插入法。

1. 集中插入法

集中插入法在每一个帧的开头集中插入用于同步的特殊码组，这个特殊码组应当极少出现在信息码组中，即使偶尔出现，也不具备该帧的周期性规律，不会按照帧结构的周期出现。接收端根据这个帧的周期，连续数次检测该特殊码组，就可获得帧同步信息，从而实现帧同步。

显然，选择合适的同步码组是实现集中插入法的关键，这些码型的选择通常会遵循以下两个原则。

① 具有明显的可识别特征，以便接收端能够较容易地将同步码和信息码区分。

② 码长应既能保证传输效率较高（不能太长），又可使接收端易识别（不能太短）。

经过长期的实验研究，目前所知符合上述要求的码组有全 0 码，全 1 码，1、0 交替码，巴克码，电话基群帧同步码 0011011 等，其中巴克码最为常见。

下面我们以巴克码为例，介绍集中插入法的帧同步信号提取方法。

设一个 N 位码组为 $\{x_1, x_2, \cdots, x_N\}$，其自相关函数满足

$$R(j)=\sum_{i=1}^{N-j} x_i x_{i+j}=\begin{cases} N\ , & j=0 \\ 0或\pm 1\ , & 0<j<N \\ 0\ , & j \geqslant N \end{cases} \tag{7-4}$$

则称这样的码组为巴克码。

巴克码是一种长度有限的非周期性序列，它的自相关性较好，具有单峰特性。常见的巴克码组如表 7-1 所示，其中+、−分别表示该巴克码组第 i 位码元 X_i 的取值为+1、−1，它们分别对应二元码的 1、0。

表 7-1　常见的巴克码组

码组中的码元位数	巴克码组	对应的二进制码
2	(++)，(−+)	(11)，(01)
3	(++−)	(110)
4	(+++−)，(++−+)	(1110)，(1101)
5	(+++−+)	(11101)
7	(+++−−+−)	(1110010)
11	(+++−−−+−−+−)	(11100010010)
13	(+++++−−++−+−+)	(1111100110101)

表 7-1 中的 5 位巴克码和 7 位巴克码的自相关函数曲线如图 7-13 所示。

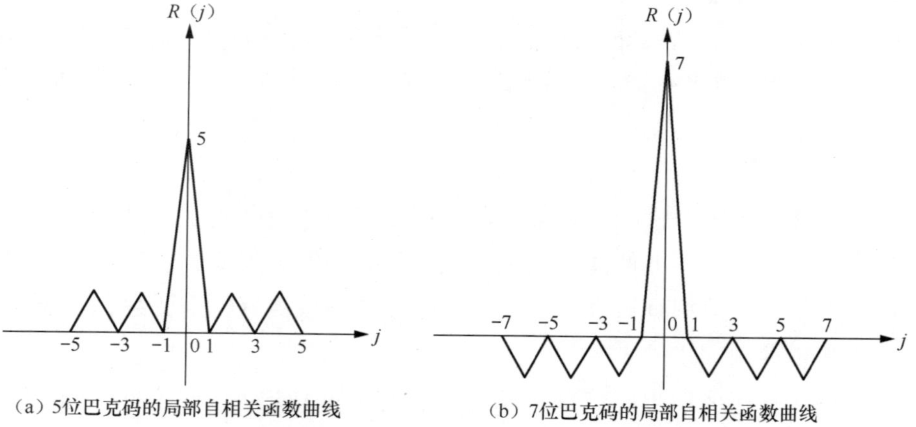

图 7-13　部分巴克码的自相关函数曲线

从图 7-13 中可以发现，5 位巴克码和 7 位巴克码的自相关函数的单峰特性十分明显，当 j=0 时达到最大峰值。事实上，所有巴克码的自相关函数都具有单峰特性，且其自相关性随着巴克码位数的增加而增强。正如图 7-13 中 7 位巴克码的单峰形状比 5 位巴克码的单峰形状更为陡峭一样。从帧同步码型选择的角度来说，自相关性越好，其识别越容易，抗干扰能力就越强，这正是 7 位巴克码比 5 位巴克码性能更优的原因。

基于巴克码的这种特性，接收端可以用选定的巴克码组与接收信号进行相关性求解，只有当本地巴克码与接收信号中的巴克码完全重合时，才会以巴克码较强的自相关性使得相关函数中出现峰值。接收端可以利用该峰值准确识别帧结构中巴克码所在的位置，从而间接性找到数据帧的起始位置。

2. 分散插入法

分散插入法将同步信号均匀分散地插入信息码流中进行发送，接收端则通过若干次对该同步码的捕获、检测接收及验证，从而实现帧同步。多路复用的数字通信系统常常采用这种插入方法，通常在每帧数据中插入一位信码作为同步码。例如，PCM 24 路系统就是在每帧 192 个信息码元中插入一位帧同步码，按照 0、1 交替插入的规则，若第一帧插入“1”码，下一帧则插入“0”码。虽然每一帧只插入一位数码 1 或 0，同步码与信息码元混淆的概率高达 50%，但接收端进行同步捕获时要连续检测数十帧，只有每一帧的末位代码都符合 0、1 交替规律才能确认同步。所以说采用这种插入法的系统，其帧同步的可靠性较高。

集中插入法是插入整个码组，而且这个码组必须要达到一定的长度，系统才能达到可靠同步，因此集中插入帧同步系统的传输效率必然较低。相应地，分散插入帧同步系统的传输效率较高，但接收端必须连续检测到几十位同步码元后才能进行同步计算，同步捕获时间比较长。所以，分散插入法只能用于信号连续发送的通信系统，若发送信号时断时续，则会因为捕获时间长而降低同步系统的效率。

分散插入帧同步系统一般采用滑动同步检测的方式来完成同步信号的捕获，它可通过软件或者硬件的方式来实现，但硬件实现花费较高，且存在工程应用上的诸多缺陷，目前以软件检测为主，其流程如图 7-14 所示。

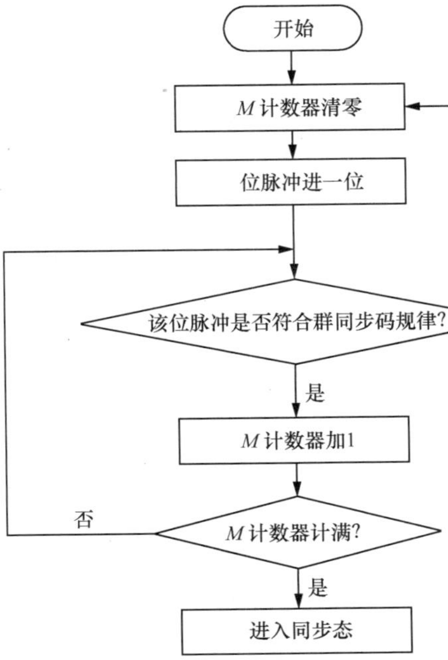

图 7-14　滑动检测算法流程

一般认为系统在开机瞬间处于同步捕捉状态，简称为捕捉态。设帧同步码以 0、1 交替的规律插入，接收端在接收到第一个与同步码相同的码元“0”后，就认为已接收到一个帧同步码；再检测下一个帧中相应位置上的码元，如果符合约定的插入规律为“1”，就认为已接收到第二个帧同步码；继续检测第三帧相应位置上的码元……如果连续检测了 M 帧（M 一般为几十）都符合 0、1 交替规律，则认为找到了同步码，系统转入同步态，接收端根据接收到的同步码确定码流中每个字、句的起止时刻，进而开始译码。

在上述捕获过程中，若检测到某一帧相应位置码元不符合约定规律，则顺势滑动，从下一位码元开始按上述捕捉步骤，根据帧周期重新开始检测是否符合约定规律；一旦发现不符合规律，就再向下滑动一位重新开始……如此反复，若一帧共有 N 个码元，则最多滑动（N–1）位后，总可以检测到同步码，但必须经过 M 帧的验证。

7.3.2 位同步

位同步又称码元同步或符号同步，通常工作在数字通信系统中，是数字通信中特有的同步技术。

数字通信系统传送的信号都是按照规则编制好的码元序列，设每个码元周期为 T_b，且发送端是一个码元接一个码元地接连发送，因此收、发两端必须做到步调一致。也就是说发送端每发送一个码元，接收端就相应接收一个同样的码元，这就要求接收端必须提供一个用于抽样判决的位定时脉冲序列，该序列的重复频率与码元速率相同，相位与最佳判决时刻一致，把提取这种定时脉冲序列的过程称为位同步。只有这样，接收端才能选择恰当的时刻进行抽样判决，最后恢复出原始发送信号。

一般来说，发送端发送信息码元的同时也提供一个位定时脉冲序列，其频率等于发送的码元速率，而其相位则与信码的最佳抽样判决时刻一致。接收端只要能从接收到的信码中准确地将此定时脉冲系列提取出来，就可进行正确的抽样判决。

载波同步所提取的是与接收信号中的载波信号同频同相的正弦信号，而位同步提取的则是频率等于码速率、相位与最佳抽样判决时刻一致的脉冲序列。两种同步的实现方法都可分为外同步法和自同步法（即直接提取法）。

1. 外同步法

位同步的外同步法分为插入位定时导频法和包络调制法两种，尤以插入位定时导频法使用更为普遍。

插入位定时导频法的位定时导频必须选定在基带信号频谱的零点，以免调制信号和导频信号相互干扰，影响接收端提取的导频信号准确度。除此以外，为方便在接收端提取码元重复频率 f_b 的信息，插入导频的频率通常选择为 f_b 或 $\frac{f_b}{2}$，如图 7-15 所示，这是因为一般基带信号的波形都是矩形波，其频谱在 f_b 处通常为 0。

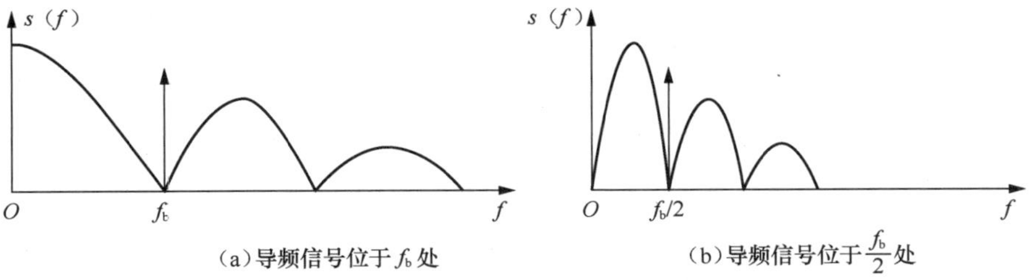

图 7-15 插入位定时导频信号的位置关系

在图 7-15（a）中，f_b 为插入位定时导频信号的频率，其与基带信号码元周期 T_b 的关系为 $f_b=\frac{1}{T_b}$。而在相对调相中，经过相关编码的基带信号，其频谱的第一个零点通常在 $\frac{f_b}{2}$ 处，所以此时选择插入导频信号频率为 $\frac{f_b}{2}=\frac{1}{2T_b}$。

以图 7-15（a）为例的同步信号提取流程如图 7-16 所示。输入基带信号 $s(t)$ 经过相加电路，插入频率为 f_b 的导频信号，再通过乘法器对频率 f_c 的正弦信号进行载波调制后输出。

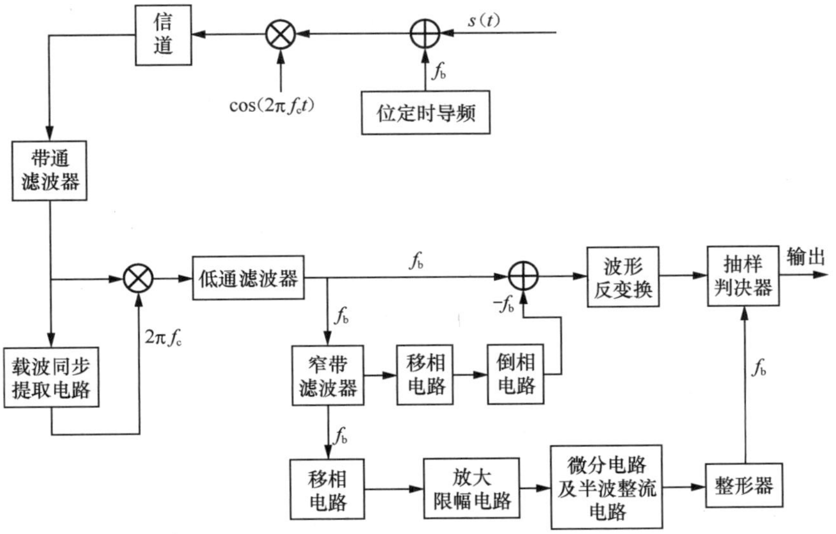

图 7-16 插入位定时导频法的同步信号提取流程

在图 7-16 中，接收端首先用带通滤波器滤除带外噪声，通过载波同步提取电路获得与接收信号的载波完全同频同相的本地载波后，再由乘法器和低通滤波器完成相干解调。低通滤波器的输出信号经过窄带滤波器滤出导频信号 f_b，通过倒相电路输出导

频的反相信号 $-f_b$，送至相加电路与原低通滤波器输出的调制信号相加，消除其中的插入导频信号 f_b，使进入抽样判决器的只有信息信号，避免插入导频影响信号的抽样判决。

图 7-16 中的两个移相电路都是用来消除窄带滤波器等器件引起的相移，有时也把它们合在一起使用。由于微分电路及全波整流电路具有倍频作用，对于图 7-16 中插入的位定时导频 f_b，其最后送入抽样判决器的位同步信息将是 $2f_b$，因此图 7-16 采用了微分电路及半波整流电路。而针对图 7-15（b）所示的频谱情况，插入导频是 $\frac{f_b}{2}$，接收机采用微分电路及全波整流电路，利用其倍频功能，正好使提取的位同步信息为 f_b。

2. 自同步法

自同步法又称直接提取法，在位同步系统中应用最广泛。和载波同步的自同步法一样，它不在发送端单独发送导频信号或进行附加调制，仅在接收端通过适当的措施来提取位同步信息。常用的位定时信号提取的自同步法有滤波法、包络“陷落”法和锁相法等。

（1）滤波法

单极性归零脉冲信号的频谱中都含有符号频率 f_b 的分量，故接收端只要把解调后的基带波形通过波形变换，如微分电路及全波整流电路，再用窄带滤波器取出该 f_b 分量，经移相电路调整就可形成符号频率为 f_b 的位定时脉冲。

但对非归零脉冲信号而言，不论是单级性还是双极性，若其 0、1 码元等概率或接近等概率出现，即 $P(0) \approx P(1)$，则其频谱将不再含有 f_b 或 nf_b（n 为正整数）的分量，因此无法直接从接收信号中提取位同步信息。通常，可先对非归零脉冲信号进行波形变换，将其变成单极性归零脉冲信号，即其频谱出现 nf_b 谱线，这时就可用前述对单极性归零脉冲信号的处理方法来提取位定时信息。滤波法的定时信号提取流程如图 7-17 所示。

图 7-17　滤波法的定时信号提取流程

图 7-18 举例说明了图 7-17 中各位置的波形，其中（a）表示输入非归零的基带信号波形，（b）和（c）分别表示输入信号依次经过微分电路及全波整流电路的输出波形。

微分电路和全波整流电路是提取位同步信号过程中十分重要的两部分。通过微分电路将输入的非归零信号变成归零信号。全波整流电路解决了微分电路输出脉冲正负极等概率或接近等概率时，无法产生 nf_B 分量的问题。设该序列码元周期为 T_b，它的归零脉冲中必然含有 $f_b = \dfrac{1}{T_b}$ 的线谱，故可获得 f_b 信息。图 7-17 中的移相电路用来调整位同步脉冲的相位，即位脉冲的位置，使之适应最佳判决时刻的要求，降低误码率。

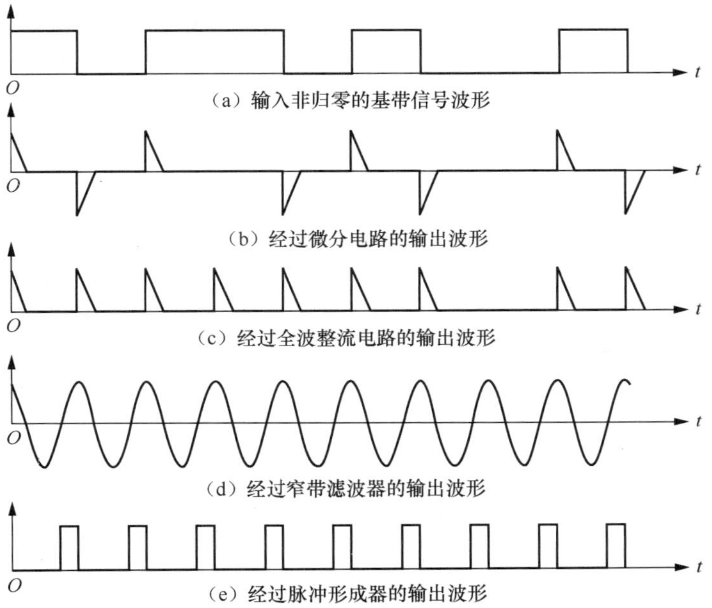

图 7-18　滤波法的定时信号提取流程中各位置的波形

（2）包络“陷落”法

包络“陷落”法一般用来从频带受限信号中提取同步信息，如二元数字调相信号 $s_{2PSK}(t)$ 等。包络“陷落”法提取定时信号的流程如图 7-19 所示，各位置波形如图 7-20 所示。

图 7-19　包络“陷落”法提取定时信号的流程

设频带受限的 $s_{2PSK}(t)$ 信号带宽为 $2f_b$，其波形如图 7-20（a）所示。如果接收端的输入带通滤波器带宽 $B < 2f_b$，则该带通滤波器的输出信号将在相邻码元信号的相位反转处产生一定程度的幅度陷落，如图 7-20（b）所示。这个幅度陷落的信号经过包络检波器，输出波形如图 7-20（c）所示。显然，这是一个具有一定归零程度的脉冲序列，而且它的归零点位置是码元相位发生反转的时刻，所以它必然含有位同步信号分量，用窄带滤波器即可将它取出，如图 7-20（d）所示。

需要注意的是，用于产生幅度陷落的带通滤波器的带宽取值不一定是恒定的，只要$B<2f_b$，带通滤波器的输出就一定会产生包络“陷落”现象，只是带宽B不同，“陷落”的形状和深度也不同。一般来说，带宽B越小，包络“陷落”的程度就越深。

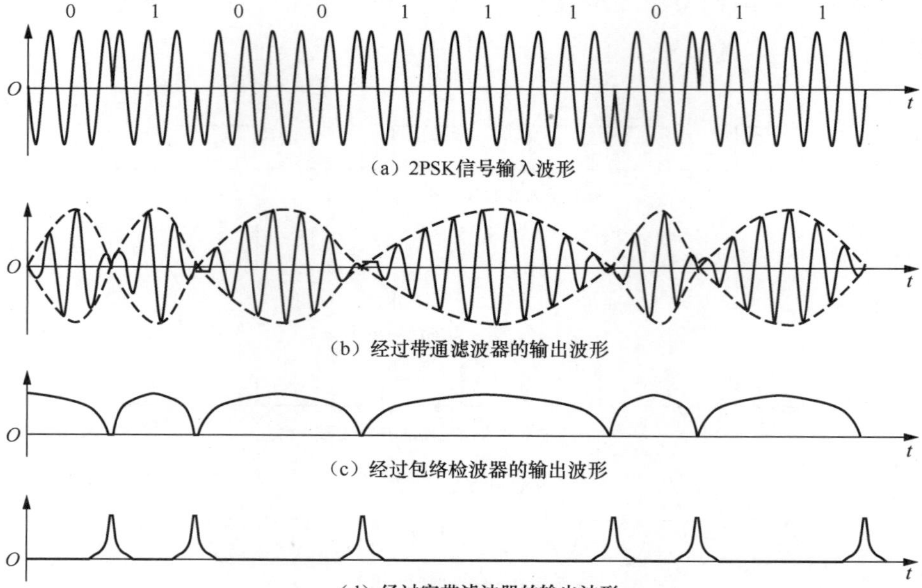

（a）2PSK信号输入波形

（b）经过带通滤波器的输出波形

（c）经过包络检波器的输出波形

（d）经过窄带滤波器的输出波形

图 7-20　包络“陷落”法各位置波形

（3）锁相法

此外，常用的自同步法还包括锁相法。位同步的锁相法与载波同步的锁相法一样，都是利用锁相环的窄带滤波特性来提取位同步信号的。锁相法在接收端通过鉴相器比较接收信号和本地位同步信号的相位，输出与两个信号的相位差相应的误差信号来调整本地位同步信号的相位，直至相位差小于或等于规定的相位差标准。有兴趣的读者可自行查阅相关资料学习其同步信号的提取过程。

项目测试

一、多项选择题

1. 按同步系统的功能划分，同步可以分为（　　）。

A. 载波同步　　B. 位同步　　C. 群同步　　D. 网同步

2. 位同步的外同步法分为插入位定时导频法和包络调制法两种，尤以插入位定时导频法为主。为免调制信号和导频信号相互干扰，插入的位定时导频必须选在基带信号频谱的零点。由于一般基带信号都是矩形波，以T_b表示其码元周期，则其频谱在$f_b=\dfrac{1}{T_b}$处通常为0，故常选取插入导频为（　　）。

A. $2f_b$　　B. f_b　　C. $\frac{f_b}{2}$　　D. $\frac{f_b}{4}$

3. 在下列信号中，适于采用平方变换法或平方环法来提取相干载波的是（　　）。

A. 抑制载波的双边带调制信号 $s_{DSB}(t)$　　B. 常规双边带调制信号 $s_{AM}(t)$

C. 调相信号 $s_{PSK}(t)$　　D. 残留边带调制信号 $s_{VBS}(t)$

4. 用数字锁相法提取位同步信号时，其相位调整每次都跳变固定值（　　），它是引起位同步相位误差的主要因素。设 n 是分频器的分频次数，T 是输出位同步信号的周期，则每调整一次，输出位同步信号的相位就相应超前或滞后 $\frac{\pi}{2}$，周期 T 相应提前或延后（　　），故该系统可能产生的最大相位误差为（　　）。

A. $\frac{\pi}{2n}$　　B. $\frac{\pi}{n}$　　C. $\frac{2\pi}{n}$　　D. $\frac{4\pi}{n}$

E. $\frac{T}{2n}$　　F. $\frac{T}{n}$　　G. $\frac{2T}{n}$　　H. $\frac{4T}{n}$

I. $\frac{90^\circ}{n}$　　J. $\frac{180^\circ}{n}$　　K. $\frac{360^\circ}{n}$　　L. $\frac{720^\circ}{n}$

5. 相位模糊对（　　）造成的影响是可以忽略的，但对（　　）而言则是致命性的。

A. 数字语音通信系统　　B. 数字数据传输系统

C. 模拟电话通信系统　　D. 模拟语音通信系统

6. 对于单边带调制信号 $s_{SSB}(t)$ 或残留边带调制信号 $s_{VSB}(t)$，很难从其接收信号中提取载频分量，此时一般应采用（　　）来获取相干解调所需的本地载波。

A. 直接提取法　　B. 时域插入导频法

C. 频域正交插入导频法　　D. 双插入导频法

7. 插入导频时，一般（　　）。

A. 选择在调制信号的零频谱位置插入

B. 采用正交方式插入

C. 若信号频谱在 ω_c 处为 0，则直接插入 ω_c 作为导频

D. 尽量使导频频率和 ω_c 之间存在简单的数学关系

8. 在采用时分多址方式的卫星通信系统中，一般多采用（　　）提取载波同步信号。

A. 直接提取法　　B. 时域插入导频法

C. 频域正交插入导频法　　D. 双插入导频法

9. 载波同步建立时间 t_s 指系统从开机到实现同步或从失步恢复到同步所经历的时间。显然，t_s 越小越好。当采用锁相环提取载波时，同步建立时间 t_s 就是（　　）。

A. 锁相环的同步保持时间　　B. 锁相环的失步时间

C. 锁相环的输出信号周期　　D. 锁相环的捕捉时间

10．群同步信号的频率可以很容易地由位同步信号分频产生，但是其开始和结束时刻却无法由此确定。一般通过在发送的数字信息流中插入一些特殊码组作为每一群的起止标记，而接收端根据这些特殊码组的位置来确定各字、句及帧的开始和结束时刻。这种插入特殊码组实现群同步的方法可分为（　　）插入法和（　　）插入法。

A．集中　　B．随机　　C．分散　　D．导频

11．载波同步插入法通过（　　）消除插入导频信号的影响，而位同步插入法消除导频影响的方式则是（　　）。

A．反相插入　　B．正交插入　　C．正交抵消　　D．反相抵消

12．常用的位同步系统的自同步法有（　　）。

A．滤波法　　B．包络“陷落”法　　C．双插入导频法　　D．锁相法

二、填空题

1．同步是指通信系统的（　　）在时间上步调一致，又称（　　）。这是通信系统中一个十分重要的问题，同步质量的好坏对通信系统的性能指标起着至关重要的作用。按实现同步的方法划分，同步系统可分为（　　）和（　　）两种。由发送端（　　）发送同步信息、接收端根据该信息提取同步信号的方法就是（　　）；反之，发送端（　　）信号、由接收端设法从接收到的信号中获得同步信息的方法就叫（　　）。后者由于无须另加信号传送，相应的效率（　　）后者，但实现电路也相对复杂。

2．常用的载波直接提取法有（　　）和同相正交环法。同相正交环又叫（　　）环，其锁相压控振荡器的输出电压由输出与输入之间的 2 倍相位差决定，故存在（　　）的问题。因此，必须将输入信息进行 DPSK 调制，就可以完全避免反相工作的现象，正确地恢复出原始信息。同相正交环法利用（　　）提取载波，相位跟踪锁定能力强，故其提取的载波质量较好。

3．无论是平方变换法还是平方环法，它们提取的载波都必须由分频电路产生。该分频电路由一级（　　）构成，在加电的瞬间触发器的初始状态究竟是 1 还是 0 是（　　）的，这使得提取的载波信号与接收的载波信号要么（　　）、要么（　　）。也就是说，分频电路触发器的初始状态（　　），导致提取的本地载波信号相位存在（　　）的情况，这就是（　　）或（　　）。

4．当接收到的信号频谱中不包含载波成分或很难从已调信号的频谱中提取载频分量，通常采用（　　）来获取相干解调所需的本地载波。即在发送端插入一个或几个携带载频信息的（　　），使已调信号的频谱加入一个小功率的载频频谱分量，接收端只需将它与调制信号分离，便可从中获得载波信号。插入导频法一般分频域插入法和（　　）两种，其中频域插入法又可分为频域正交插入法和（　　）两种，数字通信系统中主要采用（　　）插入法。

5. 单极性归零脉冲由于频谱中含有 f_b 成分，接收端只要把解调后的基带波形通过波形变换，如微分电路及全波整流电路，再用窄带滤波器取出（ ）分量，经移相器调整就可形成（ ），供判决再生电路使用。

6. 包络“陷落”法主要用于（ ）信号，如带宽为 $2f_b$ 的调相信号 $s_{2PSK}(t)$ 等。当接收 $s_{2PSK}(t)$信号的带通滤波器带宽 B（ ）$2f_b$ 时，该带通滤波器输出信号在相邻码元的（ ）处产生幅度陷落，形成一个具有一定归零程度的脉冲序列，它必然含有（ ）分量，用窄带滤波器即可将它取出。在上述过程中，波形陷落的形状和深度与带通滤波器的带宽 B 有关。一般来说，带宽 B 越小，包络陷落（ ）。

7. 数字锁相法也叫（ ），以最小的量化调整单位对位同步信号相位进行（ ）调整。具体而言，它利用锁相环的（ ）特性提取位同步信号，在接收端通过（ ）比较接收信号和（ ）信号的相位差，输出相应的误差信号调整本地位同步信号的（ ），直至相位差小于或等于规定标准。

8. 在同步状态下，如果接收信号中断，系统由同步到（ ）所需要的时间就是同步（ ）时间 t_c。收、发两端振荡器输出信号的（ ）稳定度对 t_c 影响极大，稳定度越高，位同步信号的相位漂移就越慢，超过规定值需要的时间就越（ ），t_c 就越大。

9. 数字通信系统传送的任何信号都是按照各种事先约定的规则编制好的（ ）序列。一般来说，发送端发送信息码元的同时也提供一个（ ）序列，其频率（ ）发送的码元速率，而其相位则与信码的（ ）时刻一致。接收端从接收到的信码中准确地将此（ ）系列提取出来的过程就是（ ），有时也称为（ ），它是数字通信系统所特有的，是正确抽样判决的基础。

10. 巴克码是一种长度有限的（ ）序列，它具有较好的自相关性，其自相关函数都具有（ ）特性，且随着巴克码位数的增加而增强。从插入群同步识别码的角度来看，同步码的自相关特性越好，其自相关函数特性曲线的单峰形状越（ ），系统通过识别器识别该同步码组就越（ ），发生同步码误判的概率也就越（ ），抗干扰能力也越（ ）。

11. 分散插入帧同步系统一般采用（ ）检测法来完成同步捕获，它既可用软件控制的方式来完成，也可用硬件电路直接实现。一般认为系统在开机瞬间处于（ ）状态。接收端在接收到第一个与同步码相同的码元后，就认为已接收到一个帧同步码；再检测下一帧中（ ）的码元，如果符合约定的插入同步码规律，就认为已接收到第二个帧同步码；继续检测第三帧（ ）的码元……如果连续检测了 M 帧都符合规律，则认为已找到同步码，系统就由捕捉态转入（ ）。

12. 在上述同步捕获过程中，当检测到某一帧相应位置码元不符合约定规律时，则（　　　　），从（　　　　）码元开始再执行上述捕捉步骤；一旦发现不符合规律，就向下（　　　　）再重新开始……如此反复，若一帧共有 N 个码元，则最多滑动（　　　　）位后，总可以检测到同步码，但必须经过（　　　　）帧的验证。

三、分析计算题

1. 在下图中，画出图 7-17 中各对应位置 b、c、d、e 的波形，其中（a）表示输入基带信号波形，并说明图中移相电路的作用。

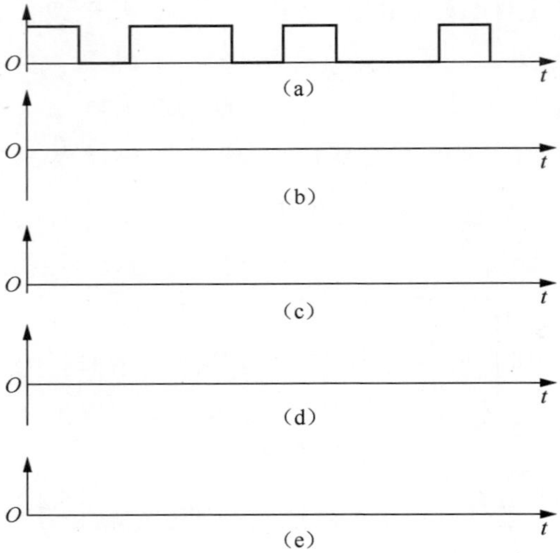

2. 载波同步提取为什么会出现相位模糊现象？它对数字通信和模拟通信各有什么影响？

3. 已知 5 位巴克码组为{1 1 1 0 1}，其中“1”用 + 1 表示，“0”用–1 表示。

（1）确定该巴克码的局部自相关函数，并用图形表示。

（2）当 5 位巴克码组信息均为全“1”码时，给出识别输出，并简要说明群同步保护过程。

（3）若用该巴克码作为帧同步码，试画出接收端识别器原理。